L03E5784

3

ESO

BIOLOGÍA Y GEOLOGÍA

S. CLEMENTE, A. DOMÍNGUEZ,
A.B. RUIZ

TRIMESTRE 1

USA ESTE CÓDIGO PARA:

acceder al
BANCO DE RECURSOS
disponible en www.anayaeducacion.es

Hazlo siguiendo los pasos que se indican en el apartado «Así es el banco de recursos».

ANAYA

ASÍ ES TU LIBRO

APERTURA DE UNIDAD

Conoce a una científica. Conoce la biografía de nueve científicas y descubre las dificultades que encontraron para realizar sus investigaciones y cómo consiguieron superarlas.

Reflexiones en grupo

Organizador visual con los recursos digitales relacionados con cada apartado.

Disponibles en anayaeducacion.es

Dos tipos de actividades:

DESARROLLO DE LOS CONTENIDOS Y ACTIVIDADES

Trabaja con la imagen. Desarrollará tu capacidad de observación e interpretación.

Numerosas **ilustraciones**

Los **iconos** incluidos en algunas actividades sugieren la clave del proyecto que puede aplicarse en cada caso.

Comprende, piensa, investiga... Actividades que amplían los contenidos de cada apartado, fomentando la curiosidad para investigar.

Organizadores visuales que apoyan los contenidos.

LAS CLAVES DEL PROYECTO

Compromiso ODS

Descubre los Objetivos de Desarrollo Sostenible y forma parte activa de nuestro compromiso para lograr un mundo más igualitario y habitable.

Plan Lingüístico

Pon en práctica tus destrezas comunicativas en los diferentes tipos de texto que te proponemos. El lenguaje siempre está presente, ¡comunícate!

Desarrollo del pensamiento

Trabaja estrategias de pensamiento: reflexiona sobre los contenidos que estás aprendiendo, genera ideas, organízalas, priorízalas, arguméntalas, exponlas...

Aprendizaje cooperativo

Implícate en tu aprendizaje y participa en el de todo el grupo; comprobarás que cooperar mejora el rendimiento y la convivencia en clase.

PROYECTO DE INVESTIGACIÓN

Tres proyectos de investigación a lo largo de este libro.

Dividido en **pasos** que encontrarás al final de cada unidad.

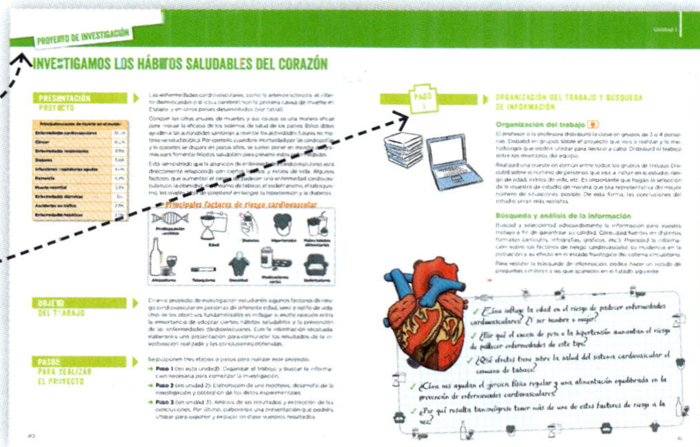

Creatividad

Responsabilidad

Motivación

Planificación de tareas

Organización en equipo

TRABAJA CON LO APRENDIDO

Organizador visual de los contenidos.

Esquema

Mapa mental

Organizador de llaves, etc.

Cuestiones sobre los aspectos esenciales de la unidad, con las que podrás elaborar tu propio **resumen.**

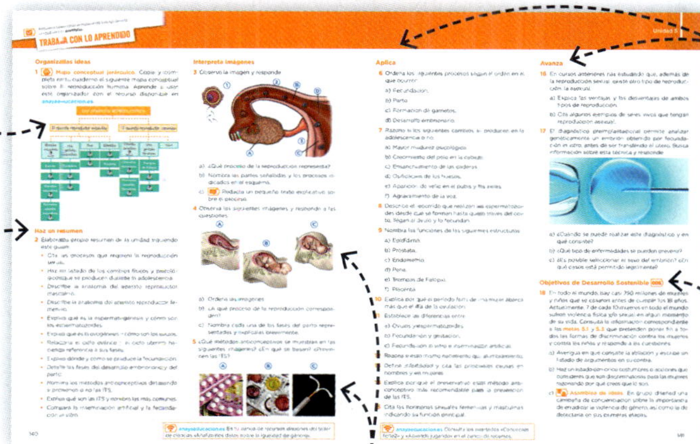

Aplica y avanza

ODS. Reflexiona y propón acciones para alcanzar la meta de desarrollo sostenible propuesta en cada una de las unidades.

Imágenes para que trabajes la observación y la interpretación.

Educación emocional

Aprende a conocerte; identifica las situaciones que te generan emociones bloqueantes y gestiónalas con experiencias de autoafirmación constructiva.

Cultura emprendedora

Confía en tus aptitudes y conocimientos, desarrolla la creatividad, adáptate a las situaciones cambiantes y ten una actitud proactiva y responsable.

TIC

Aprende a obtener información, seleccionarla y aplicarla; a planificar, gestionar y elaborar trabajos; a colaborar en Red de forma ética y segura.

Orientación académica y profesional

Valora tus capacidades personales, descubre y despierta tu vocación, entrénate en la toma de decisiones y aprende a orientarte entre distintas opciones.

Evaluación

Descubre diversas estrategias para analizar qué has aprendido y cómo lo has aprendido; entrénate para asumir compromisos o superar dificultades.

ASÍ ES EL BANCO DE RECURSOS

www.anayaeducacion.es

Un espacio con recursos, técnicas y actividades, diseñado para afianzar tus conocimientos.

Accede al banco de recursos registrándote en www.anayaeducacion.es. Solo necesitas tener un correo electrónico, el código que se indica en la primera página de este libro y el permiso de tu padre, madre, tutor o tutora legales.

Más sobre las claves

RECURSOS RELACIONADOS CON LAS CLAVES DEL PROYECTO

Compromiso ODS, con microvídeos que te ayudarán a conocer cuáles son las metas para alcanzar los Objetivos de Desarrollo Sostenible trabajadas en el proyecto.

Plan Lingüístico, con infografías que te darán las pautas para abordar el trabajo por medio de distintos tipos de textos (descriptivo, narrativo, expositivo, etc.).

Desarrollo del pensamiento, donde se incorporan explicaciones sobre cómo aplicar las distintas estrategias de pensamiento planteadas en el proyecto.

Aprendizaje cooperativo, que incluye la descripción de las técnicas de aprendizaje cooperativo propuestas en el proyecto.

Educación emocional, con orientaciones para superar la inquietud generada en diferentes situaciones de tu proceso de aprendizaje (inicio del curso, enfrentarte a un examen, etc.).

TIC, mediante fichas que reforzarán tu uso saludable, correcto y seguro de las tecnologías de la información y la comunicación.

Orientación académica y profesional, con información sobre diferentes profesiones vinculadas a los contenidos tratados en la asignatura.

Evaluación, se presentan orientaciones para hacer tu portfolio, así como rúbricas y dianas que facilitan tu autoevaluación.

RECURSOS DESTACADOS DE LA MATERIA

- ☐ Contenidos autonómicos
- ☐ Qué necesitas saber
- ☐ Lecturas científicas
- ☐ Taller de ciencias
- ☐ Conceptos ficha2
- ☐ Aprende jugando
- ☐ Autoevaluaciones
- ☐ Vídeos

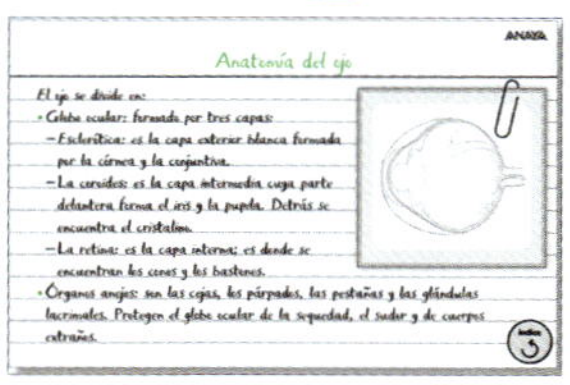

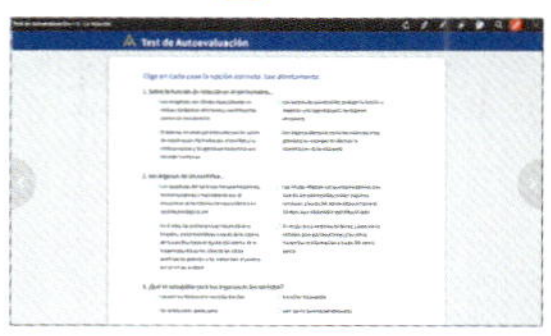

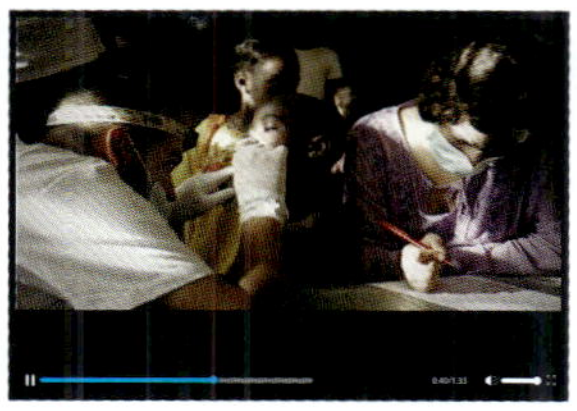

RECURSOS CLASIFICADOS POR UNIDADES

Todos los recursos clasificados para que puedas localizar fácilmente los relacionados con cada apartado de tu unidad.

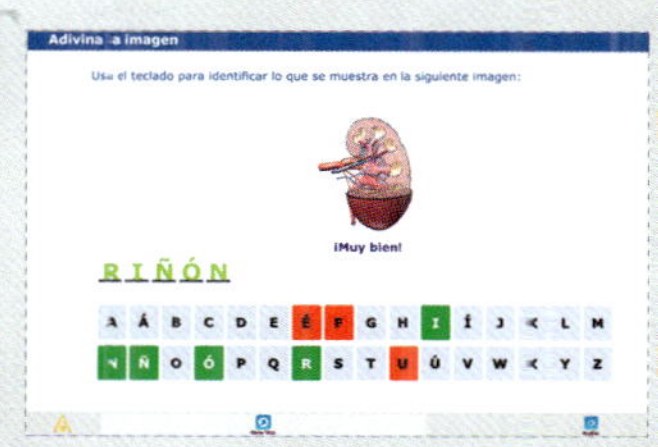

ASÍ SON
LOS CONTENIDOS DEL CURSO

EL MÉTODO CIENTÍFICO Pág. 8

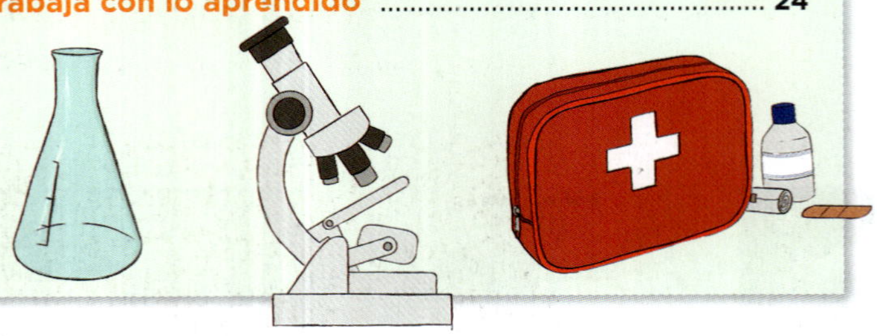

1 LA ORGANIZACIÓN DEL SER HUMANO Pág. 26

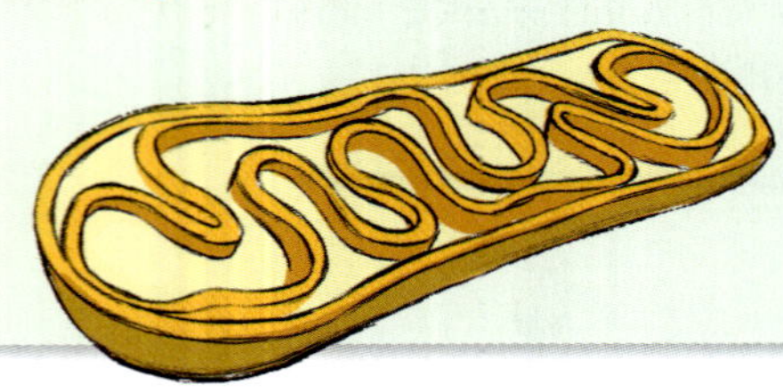

2 LA NUTRICIÓN Y LA ALIMENTACIÓN Pág. 44

3 APARATOS PARA LA FUNCIÓN DE NUTRICIÓN Pág. 64

4 LA FUNCIÓN DE RELACIÓN Pág. 88

5 APARATOS PARA LA FUNCIÓN DE REPRODUCCIÓN Pág. 122

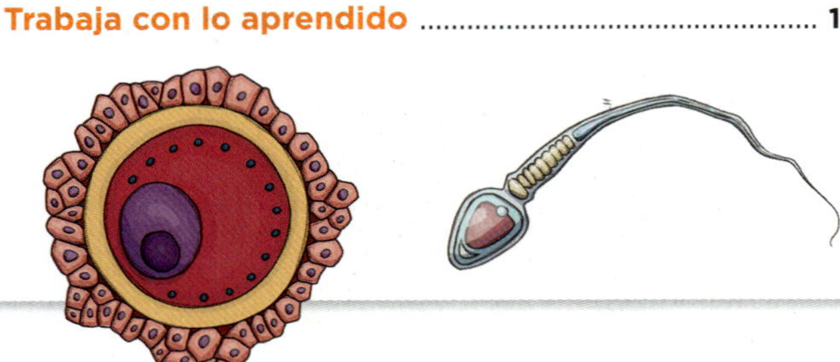

6 VIDA SANA

Pág. 142

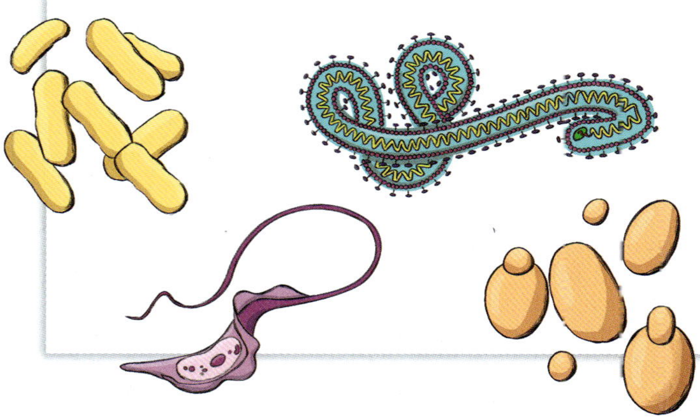

7 LOS ECOSISTEMAS

Pág. 162

8 LOS ECOSISTEMAS Y EL SER HUMANO

Pág. 186

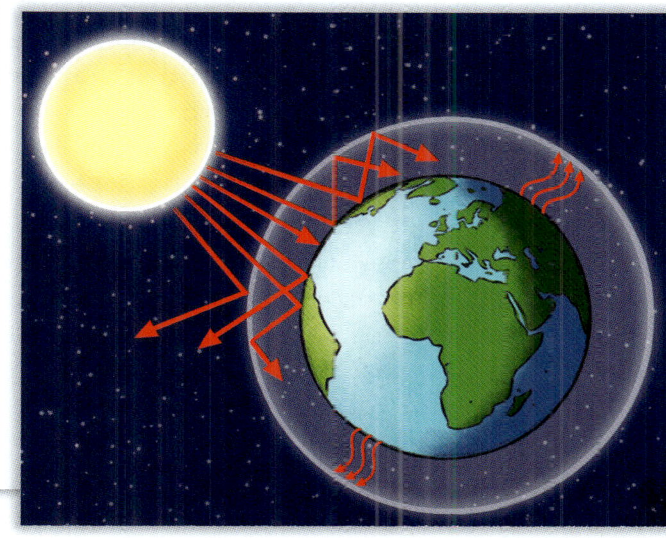

EL MÉTODO CIENTÍFICO

Mi primer trabajo como científica

Todas las noches me pasa lo mismo. Me concentro tanto en el trabajo que, para cuando levanto la vista del microscopio y vuelvo a prestar atención al mundo exterior, todo está en silencio. A mi alrededor no queda nadie. Solo el aparente caos de nuestro laboratorio que únicamente tiene sentido para los que trabajamos aquí. A medida que voy organizando las muestras en las que llevo inmersa todo el día, tomo conciencia de que debe ser bastante tarde. ¡Más vale que me dé prisa!

Me llamo Sonia y en realidad solo hace unas semanas que trabajo aquí. ¡Por fin soy investigadora! Te diría que fue un golpe de suerte, pero no sería del todo cierto. Siempre he sentido una curiosidad insaciable por cómo funcionan el planeta y los seres vivos, así que elegí estudiar ciencias y buscar yo misma las respuestas que anhelaba.

Cuando recibí la noticia de que me habían seleccionado para formar parte de este equipo, sentí que todo mi esfuerzo cobraba sentido. La verdad es que soy afortunada; hasta hace relativamente poco a las chicas no se nos permitía estudiar, ni mucho menos trabajar en laboratorios. Sin embargo, muchas mujeres antes que yo eligieron plantar cara a esas limitaciones y desarrollaron investigaciones de gran relevancia para la humanidad. ¡Gracias a todas ellas hoy puedo estar aquí, a punto que quedarme encerrada en el edificio por despistada!

Recojo mis cosas a toda velocidad. Si me cierran la puerta de la calle tendré que llamar al conserje para que venga a rescatarme. Ya van tres veces en menos de un mes... ¿Y si me despiden por esto? Solo entonces me doy cuenta de que hay un manojo de llaves junto a mi abrigo. Alguien ha debido dejarlas ahí sin que me diera cuenta. En el llavero leo mi nombre escrito en mayúsculas. Son... ¿para mí? ¡Me han hecho mi propio juego de llaves! No puedo evitar sonreír, parece que por fin pertenezco a este lugar....

RESPONDEMOS EN GRUPO

1 Un científico o una científica es una persona que realiza una actividad sistemática para adquirir nuevos conocimientos, es decir, que realiza una investigación científica. Elaborad una lista con nombres de científicas y científicos que conozcáis. ¿Cómo se puede llegar a ser investigador o investigadora científica?

2 La científica de la lectura hace alusión al trabajo realizado por otras mujeres a quienes «debe» poder estar investigando. ¿A qué creéis que se refiere con ello?

Antes de empezar, recuerda qué es el método científico consultando el recurso «Qué necesitas saber» en **anayaeducacion.es**.

RECURSOS EN LA WEB

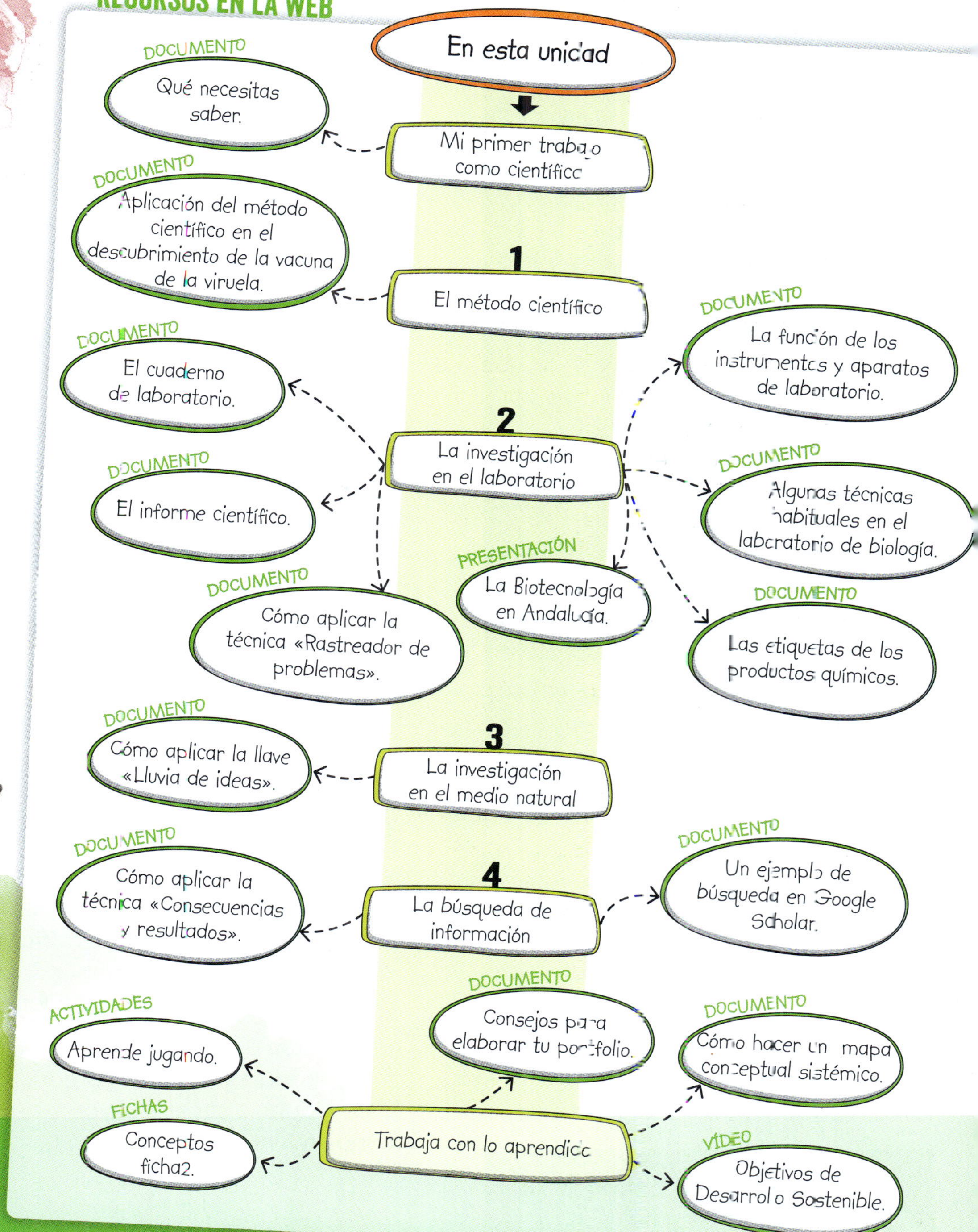

1 EL MÉTODO CIENTÍFICO

El método científico es una metodología específica que sistematiza la investigación y que ha permitido a la humanidad el mayor progreso en la historia de la ciencia y la tecnología.

1.1 El método científico

El **método científico** es un conjunto de pasos ordenados que se emplean para adquirir nuevos conocimientos.

Planteamiento del problema

Los científicos y las científicas observan el entorno de manera sistemática, lo que les conduce a plantearse problemas que requieren una respuesta y que hacen objeto de su estudio.

Elaboración de una hipótesis

A partir de la observación realizada y de la información que recopilan sobre los conocimientos previos, mediante la búsqueda bibliográfica, se elaboran **hipótesis.** Es muy frecuente plantear varias hipótesis diferentes, que serán aceptadas o rechazadas tras la experimentación.

Experimentación para comprobar la hipótesis

En esta etapa se **diseñan experimentos,** de campo o de laboratorio, que permitirán contrastar las hipótesis planteadas.

Para ello, se suelen elaborar **modelos,** formas simplificadas del problema real, que disminuyen el número de **variables** a estudiar, facilitando así el estudio del problema. Generalmente, los experimentos se hacen por duplicado o triplicado para obtener datos más fiables.

Análisis de los resultados

Tras la obtención de los resultados mediante experimentación, se realiza su correspondiente análisis. De este se podrán extraer conclusiones sobre el problema estudiado. Para ello, se elaboran tablas, representaciones gráficas, etc. con los datos obtenidos, que facilitan su interpretación. Cuando es posible, se llevan a cabo estudios estadísticos de los datos, que aumentan su fiabilidad. El análisis de los resultados permite:

- Comprobar la hipótesis.
- Refutar la hipótesis y modificarla o plantear una **nueva hipótesis.**

Comunicación de los resultados

Una vez aceptada la hipótesis, los investigadores y las investigadoras comunican al resto de la comunidad científica sus resultados. Para ello, redactan **artículos científicos** e **informes.** También se reúnen en congresos con otros científicos de su misma área de conocimiento, donde intercambian información.

La difusión de los resultados es clave para que otros investigadores e investigadoras puedan reproducir el experimento y validarlo, así como para poder diseñar nuevos estudios que contribuyan al avance del conocimiento.

Hipótesis. Posible explicación del fenómeno observado, que deberá ser sometida a experimentación.

Variable. Factor que puede cambiar y que puede influir sobre el resultado del experimento, como, por ejemplo, la temperatura o la concentración de una sustancia.

Los pasos del método científico

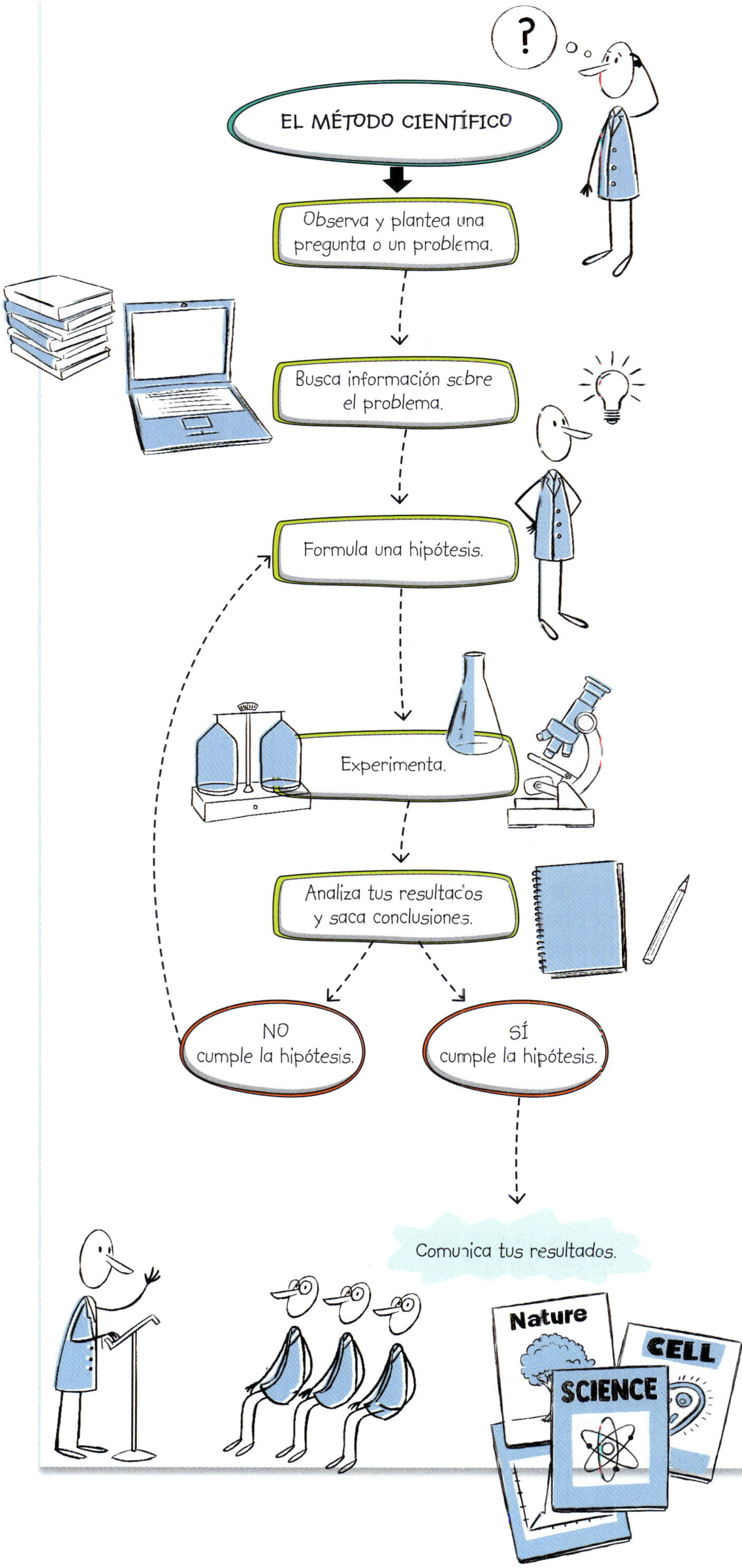

Comprende, piensa, investiga...

1 Describe brevemente los pasos del método científico. Investiga el llamado método científico MC-14 y compara críticamente las 14 etapas propuestas con las etapas descritas en el texto.

2 anayaeducacion.es Un ejemplo de cómo el método científico ha contribuido al avance de la ciencia es la primera vacunación contra el virus de la viruela, realizada por Edward Jenner en 1876. Consulta el recurso «Aplicación del método científico en el descubrimiento de la vacuna contra viruela» y responde:

a) ¿Qué es la variolización? ¿Es un método seguro para lograr la inmunidad?

b) ¿De qué observaciones partió Jenner para su investigación?

c) La vacunación de Jenner ha salvado muchas vidas. Sin embargo, sus ensayos podrían haber llegado a ser muy peligrosos. ¿Qué opinas de su investigación desde el punto de vista ético?

3 Justifica si todos los pasos del método científico son aplicables a todas las ciencias, basándote en los siguientes ejemplos: observaciones astronómicas, estudios clínicos de fármacos, análisis de un ecosistema terrestre o acuático, estudios meteorológicos y experimentos físicos sobre la colisión de partículas.

Ejemplos de leyes científicas

Ley de Charles y Gay Lussac

La ley de Charles y Gay Lussac postula que el volumen que ocupa una masa determinada de un gas es proporcional a su temperatura, si la presión se mantiene constante.

$$\frac{V_1}{T_1} = \frac{V_2}{T_2}$$

Leyes de conservación

Las leyes de conservación postulan que en los sistemas aislados existen magnitudes que tienen un valor constante, como, por ejemplo, la masa o la energía. Así, según la ley de la conservación de la masa y la ley de la conservación de la energía, la masa y la energía de un sistema aislado permanecen constantes, es decir, no se crean ni se destruyen, únicamente se transforman.

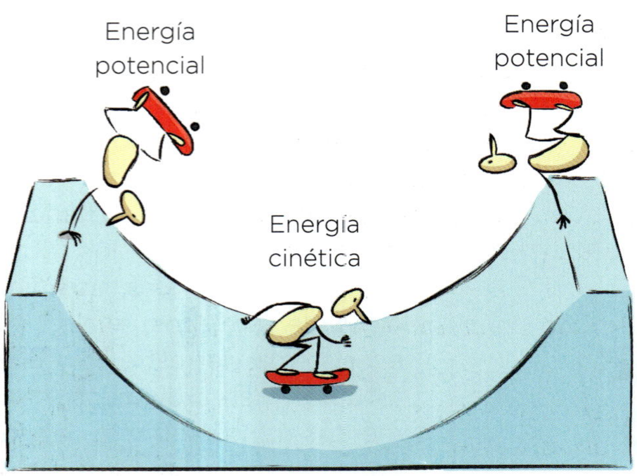

1.2 Cómo es el método científico

El método científico es un proceso destinado a explicar fenómenos, establecer relaciones entre los hechos y enunciar leyes que expliquen los fenómenos físicos del mundo y permitan obtener, con estos conocimientos, aplicaciones útiles al ser humano.

Para ser llamado científico, el método debe cumplir las siguientes características:

- Ser **empírico,** es decir, se basa en la experimentación. Se lleva a cabo en un laboratorio o en el medio natural, en condiciones controladas.
- Ser **objetivo,** es decir, no se ve influido por la persona que realice el estudio.
- Ser **reproducible** por el resto de la comunidad científica, que debe ser capaz de repetir el estudio en las mismas condiciones y obtener los mismos resultados.
- Ser **refutable,** ya que no es infalible, es decir que está sometido a nuevos estudios que podrían contradecirlo.
- Ser **acumulativo,** ya que se basa en los conocimientos, leyes y teorías previas. La difusión de los resultados favorece la construcción del conocimiento y el avance de la ciencia.

1.3 Leyes, teorías y modelos

Cuando la comunidad científica acepta que una hipótesis es correcta y pasa a formar parte del conjunto de conocimientos contrastados y aceptados, puede formular una **ley** o una **teoría científica.**

Otras veces propone **modelos** para facilitar el análisis y el estudio de los fenómenos investigados.

Las leyes científicas

Una **ley científica** es un enunciado ampliamente demostrado, que relaciona de manera concreta dos o más variables, que son propiedades de un sistema determinado.

Las leyes suelen estar expresadas con un lenguaje formal; por lo general, en lenguaje matemático. Así, aunque una ley permite predecir acontecimientos, no explica sus causas.

Las teorías científicas

> Una **teoría** científica es un conjunto de hipótesis demostradas que explican o definen un sistema o fenómeno determinado. Por lo general, las teorías permiten realizar predicciones sobre el sistema o fenómeno de estudio.

Las teorías científicas pueden incluir otras leyes o teorías. La formulación de una teoría implica el conocimiento contrastado que permite explicar un sistema o fenómeno. En ella se describen las variables que intervienen y su relación entre ellas, así como las condiciones bajo las cuales se puede aplicar la teoría. De las teorías se pueden deducir predicciones, que pueden ser sometidas a la experimentación.

Modelos científicos

El método científico utiliza muchas veces modelos, que facilitan la experimentación de las hipótesis propuestas. Son instrumentos muy útiles para la investigación científica. Los modelos pueden ser diversos, matemáticos, físicos, estadísticos, etc., y se utilizan para el análisis, el estudio y la simulación de sistemas o fenómenos pero de una forma simplificada, es decir, no se corresponden completamente con el sistema o fenómeno real, pero facilitan el estudio de su funcionamiento.

> Un **modelo científico** es la simplificación teórica de un sistema o fenómeno, que facilita el estudio del sistema y la formulación de leyes y teorías.

Comprende, piensa, investiga...

4 Explica con tus palabras los conceptos de empírico y refutable. Propón un ejemplo para explicarlos.

5 Explica la diferencia entre ley y teoría.

6 ¿Qué ventajas y desventajas crees que puede tener el uso de modelos?

7 Justifica si son hipótesis, leyes o teorías: el Big Bang, la gravitación universal y la sopa primitiva.

8 Busca información sobre una teoría del ámbito de la biología (diferente a la de los ejemplos de estas páginas) y explica quién la formuló y qué se explica con ella.

Ejemplo de teoría científica

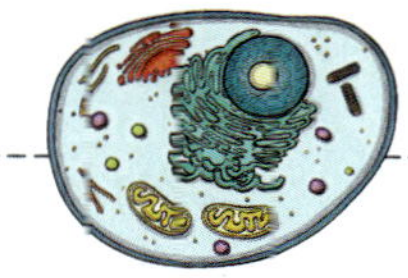

La teoría celular

La teoría celular afirma que la célula es la unidad estructural, funcional y reproductora de todos los seres vivos.

La teoría de la evolución

La teoría de la evolución explica el proceso de transformación de las especies a través de cambios genéticos a lo largo de sucesivas generaciones. Actualmente, la teoría de la evolución combina las propuestas de Darwin y Wallace con las leyes de Mendel y otros avances genéticos posteriores; por eso se denomina síntesis evolutiva moderna o teoría sintética de la evolución

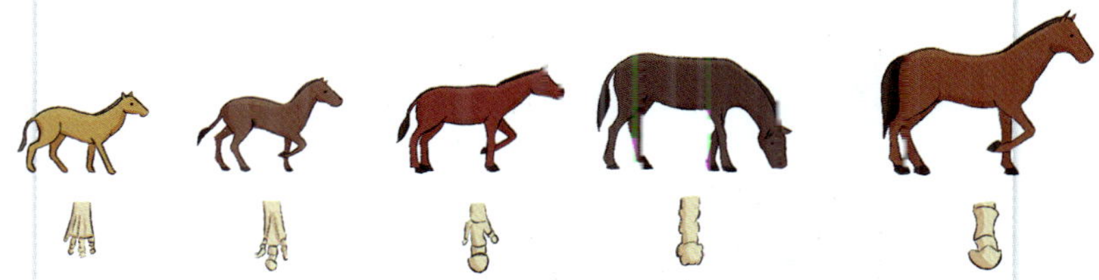

Ejemplo de modelo científico

Los organismos modelo

Los organismos modelo se utilizan para facilitar el estudio de seres vivos de características similares, rutas metabólicas, características genéticas, etc. Por ejemplo, los ratones y las ratas se emplean para estudiar enfermedades humanas; la levadura del pan, *Saccharomyces cerevisiae*, para estudios de rutas metabólicas y ciclo celular; uno de los modelos de estudios de genética es la mosca de la fruta, *Drosophila melanogaster*

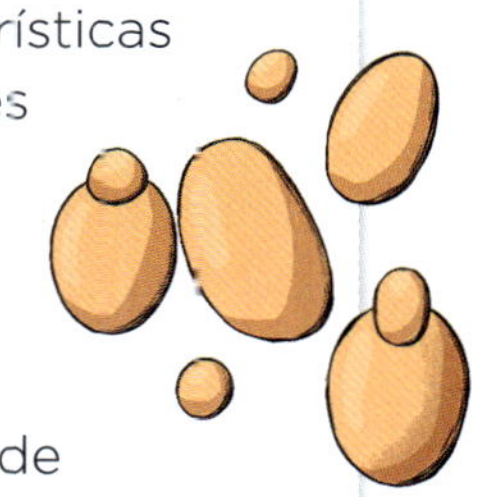

Modelo de la doble hélice

El modelo de la doble hélice, propuesto por Watson y Crick, para explicar la estructura del ADN.

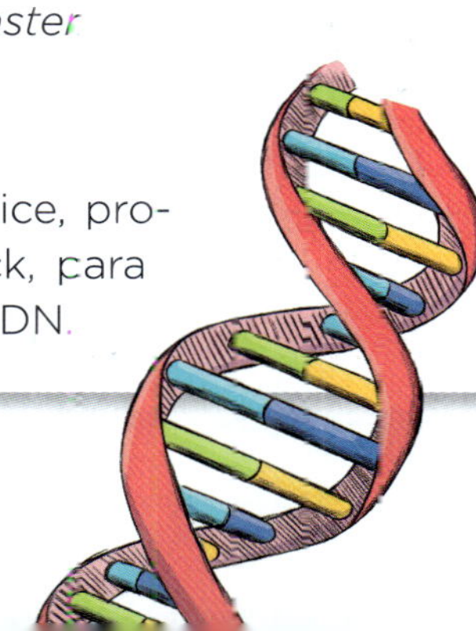

2

LA INVESTIGACIÓN EN EL LABORATORIO

El trabajo experimental se realiza principalmente en el laboratorio, donde **se controlan y fijan las variables** de estudio.

2.1 El trabajo en el laboratorio

En toda investigación que se realice en el laboratorio es necesario aplicar los pasos del método científico. Así, tras el **planteamiento de la hipótesis** para dar una respuesta a nuestro problema de partida, se debe realizar el **diseño del experimento.** Este diseño experimental requiere de las siguientes etapas:

- Determinar las **variables.** La variable de estudio será la que irá cambiando, mientras el resto de variables permanecerán fijas.
- Establecer **experimentos control,** positivos o negativos, de los que se conoce el resultado, y con los que se puede comparar.
- Definir qué **datos** se van a tomar y elegir el equipo o aparato adecuado para obtenerlos. Los datos son las observaciones y las medidas que realizamos durante el experimento. Los datos y las anotaciones se deben ir recogiendo en el **cuaderno de laboratorio.**

A continuación, se deben **analizar los resultados** obtenidos durante la experimentación; para ello, siempre que sea posible, se representarán los datos en forma de tablas o gráficos y se realizarán estudios estadísticos. De este análisis se podrán **obtener conclusiones** sobre si los datos apoyan nuestra hipótesis de partida o si necesitamos recopilar más datos o si hubo algún fallo en el experimento.

Por último, el resultado de cualquier trabajo debe **ser comunicado** a la comunidad científica para su conocimiento, evaluación y crítica. En general, suele publicarse un **informe científico,** aunque hay otras muchas formas de difundir las investigaciones; por ejemplo, a través de artículos en revistas, conferencias, etc.

La estructura de un informe científico es la siguiente:

- **Título e índice.** Define el tema sobre el que se realiza el informe y se nombran los apartados de los que consta.
- **Introducción.** Presenta el trabajo, con el objetivo que persigue.
- **Diseño de la investigación.** Se expone el procedimiento o método seguido, los materiales e instrumentos utilizados.
- **Resultados,** su análisis y las conclusiones obtenidas.
- **Bibliografía.** Recoge todas las fuentes consultadas para realizar el trabajo de investigación.

2.2 Materiales, instrumentos y aparatos de laboratorio

En el laboratorio existen reactivos, instrumentos y equipos necesarios para la experimentación, que por su fragilidad y/o peligrosidad requieren conocer su manejo y mantener unas medidas de seguridad adecuadas. En las tablas de las páginas siguientes se muestran los materiales y los instrumentos más habitualmente empleados durante la investigación en el laboratorio de biología y geología.

anayaeducacion.es Visualiza los recursos «El cuaderno de laboratorio» y «El informe científico» en tu banco de recursos.

Comprende, piensa, investiga...

1 Explica por qué es necesario introducir experimentos control cuando se está realizando un experimento.

2 ¿Por qué se realizan repeticiones de los experimentos?

3 **Rastreador de problemas.** Imaginad que pertenecéis a un grupo de investigación que va a realizar un estudio sobre cómo influye la temperatura en la disolución de una cierta cantidad de sal en el agua. Plantead el diseño del experimento, pensad qué variables se deben tener en cuenta, qué sucederá cuando se modifique alguna de esas variables, cuál debe ser el experimento control en este caso, etc. Consulta cómo aplicar esta técnica de pensamiento en el banco de recursos de anayaeducacion.es.

Algunos materiales de laboratorio

Recipientes de vidrio o de plástico

Se usan para contener o mezclar compuestos.

Son, por ejemplo, los vasos de precipitados, los matraces Erlenmeyer, los embudos de decantación, los tubos de ensayo, las botellas o los frascos lavadores.

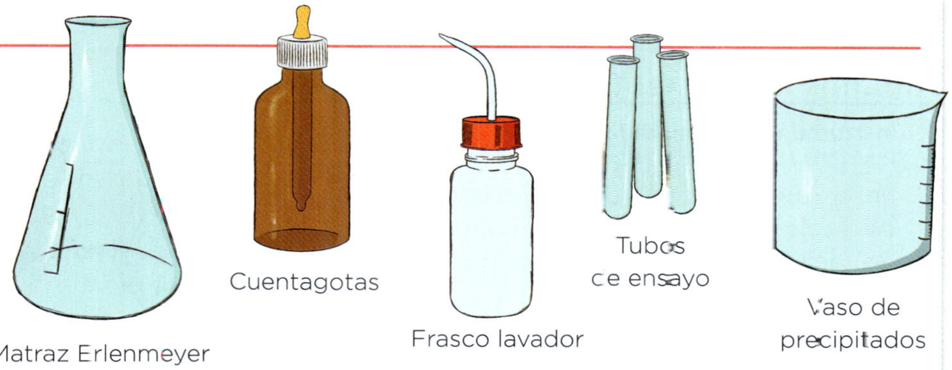

Material volumétrico graduado

Se utiliza para medir volúmenes con precisión. Pueden ser de vidrio o de plástico.

Son, por ejemplo, las probetas, las pipetas, las buretas y los matraces aforados.

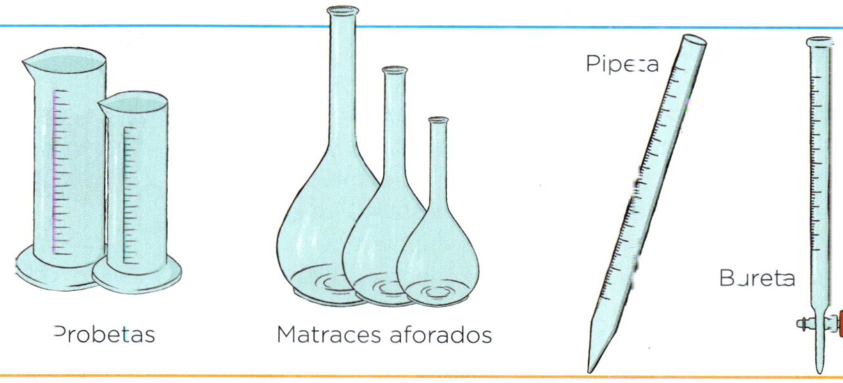

Materiales de microscopía

Generalmente de vidrio, se usan para depositar, teñir o cubrir las muestras, como portaobjetos, cubreobjetos, cristalizadores y cubetas de tinción. Las tinciones se realizan con colorantes, que varían en función de lo que se quiere teñir.

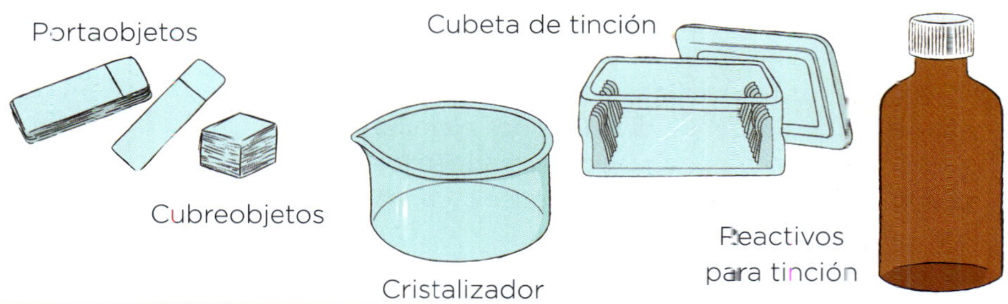

Material de microbiología

Necesario para cultivar microorganismos. Incluye las asas de siembra, las placas de Petri, reactivos para preparar los medios de cultivo, etc.

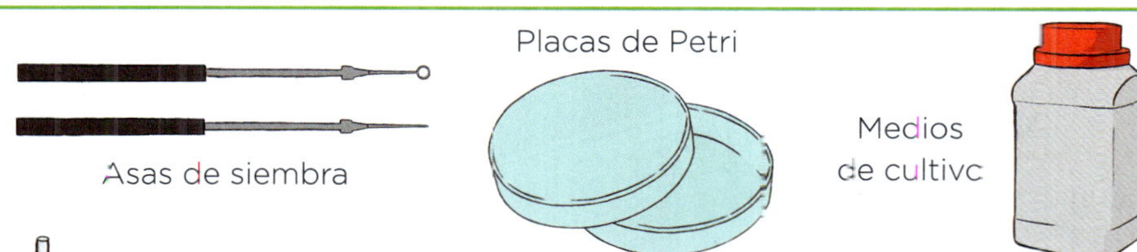

Otros materiales de usos diversos

Por ejemplo, los soportes, las gradillas para tubos de ensayo, los vidrios de reloj, varillas agitadoras, espátulas, las pinzas, el bisturí, las agujas enmangadas, etc.

En todo laboratorio de investigación debe haber **contenedores especiales** donde se depositan los residuos que se generan tras la experimentación (vidrio, muestras biológicas, plásticos, etc.) y que permiten su correcta eliminación o reciclado.

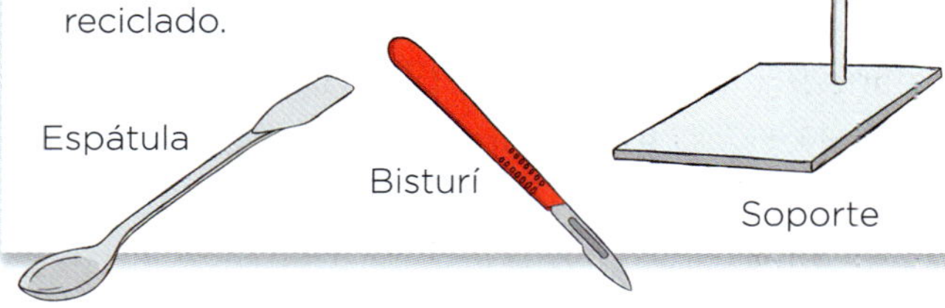

2 LA INVESTIGACIÓN EN EL LABORATORIO

Algunos instrumentos y aparatos de laboratorio

Instrumentos de medida

En el laboratorio, hay diferentes instrumentos de medida como las balanzas, los cronómetros, los termómetros, los barómetros, los higrómetros, etc.

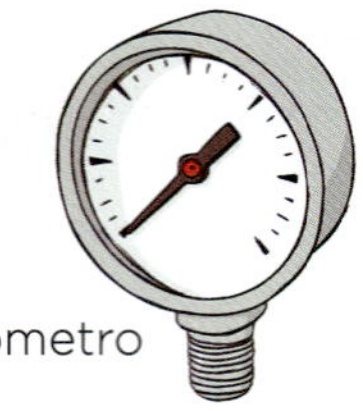
Manómetro

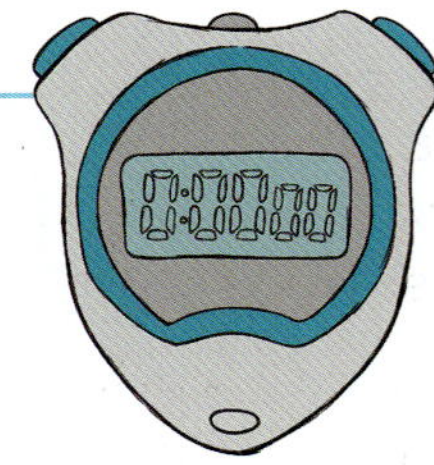
Cronómetro

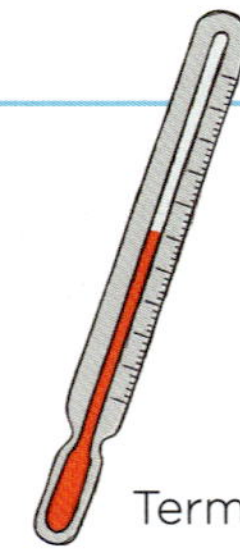
Termómetro

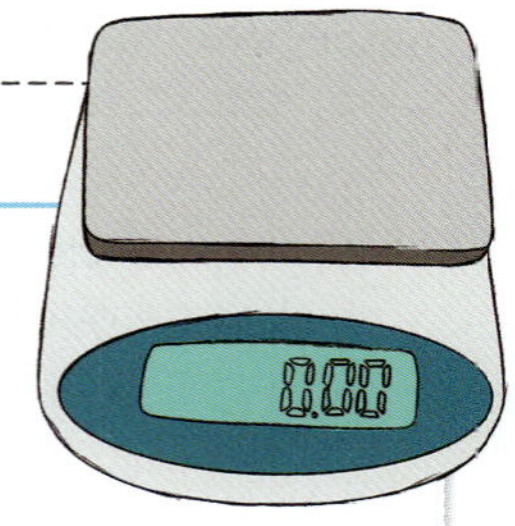
Balanza

Instrumentos de observación

Los más habitualmente utilizados son las lupas binoculares y microscopios ópticos, que son instrumentos que permiten aumentar la imagen del objeto de estudio. Las lupas se usan principalmente para observar detalles de plantas, insectos o minerales, aumentando hasta 40 veces su tamaño. Los microscopios cuentan con varios objetivos que pueden ir aumentando el poder de resolución hasta ampliar la imagen unas 1000 veces.

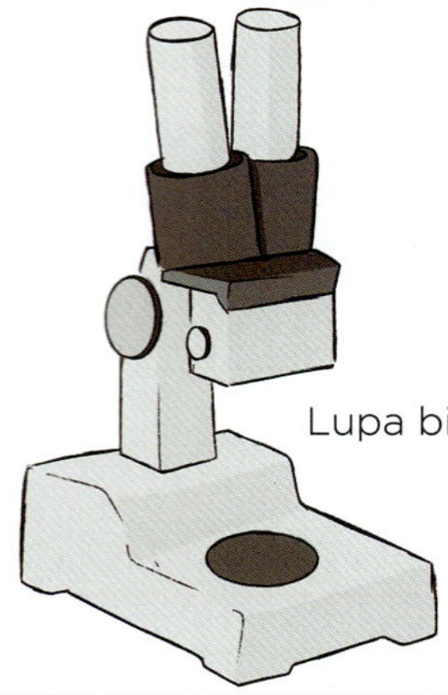
Lupa binocular

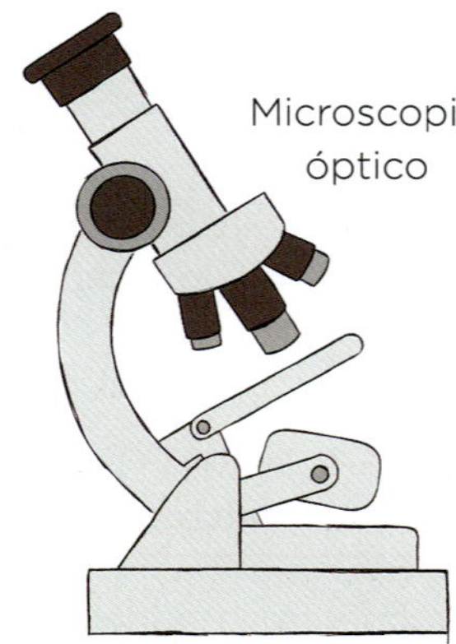
Microscopio óptico

Instrumentos de uso diverso

Además de los mencionados hay, instrumentos y aparatos de usos muy diversos; por ejemplo, placas calefactoras y agitadores magnéticos, mechero Bünsen, baños termostáticos, centrífugas, estufas de incubación, etc.

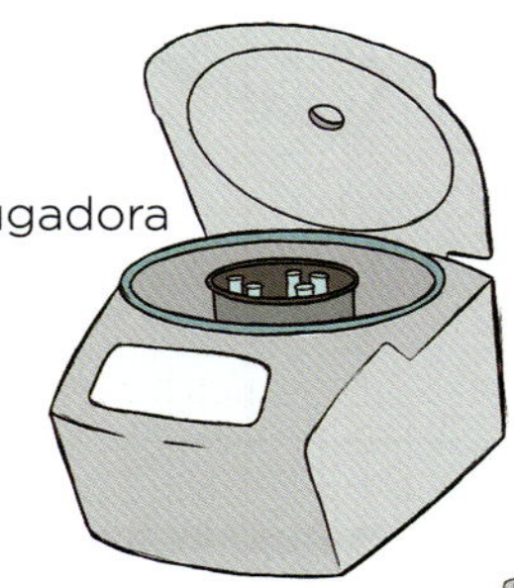
Centrifugadora

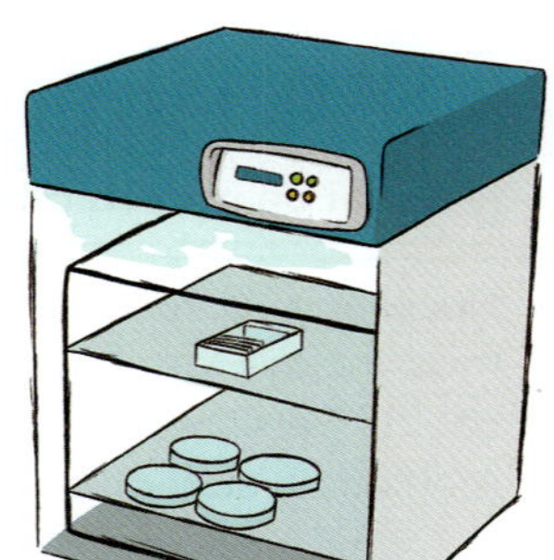
Estufa de incubación de cultivos

Placa calefactora y agitador magnético

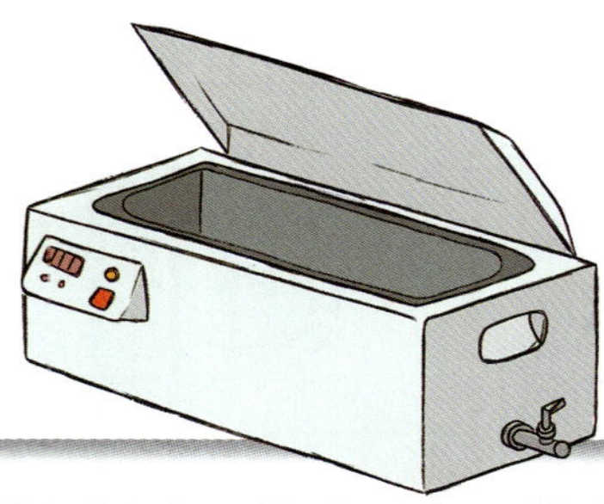
Baño termostático

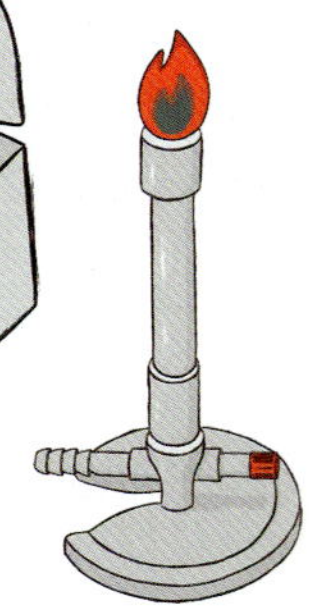
Mechero Bünsen

Comprende, piensa, investiga...

4 Realiza un listado de los materiales e instrumentos que necesitarías para disolver 3 g de sal en 35 mL de agua. Explica paso a paso cómo lo llevarías a cabo.

5 Consulta el recurso «La función de los instrumentos y aparatos del laboratorio» disponible en el banco de recursos de **anayaeducacion.es** y di qué instrumento o aparato utilizarías en cada una de estas situaciones:

a) Separar las células del medio en el que están disueltas.

b) Incubar unas bacterias que se han sembrado en un medio de cultivo.

c) Observar protozoos de una muestra de agua de una charca.

d) Preparar una disolución en la que es necesario agitar y calentar a la vez.

e) Medir la presión en una bombona de nitrógeno.

f) Observar las estructuras de las hojas de una planta.

anayaeducacion.es Visualiza el recurso «Algunas técnicas habituales en el laboratorio de biología» en tu banco de recursos.

2.3 Seguridad en el laboratorio

A la hora de realizar un experimento en el laboratorio, además de utilizar los sistemas de seguridad que hay en él, es necesario adoptar una serie de normas de seguridad básicas.

Antes de empezar

- Llevar siempre la vestimenta y el equipo de protección apropiados; esto es, la bata abrochada, guantes y gafas de seguridad y mascarilla si fuera necesario.
- Leer el guion antes de comenzar cualquier experimento y asegurarse de que entendemos todo lo que se va a hacer.
- Informarse de dónde están el botiquín y el extintor por si hubiera que utilizarlos ante un accidente.
- Si se tiene el pelo largo, se debe recoger en la parte posterior de la cabeza. Además, hay que evitar los anillos, los pendientes largos o los collares en el laboratorio; se pueden enganchar y provocar accidentes.

Durante la experimentación

- Mantener la mesa de trabajo ordenada y limpia. Sobre la mesa dejar solo el guion de la experiencia y el cuaderno para anotaciones.
- No hacer experimentos que no estén planificados ni tocar materiales, instrumentos o aparatos sin autorización.
- No correr por el laboratorio y evitar los desplazamientos innecesarios mientras se realiza la experiencia.
- No comer ni beber en el laboratorio y no utilizar los recipientes de laboratorio para beber agua u otros líquidos.

Al finalizar

- Al finalizar el experimento, recoger el lugar de trabajo, limpiar el instrumental y la mesa.
- Eliminar los residuos colocándolos en los contenedores adecuados.
- Lavarse las manos con agua y jabón al salir del laboratorio.

Equipo de protección individual

Cualquier trabajo en el laboratorio debe realizarse siempre con el equipo de protección individual. Este está formado por la bata, guantes de látex, gafas de protección y mascarilla.

Bata

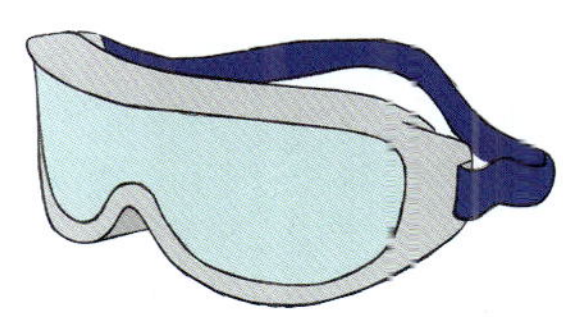

Gafas

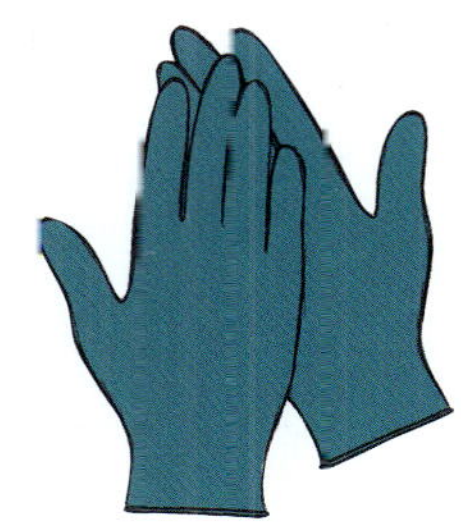

Guantes

Comprende, piensa, investiga...

6 Indica si las siguientes acciones se relacionan con buenas prácticas de laboratorio. Explica por qué.

a) Comer chicle durante la experimentación.

b) Lavarse las manos antes de salir del laboratorio.

c) Si el reactivo que se va a utilizar no es peligroso, no hace falta ponerse guantes.

d) Leer el guion durante la realización de la tarea.

7 En el laboratorio, se utilizan algunos productos químicos que pueden ser peligrosos, por lo que es importante conocer las etiquetas. Consulta el recurso «Las etiquetas de los productos químicos» del banco de recursos de **anayaeducacion.es** y propón ejemplos de productos que lleven cada tipo de etiqueta mencionada en la presentación.

3 LA INVESTIGACIÓN EN LA NATURALEZA

La investigación del entorno natural se lleva a cabo en el medio real, por lo que será difícil tener un control de todas las variables que intervienen en el estudio. Generalmente, el trabajo de campo comienza con la observación y recogida de muestras o datos *in situ,* es decir, sobre el terreno, y se complementa con el análisis de esos datos en el laboratorio, donde se pueden realizar ensayos y simulaciones mediante modelos experimentales.

3.1 La planificación de la salida

Antes de salir a observar o recoger datos del medio natural es importante:

- Establecer la **época del año** en la que se va a realizar la investigación, ya que puede que el fenómeno o el ser vivo a estudiar solo se vea en un determinado momento del año.
- **Localizar y conocer la zona** en la que se va a realizar la investigación, las **condiciones del terreno, accesibilidad,** y, si es necesario, **solicitar permisos** o autorizaciones.
- Decidir la **cantidad y tipo de datos** que se tomarán. En caso de llevar a cabo una toma de muestras, decidir si se hará de forma **aleatoria** (se cogen muestras al azar) o **sistemática** (se definen zonas a lo largo de un transecto o se divide una gran zona en secciones menores para tomar una o varias muestras de cada sección).
- Seleccionar **el material y los instrumentos** necesarios para tomar los datos y las muestras (equipo de detección y observación, recipientes para muestras, etc.), así como la vestimenta y el calzado adecuados.

3.2 La observación *in situ*

Cuando se investiga el entorno natural se pueden obtener diferentes tipos de datos:

- **Datos cualitativos.** Se registran a través de dibujos, fotografías o simples anotaciones, como, por ejemplo, las formas del relieve, el tipo de vegetación que predomina, la presencia de huellas de seres vivos, observaciones del comportamiento de determinados organismos, etc.
- **Datos cuantitativos.** Implican un recuento o una medida de datos numéricos, como, por ejemplo, el recuento de individuos de una especie determinada en la zona, o medidas de temperatura, humedad u otras condiciones ambientales, para lo cual se necesitará material específico (termómetro, higrómetro, anemómetro, etc.).
- **Recolección de muestras.** No siempre la investigación de campo termina con la toma de datos; a veces, es necesario tomar algunas muestras y completar su estudio en el laboratorio. La toma de muestras ha de hacerse de forma sostenible, de modo que el medio se altere lo menos posible, y respetando siempre la legislación. Siempre que sea posible, es mejor recoger restos o partes abandonadas como hojas o plumas caídas, nidos viejos, mudas o crisálidas, etcétera. En caso de suelo, arenas o rocas, la zona no debe quedar alterada tras la recogida. Además, las muestras deben guardarse en recipientes adecuados que se etiquetarán correctamente.

Comprende, piensa, investiga...

1 ¿Qué diferencia existe entre los datos cualitativos y los cuantitativos? Pon ejemplos de cada tipo.

2 Razona cuáles son las ventajas y los inconvenientes de organizar una salida en pleno invierno para hacer observaciones de aves. ¿Qué época te parecería más adecuada? ¿Qué materiales te llevarías para la observación?

3.3 El procesado de las muestras

Muchas de las muestras obtenidas en la zona de interés deben ser procesadas y analizadas en el laboratorio mediante ensayos y técnicas, para que de esa manera, se pueda completar la investigación. A veces se trata de un simple recuento, por ejemplo, si se han recogido muestras de especímenes, o puede que sea necesaria la limpieza, filtración, tamización y posterior análisis físico-químico del material de muestreo.

3.4 Simulaciones en el laboratorio

Los datos obtenidos del medio pueden servir para hacer **simulaciones en el laboratorio.** Para ello, se utilizan **modelos,** que permiten reproducir un sistema real y llevar a cabo experiencias con él, para entender y predecir su funcionamiento. Por ejemplo, los modelos climáticos son fundamentales para entender las causas y los efectos del calentamiento global; de esta manera se pueden tomar las medidas adecuadas para minimizar sus efectos.

Un ejemplo de modelo. El modelo climático

1. Precipitación-evaporación
2. Interacción atmósfera-biosfera
3. Interacción atmósfera-suelo
4. Interacción atmósfera-hielo
5. Interacción biosfera-suelo
6. Intercambio de calor
7. Cambios en el océano: circulación, nivel del mar...
8. Actividad volcánica
9. Actividades humanas
10. Cambios en la superficie terrestre

Trabaja con la imagen

Lluvia de ideas. La imagen corresponde a un modelo que pretende explicar la relación entre varios elementos que interactúan en un sistema; así cualquier cambio en uno de ellos afecta al resto. Decid cómo creéis que afectará a este sistema un aumento de la temperatura en la zona. Para conocer cómo aplicar esta llave, consulta el banco de recursos de anayaeducacion.es.

Un ejemplo de una investigación en la naturaleza

1. Establecer un transecto con los puntos de recogida de arena.

2. Delimitar el tamaño de las áreas de recogida y determinar la profundidad de recogida.

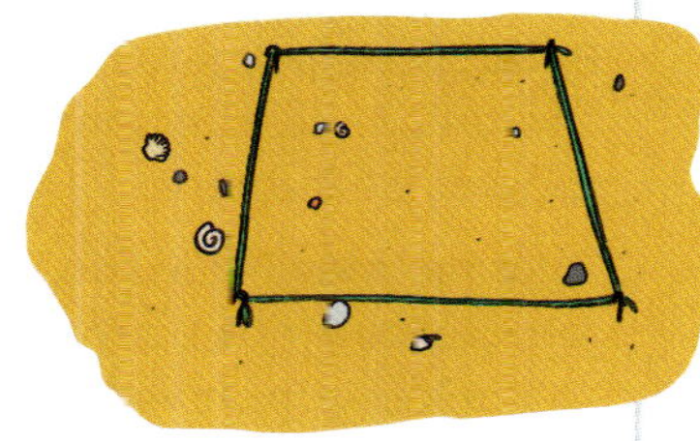

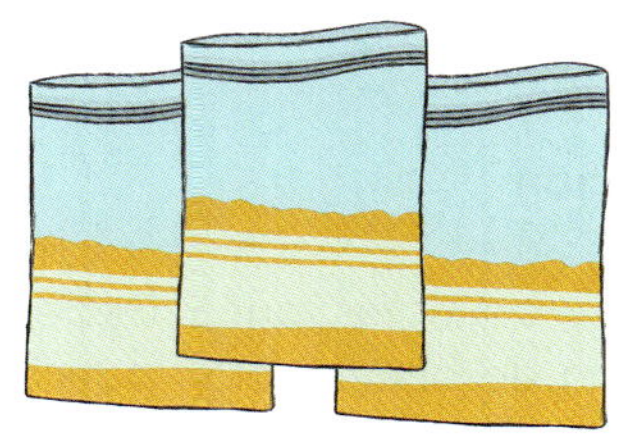

3. Tomar diferentes muestras.

4. Procesar las muestras en el laboratorio.

a. Las muestras se secan extendidas a 50 °C. A continuación, se pesan.

b. Se pasan por dos tamices, uno de 5 mm y el otro de 1 mm.

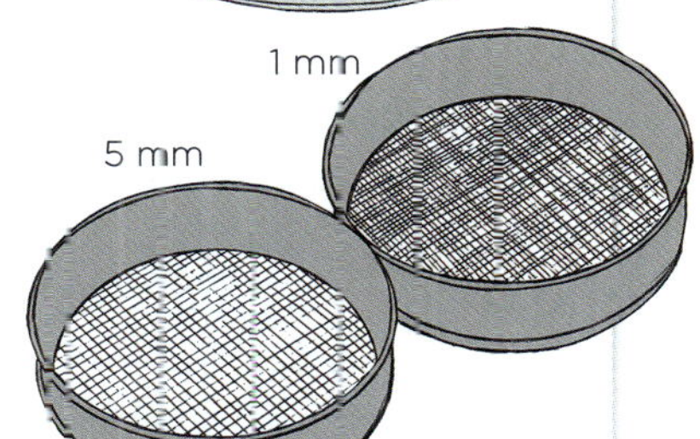

c. Se separan los microplásticos por flotación introduciendo la arena en una disolución de cloruro sódico.

d. Por último, se filtra la parte líquida y se deja secar la membrana de filtración a 50 °C.

e. Con un microscopio se hace un recuento de las micropartículas.

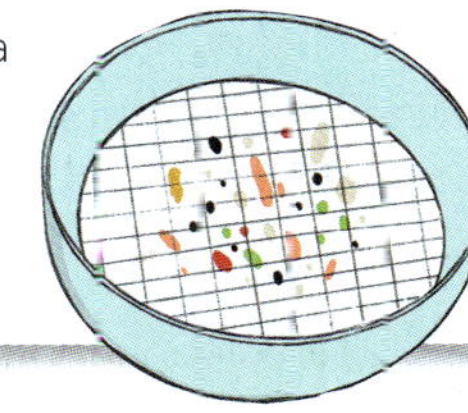

3.5 El equipo para la investigación de campo

Cuando se va a realizar una investigación en el entorno natural es preciso ir bien preparado tanto desde el punto de vista de la indumentaria como del material para realizar las investigaciones:

Equipación básica

Ropa y calzado adecuados. Por ejemplo, chubasquero para la lluvia, así como un sombrero o gorra para el sol.

Mochila ligera, mejor si es impermeable para poder preservar su contenido.

Botiquín de primeros auxilios con vendas, gasas, esparadrapo, desinfectantes y medicamentos para picaduras de insectos.

Teléfono móvil cargado, que puede servir de cámara fotográfica y nos permitirá estar localizados o poder comunicar con servicios de emergencia.

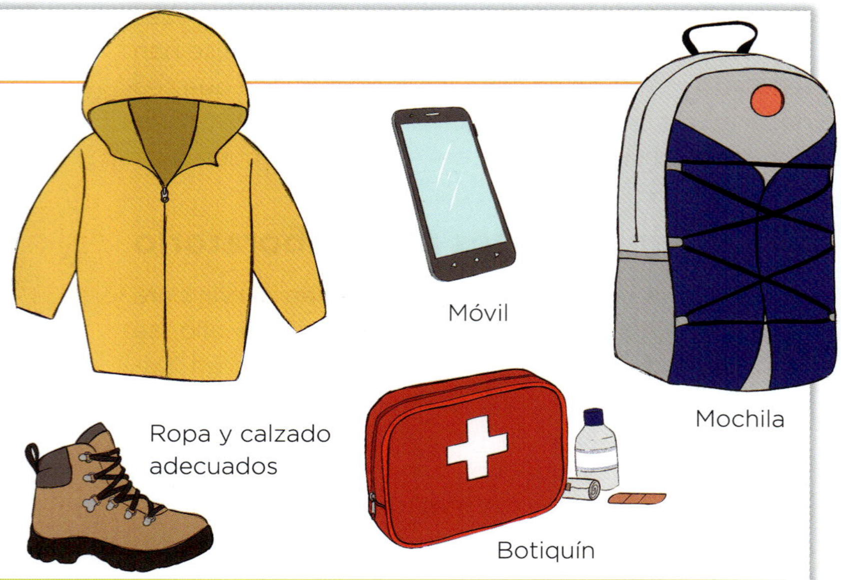

Instrumentos de observación

Prismáticos. Necesarios para observar fauna. Deben ser ligeros, ya que el tiempo de observación puede ser prolongado.

Cámara fotográfica. Permitirá recoger las características del paisaje, de la vegetación, registrar huellas y rastros de animales. En las fotografías es importante colocar un objeto que sirva como referencia de tamaño, como una moneda o un bolígrafo.

Lupa plegable, muy útil para observar pequeños detalles en plantas, rocas y en rastros de animales.

Telescopio terrestre y trípode, que se instalan en lugares apropiados para la observación de animales, como, por ejemplo, posaderos de aves.

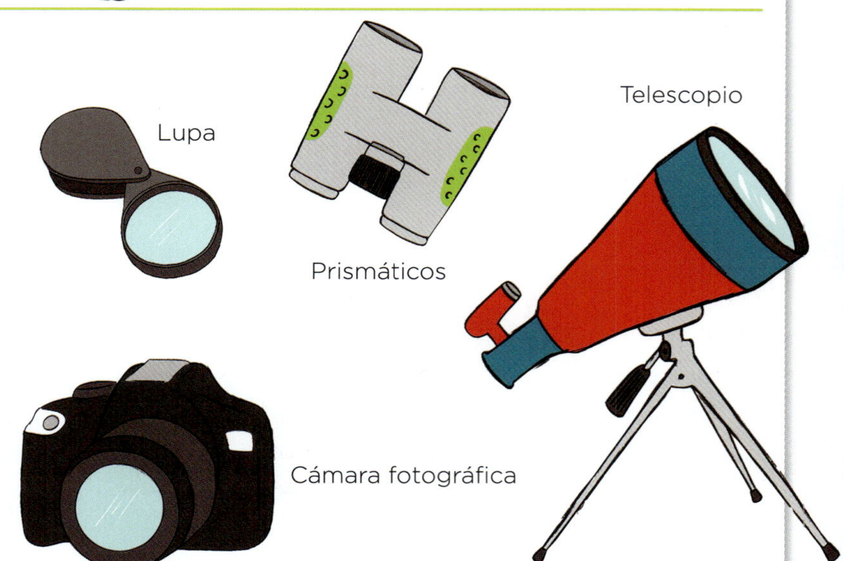

Otros materiales

De orientación: mapa de la zona (mapa impreso en papel, GPS o un mapa dibujado previamente) y brújula.

De recogida de muestras: bolsas, botes, cajas u otros recipientes y etiquetas con códigos para identificar las muestras. También puede hacer falta una navaja multiusos.

De consulta y toma de datos, como, por ejemplo, guías de identificación de especímenes, libreta o cuaderno de campo y lápiz para dibujar y hacer anotaciones sobre las observaciones.

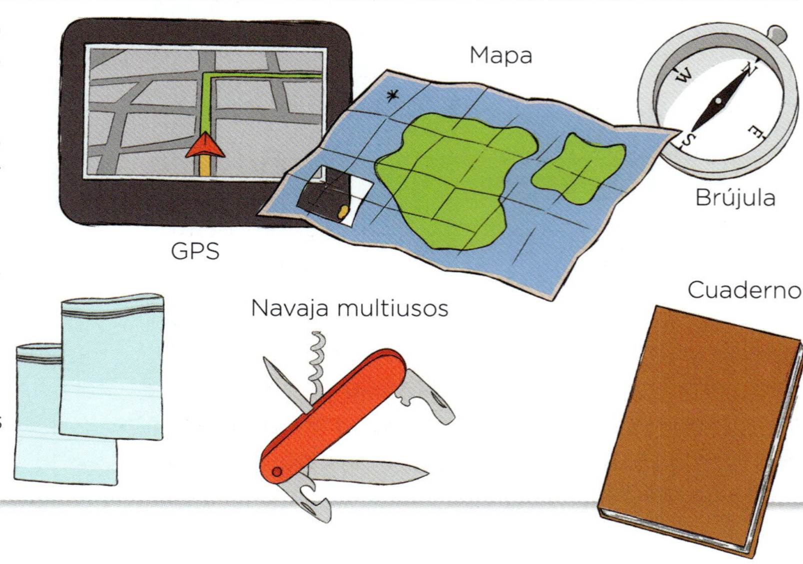

3.6 Normas de comportamiento en el medio natural

Cuando se realiza una investigación en el campo, se deben cumplir unas normas de comportamiento y seguir algunos consejos para reducir el impacto que nuestra presencia pueda causar en el entorno.

Algunas de las recomendaciones más importantes son las siguientes:

- Planificar bien la actividad que se va a realizar.
- Llevar la indumentaria y el material apropiado al objetivo de la salida al campo.
- Evitar ir solo y, si se hiciera, comunicar el recorrido a realizar y la hora de regreso.
- Caminar siempre por los senderos indicados. No deben abrirse nuevos caminos porque pueden dar lugar a procesos de erosión y a pisar pequeñas plantas, huevos o insectos con funciones fundamentales en ese ecosistema en cuestión.
- Respetar siempre las propiedades privadas y las actividades de las personas que trabajan en la agricultura y la ganadería.
- Evitar producir ruidos o emplear radios o aparatos cuyo volumen moleste a los animales que habiten en el entorno. Tratar de pasar inadvertidos.
- No dejar basura en el campo, ni siquiera la orgánica. Llevar siempre una bolsa vacía donde ir recogiendo los desperdicios que se generen y depositarla en los contenedores adecuados.
- No cortar ni arrancar las plantas, las ramas de los árboles, etc. No coger animales, rocas, etc.
- No dar de comer a los animales del entorno, ya que esto cambia su comportamiento y sus pautas alimenticias.
- No encender fuego en el campo. Los incendios son devastadores para la vida silvestre en cualquier época del año.
- Evitar llevar objetos o envases de vidrio, el cristal puede actuar de efecto lupa convirtiendo en fuego los rayos del sol.
- No bañarse en los lagos y lagunas; son ecosistemas muy delicados y pueden verse alterados por la presencia de las personas.
- Prescindir de los productos químicos en la naturaleza, como los detergentes o los jabones.
- Dejar todo como estaba y avisar a las autoridades si hay algún desperfecto o algún animal en peligro.

Trabaja con la imagen

Piensa en otros eslóganes para el resto de normas de comportamiento en el medio natural.

- Salgo a investigar, pero sin molestar.
- El campo dejé como lo encontré.
- Tengo cuidado, y llevo el material adecuado.
- Si sales a investigar, compañía hay que llevar.
- Al caminar, sé elegante; no vayas como un elefante.
- Nunca dejes basura. ¡Compórtate con altura!

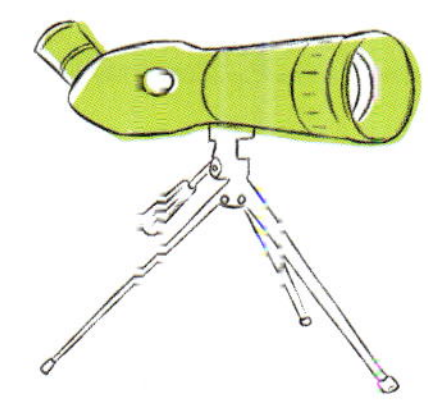

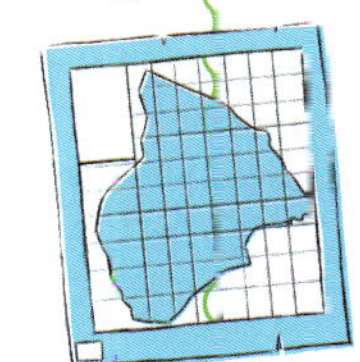

Comprende, piensa, investiga...

3 Observa los dibujos siguientes y relaciónalos con alguna de las normas de comportamiento en el campo. A continuación, elige uno de ellos y elabora un texto argumentativo de unas diez líneas que sirva para convencer a los demás de la importancia de esa norma.

A

B

C

D

4 BÚSQUEDA DE INFORMACIÓN

Una parte esencial del trabajo científico se basa en conocimientos previos aportados por los científicos y las científicas de todo el mundo. Por ello, resulta fundamental revisar de forma constante la información aportada por otros grupos de investigación que realizan estudios sobre el mismo tema y que, a su vez, comunican los resultados de sus investigaciones para que las conozcan otros científicos y científicas del mundo. De esta forma, se genera el conocimiento científico, en un proceso cooperativo y de intercambio constante de información.

Los avances y los descubrimientos científicos quedan reflejados en las **fuentes de información científicas,** que pueden ser **primarias, secundarias** y **terciarias.**

4.1 Fuentes de información primarias

Las **fuentes de información primarias** contienen información original. Se corresponden con publicaciones en las que quienes investigan comunican sus descubrimientos por primera vez.

Artículos científicos

Constituyen la fuente de información científica más importante. Estos artículos se publican en revistas científicas, que están especializadas en un área de investigación, como, por ejemplo, la bioquímica. Los artículos científicos utilizan un lenguaje muy técnico y en ellos se realiza una descripción muy precisa del trabajo que se expone, ya que están dirigidos a expertos en la materia. Se estructuran siempre en los mismos apartados: **introducción, materiales y métodos, resultados, discusión** y **bibliografía.**

Comunicaciones a congresos

Los congresos son reuniones de científicas y científicos de un campo concreto de investigación, como, por ejemplo, la virología. El objetivo de estas reuniones es el intercambio de información y la interacción y la discusión activa entre las personas dedicadas a investigar. En estos encuentros se exponen los últimos avances, bien de forma oral, en una conferencia, o bien exponiendo un póster.

Patentes

Son documentos que muestran una novedad tecnológica o invención al tiempo que protegen legalmente al inventor o a la inventora para que obtenga beneficio económico de dicha invención.

4.2 Fuentes de información secundarias

El objetivo de estas **fuentes de información secundarias** es el de facilitar el acceso a la información primaria. Para ello, recogen la información, la organizan y la estructuran, de forma que su consulta sea más rápida y sencilla. Las más importantes son las **bases de datos,** que median el acceso a la información a las fuentes primarias. Existen diversas bases de datos en las que buscar información, por ejemplo, *Google Scholar* (o Google académico), que es una base de acceso gratuito a la información sobre numerosas áreas de conocimiento; Medline, una base de datos que recoge la mayoría de las publicaciones en revistas científicas.

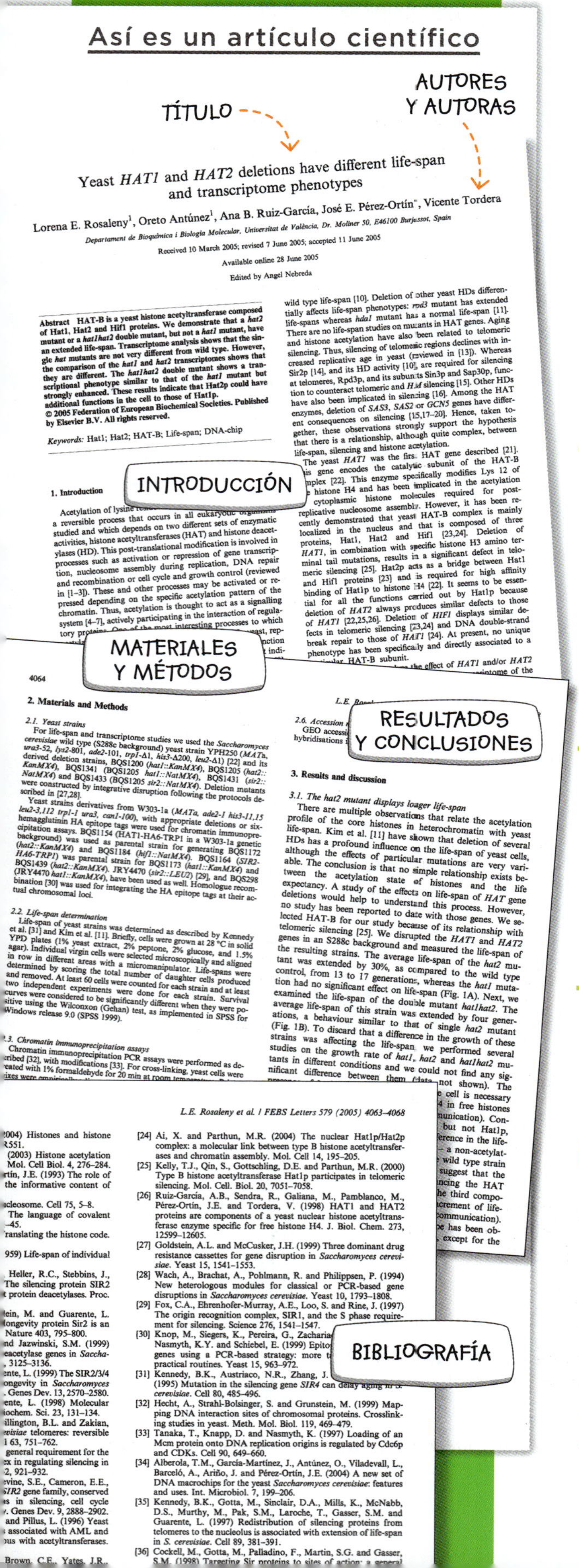

4.3 Fuentes de información terciarias

Las **fuentes de información terciarias** recopilan la información más relevante sobre diferentes temas. Son redactadas por especialistas, basándose en fuentes primarias y secundarias de información. Son los libros, las enciclopedias, etc.

Libros científicos

Estos documentos suelen utilizar un lenguaje muy técnico y recogen la información más importante sobre un tema científico concreto.

Enciclopedias

Una enciclopedia es un trabajo de investigación científica o técnica diseñado y redactado por un numeroso grupo de destacados especialistas. Abarca diferentes disciplinas científicas medicina, botánica, zoología, ciencias de la salud.

Guías

Las guías son libros con imágenes y descripciones de seres vivos, minerales, fósiles, rastros o de rocas que pueden encontrarse regularmente en una región determinada. Su objetivo es ayudar en la identificación apropiada de una especie o de un tipo de roca.

Comprende, piensa, investiga...

1 **Consecuencias y resultados.** Aplica esta técnica de pensamiento para analizar qué consecuencias podrían tener a largo plazo estos hechos:

a) Hacer un descubrimiento sobre la curación de una enfermedad y no publicarlo.

b) Publicar un resultado sobre un descubrimiento con datos falsos.

Para saber cómo se aplica esta técnica, consulta la información correspondiente en **anayaeducacion.es**.

Cómo hacer una búsqueda de información

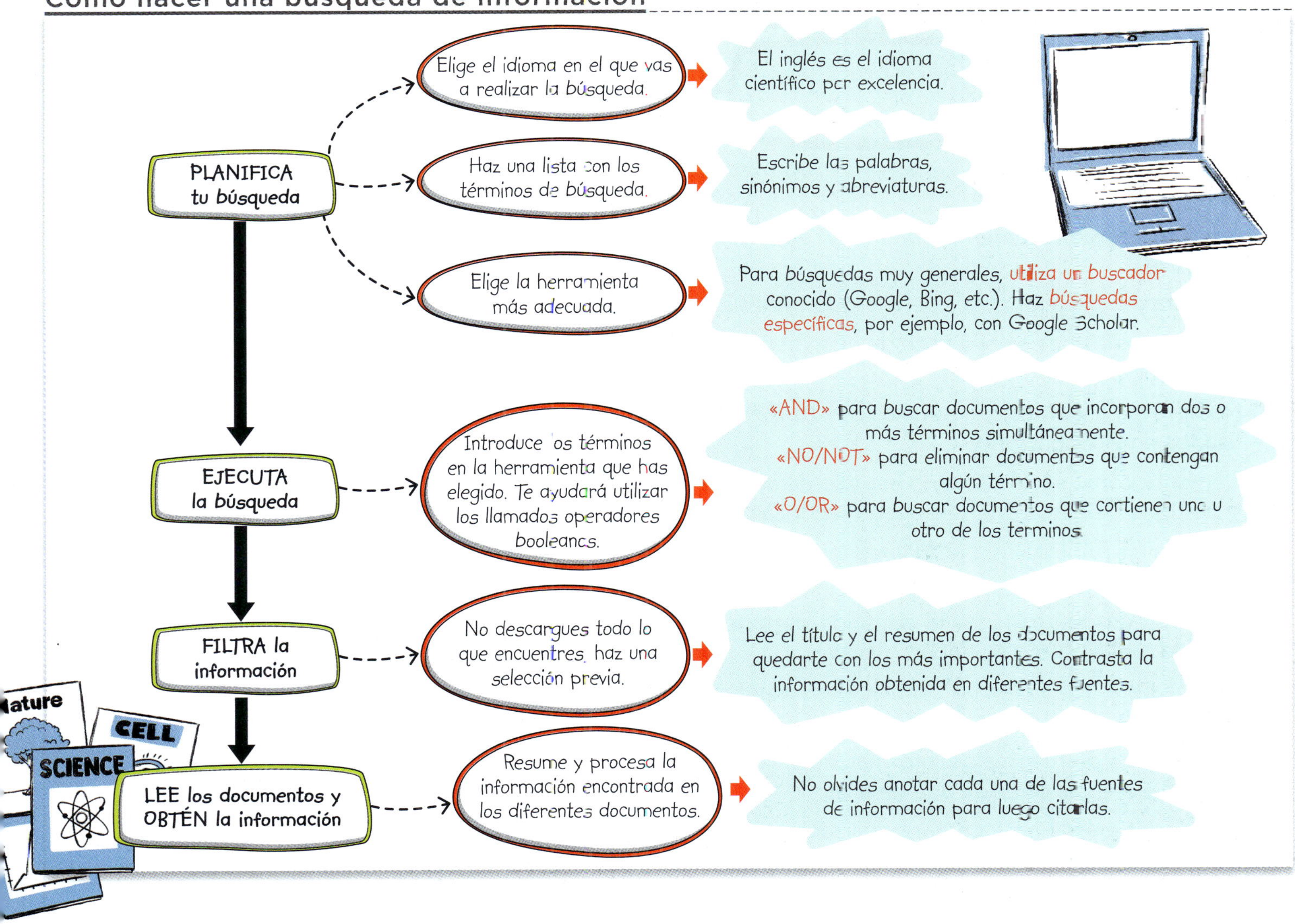

En el **«Portfolio»** del banco de recursos de anayaeducacion.es, encontrarás orientaciones sobre cómo elaborar tu portfolio.

TRABAJA CON LO APRENDIDO

Organiza las ideas

1 **Mapa conceptual sistémico.** Copia y completa en tu cuaderno el siguiente mapa con los conceptos más importantes de la unidad. Aprende a hacer este organizador de información con el recurso disponible en anayaeducacion.es.

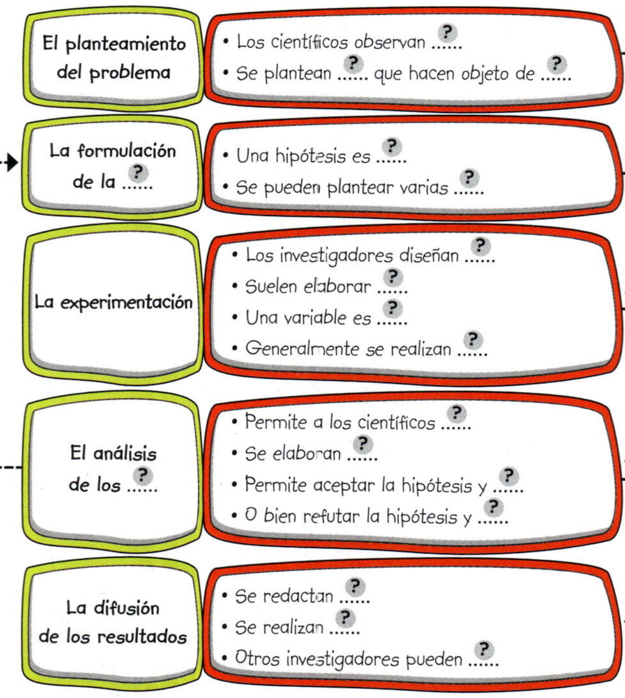

Haz un resumen

2 Elabora tu propio resumen de la unidad siguiendo este guion:

- Nombra y explica los pasos del método científico.
- Nombra las etapas en el diseño de un experimento de laboratorio.
- Nombra los principales materiales e instrumentos usados en el laboratorio.
- Comenta cómo se planifica un estudio de campo y los tipos de datos que se pueden recopilar.
- Nombra los principales materiales e instrumentos usados en el campo.
- Comenta en qué consiste la recogida de muestras y dónde y cómo se deben guardar.
- Explica para qué sirven las simulaciones mediante modelos.
- Di qué tipos de fuentes de información existen y propón ejemplos de cada una de ellas.
- Explica los pasos básicos para realizar una búsqueda de información.

Interpreta imágenes

3 Observa las imágenes siguientes y responde:

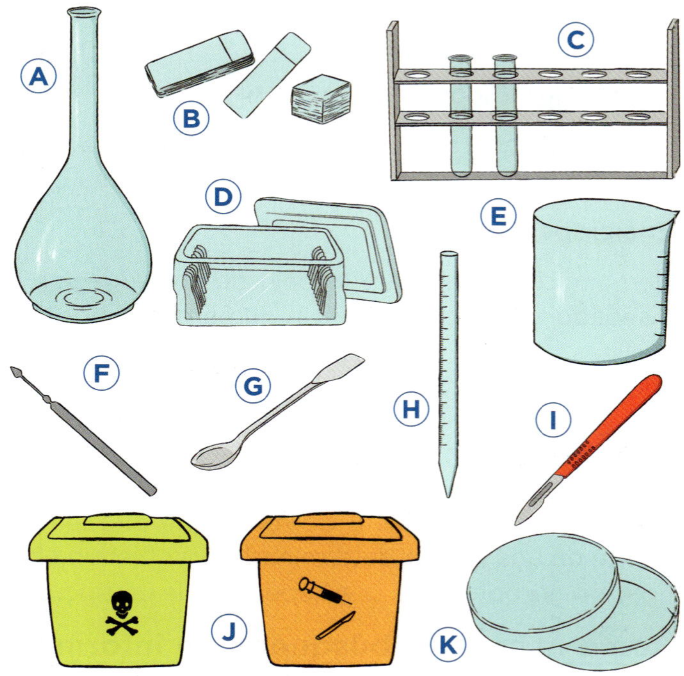

a) Clasifica cada uno de los materiales y equipos de laboratorio que se muestran en la imagen.

b) Explica brevemente para qué se utilizan.

c) En grupos, diseñad una sencilla experiencia de laboratorio en la que se emplean algunos de estos materiales.

4 Observa las imágenes de los siguientes instrumentos de laboratorio y contesta:

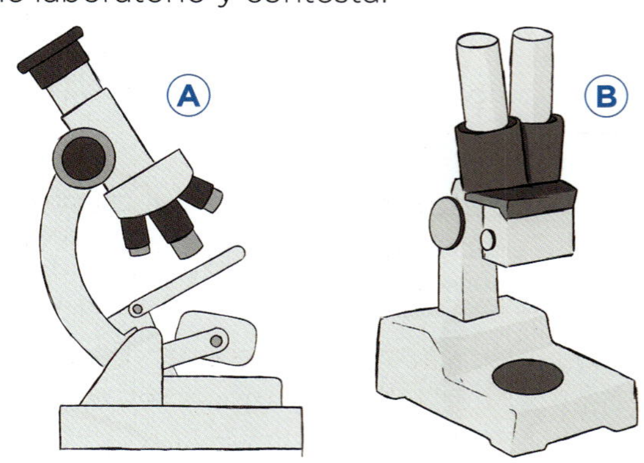

a) ¿De qué tipo de instrumentos se trata?

b) ¿Para qué se utilizan?

c) ¿Qué diferencia hay entre ellos en cuanto a:

- lo que se puede observar?
- el número de aumentos?
- la forma de preparación de la muestra?

Aplica

5 Pon en orden lógico las siguientes fases del método científico: comunicación de resultados, elaboración de una hipótesis, planteamiento del problema, análisis de resultados, experimentación.

6 Explica qué material o materiales elegirías para:

a) Medir con exactitud un volumen.

b) Observar aves en el medio natural.

c) Observar con detalle el ala de una mariposa.

d) Contener un líquido y calentarlo.

e) Medir condiciones atmosféricas en el campo (temperatura y viento).

f) Sembrar bacterias y cultivarlas.

g) Observar bacterias.

h) Observar algas.

i) Coger 5 mL de un reactivo y añadirlo a 200 mL de agua.

7 En biología, el concepto de *modelo* puede designar cosas muy diferentes: organismos concretos (como *Drosophila melanogaster*), objetos materiales (como los modelos moleculares hechos con plástico y metal), interpretaciones teóricas de la estructura (la doble hécice del ADN), mecanismos funcionales de procesos biológicos (como el modelo de bicapa lipídica), etc. Propón ejemplos diferentes a los que has visto en la unidad que reflejen el amplio significado del concepto de modelo en biología. Explica su utilidad.

8 Explica qué tipos de datos puedes obtener en una investigación de campo. Pon al menos tres ejemplos de cada tipo.

9 Imagina que quieres comprobar la presencia de pequeños invertebrados presentes en el patio del instituto. Diseña un experimento que te permita tomar muestras de tierra para analizarlas. Indica dónde y cómo las tomarías y qué material necesitarías, tanto para la recolección como para el análisis posterior.

10 Explica qué es una patente. ¿Crees que es importante que los investigadores y las investigadoras patenten sus descubrimientos? Explica tu respuesta.

anayaeducacion.es Consulta los apartados «Conceptos ficha2» y «Aprende jugando» en el banco de recursos.

Avanza

11 Lee el texto siguiente y responde:

Desde la Antigüedad y hasta el siglo XVII se creía en la teoría de la generación espontánea. Esta teoría, basada en la observación de la aparición de organismos vivos en la materia putrefacta, defendía el origen espontáneo de determinados seres vivos. A partir del siglo XVII, científicos como Francesco Redi utilizaron el método científico para demostrar la falsedad de esta teoría, siendo Louis Pasteur, en el año 1861, quien la refutó definitivamente. Para ello Pasteur utilizó unos matraces con cuello alargado y curvado, que impedían el acceso de los gérmenes presentes en el aire al medio de cultivo.

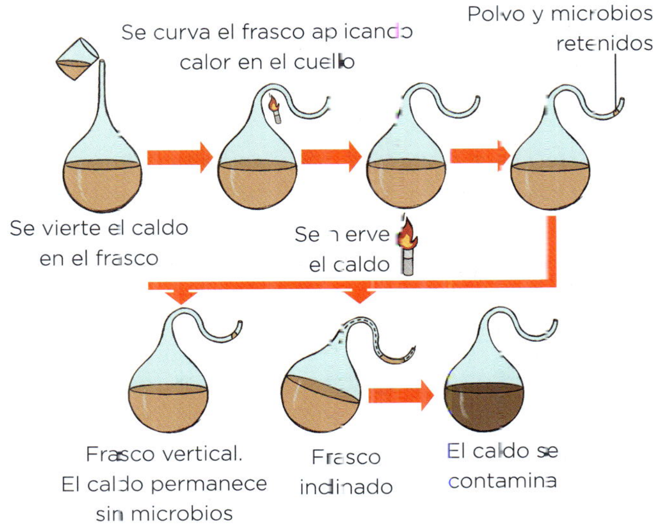

a) ¿Cuál era la hipótesis que confirmó Pasteur?

b) Explica el diseño de su experimento. ¿Para qué hervía el caldo de cultivo? ¿Qué experimento control utilizó?

c) Investiga sobre el experimento realizado por Francesco Redi e identifica las etapas del método científico en su estudio.

Objetivos de Desarrollo Sostenible ODS

12 La sostenibilidad es uno de los grandes retos de nuestra sociedad actual. Un reto que todos debemos conocer y en el que nos debemos involucrar. Investiga sobre los Objetivos del Desarrollo Sostenible y elabora un informe sobre ellos, indicando qué son, qué metas y retos nos plantean y cómo puede contribuir la ciencia a su alcance. ¿Cómo puedes contribuir tú en tu vida diaria a alcanzar estos objetivos? Consulta el vídeo «Los Objetivos de Desarrollo Sostenible» en anayaeducacion.es.

1

LA ORGANIZACIÓN DEL SER HUMANO

Ada Jonath. Curiosa por naturaleza

Para hacer ciencia, lo esencial es tener curiosidad. Por todo. Y créeme, yo he tenido siempre de sobra. Cuando tenía cinco años intenté determinar la altura de nuestro piso y me rompí un brazo en el proceso. En serio.

Mi nombre es Ada Yonath y soy originaria de Israel. Nací en la ciudad de Jerusalén, en 1939. En mi familia nunca sobró el dinero. Mi padre murió cuando yo era una niña y tuve que hacer de todo para poder estudiar: daba clases particulares de matemáticas, cuidaba niños, limpiaba el laboratorio de química... Era cansado, pero me dio la oportunidad de aprender y desarrollar mis propias investigaciones a escondidas, así que no me quejo.

Empezar mi carrera como investigadora fue maravilloso. ¡De pronto me pagaban por hacer preguntas y buscar respuestas! Me interesé especialmente por algo que entonces parecía imposible: descubrir cómo son y cómo funcionan los ribosomas. Estas pequeñas máquinas moleculares se encargan de decodificar las instrucciones del ADN de las células y usarlas para construir proteínas. ¿Pero cómo era su estructura exactamente? No teníamos ni idea.

Yo soy especialista en una técnica que consiste en crear cristales y observarlos usando rayos X. El problema era que los que hacíamos con ribosomas se rompían con suma facilidad. Pasamos años destrozando cristales hasta que por una combinación de suerte y experiencia desarrollamos la manera de fabricar cristales de ribosomas que aguantaban lo suficiente como para poder observar, por fin, los detalles de su estructura.

Este descubrimiento me valió, entre otros premios, el Nobel de Química en 2008. La verdad, no me importan demasiado los premios, lo que realmente me enorgullece es que mi descubrimiento se puede utilizar para atacar los ribosomas de las bacterias y desarrollar nuevos antibióticos con los que seguir ganando la batalla a las infecciones.

RESPONDEMOS EN GRUPO

1 Para Ada Jonath, la curiosidad es la cualidad más importante para hacer ciencia. Ella cuenta que, desde niña, sintió curiosidad por explicar todo lo que veía a su alrededor. Pero además de esa cualidad, para ser científica o científico, son necesarias otras. ¿Cuáles pensáis que hacen falta? ¿Cuáles de ellas pensáis que tenéis?

2 Explica cuál fue el descubrimiento que hizo merecedora a Jonath del Premio Nobel de Química en 2008.

Antes de empezar la unidad, consulta el recurso «Qué necesitas saber» en **anayaeducacion.es**.

RECURSOS EN LA WEB

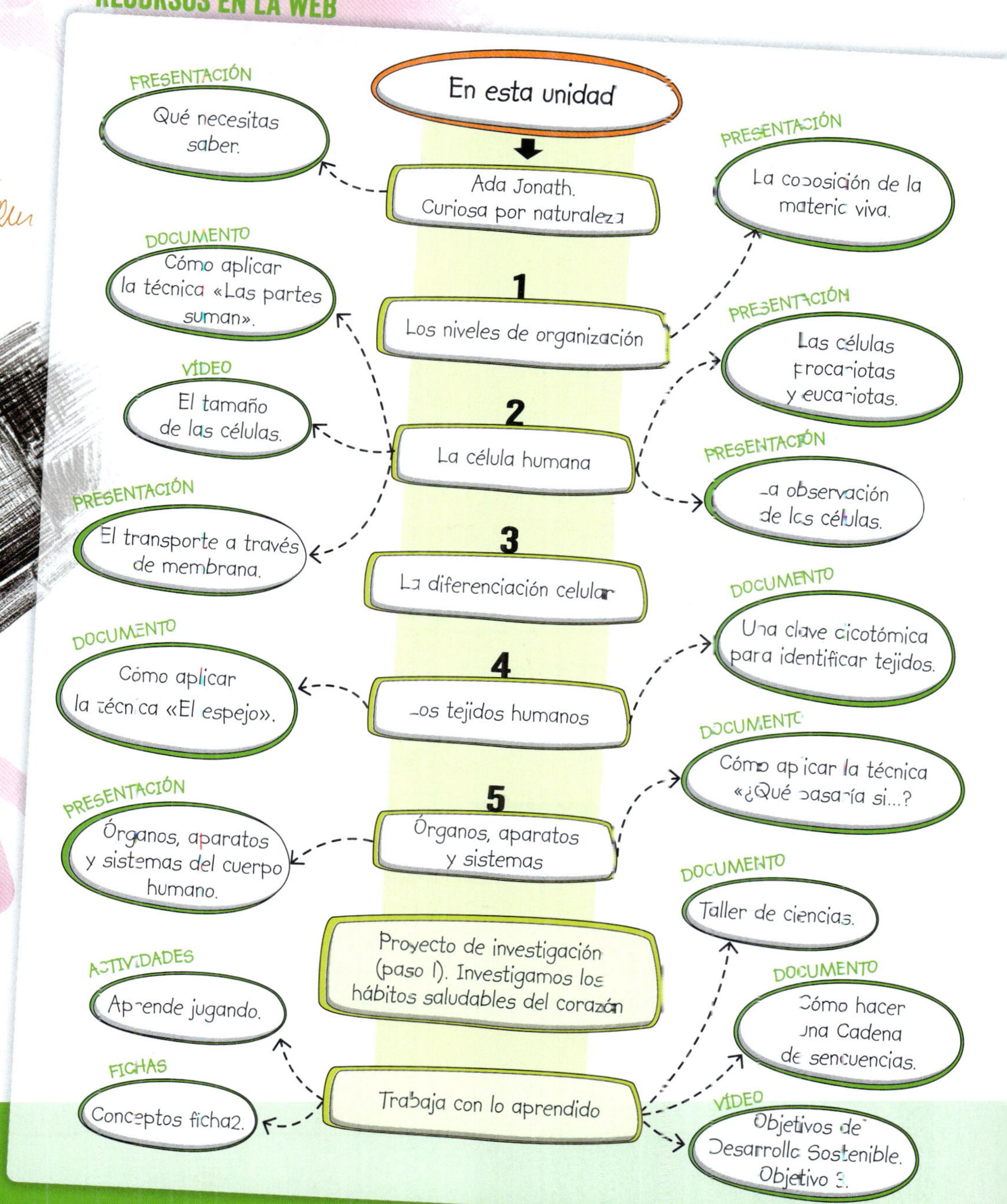

1 LOS NIVELES DE ORGANIZACIÓN

El ser humano está formado por materia que presenta distintos grados de complejidad, denominados **niveles de organización.**

> Se denominan **niveles de organización** a cada uno de los grados de complejidad en los que se organiza la materia viva.

Los elementos de cada nivel se agrupan para formar otros niveles más complejos, con nuevas características y propiedades que van más allá de la simple agrupación de los elementos del nivel anterior.

1.1 El nivel atómico

Los átomos son las partículas más pequeñas en que puede dividirse la materia, conservando sus propiedades. Son átomos el hidrógeno (H), el oxígeno (O) o el calcio (Ca). A los átomos que forman parte de la materia viva se los denomina **bioelementos.**

1.2 El nivel molecular

Las **moléculas** son agrupaciones de átomos, unidos por **enlaces químicos.** Son moléculas el agua (H_2O), el oxígeno (O_2) o el carbonato cálcico ($CaCO_3$). Las moléculas que forman parte de los seres vivos se denominan **biomoléculas,** y tienen un alto contenido en carbono.

Las **biomoléculas** se agrupan para realizar una función dentro de la célula. Forman los orgánulos como los ribosomas o las mitocondrias.

Estas biomoléculas suelen ser **polímeros;** es decir, cadenas formadas por la unión de varias moléculas de un mismo tipo llamadas **monómeros.** Son los hidratos de carbono o azúcares, los lípidos, las proteínas y los ácidos nucleicos (como el ácido desoxirribonucleico o ADN).

Otras sustancias como el **agua y** las **sales minerales** tienen una estructura química sencilla. Estas se encuentran tanto en la materia viva como en la no viva.

Las biomoléculas forman los seres vivos

Los glúcidos

Son la principal fuente de energía de la célula. Forman parte de algunas estructuras celulares y sirven para construir otras biomoléculas.

Pueden ser complejos como la celulosa, que forma las paredes de las células vegetales; o sencillos, como la glucosa.

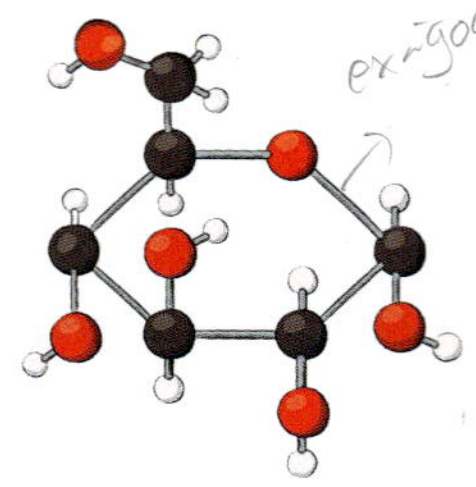

Los lípidos

Los lípidos son sustancias de naturaleza química muy diversa. Algunos, como los fosfolípidos y el colesterol, forman parte de las membranas celulares; otros, como los triglicéridos, son una fuente de energía y de almacenamiento energético para la célula, etc.

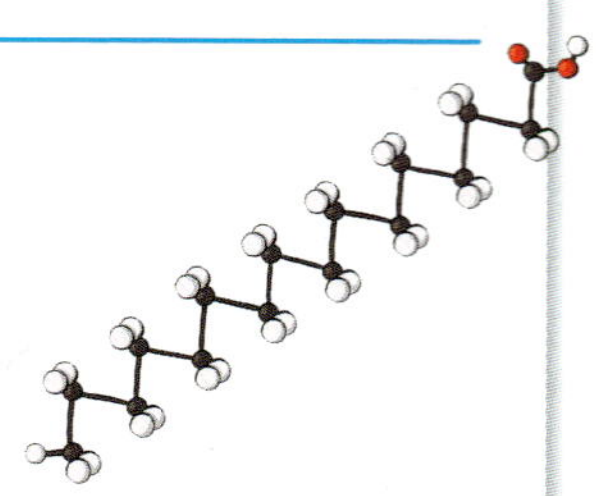

Las proteínas

Forman parte de las estructuras de la célula y llevan a cabo la regulación y la ejecución de la mayoría de los procesos celulares; por ejemplo, la hemoglobina de los glóbulos rojos transporta el oxígeno en la sangre; las proteínas de membrana regulan el intercambio de sustancias entre el interior y el exterior de las células, etc.

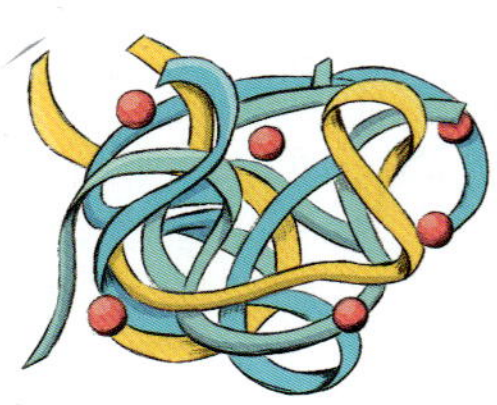

Los ácidos nucleicos

Contienen la información genética, que transmiten a la descendencia, y controlan las funciones celulares. Son el ADN (ácido desoxirribonucleico) y el ARN (ácido ribonucleico).

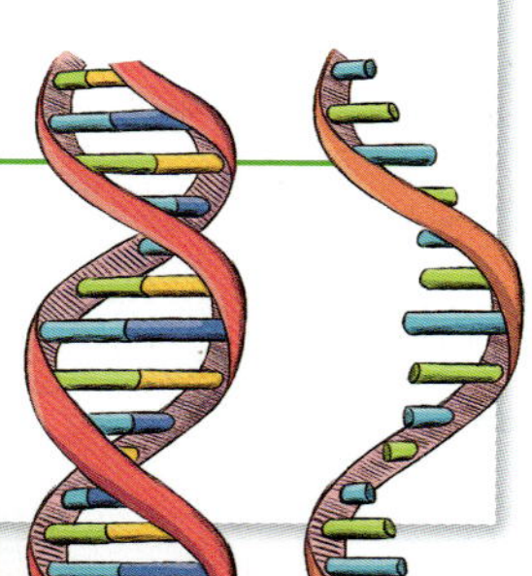

Comprende, piensa, investiga...

1 Define con tus palabras *bioelemento, biomolécula* y *enlace químico.*

2 Explica qué es un polímero y propón ejemplos de biomoléculas que lo sean.

3 Indica de los siguientes compuestos los que son exclusivos de la materia viva:

Fosfolípidos	Glucosa	Hierro
Cloruro de sodio	Potasio	Agua
ADN	Celulosa	

anayaeducacion.es Visualiza el recurso «La composición de la materia viva» en tu banco de recursos.

1.3 Nivel celular

Las **células** son la **unidad estructural** y **funcional** de todo ser vivo; es decir, la parte más pequeña capaz de realizar las tres funciones vitales.

Todas las células humanas son **eucariotas de tipo animal,** aunque se especializan en más de doscientos tipos. Son células las neuronas, los glóbulos rojos, los adipocitos, los óvulos, los espermatozoides, etc.

1.4 Nivel organismo

Los **tejidos** son **asociaciones de células** semejantes especializadas en la misma función, acompañadas, en ocasiones de otras sustancias. Ejemplos de tejidos son el tejido nervioso, el muscular o el epitelial.

Los tejidos se agrupan formando **órganos,** que realizan una función concreta; algunos ejemplos de órganos son el corazón, los pulmones o los riñones.

A su vez, el conjunto de órganos que llevan a cabo una función común constituyen los **aparatos y sistemas**. Algunos ejemplos son el aparato respiratorio, el excretor o el nervioso.

Finalmente, el **cuerpo humano** está constituido por el conjunto de órganos, aparatos y sistemas que funcionan de forma coordinada para realizar las tres funciones vitales.

Trabaja con la imagen

¿A qué nivel de organización del cuerpo humano corresponden los siguientes ejemplos o agrupaciones?

a) Óvulo.

b) Corazón.

c) Conjunto formado por la boca, el esófago, el estómago, el intestino, el páncreas, etc.

d) Glucosa.

e) Mitocondria.

f) Carbono

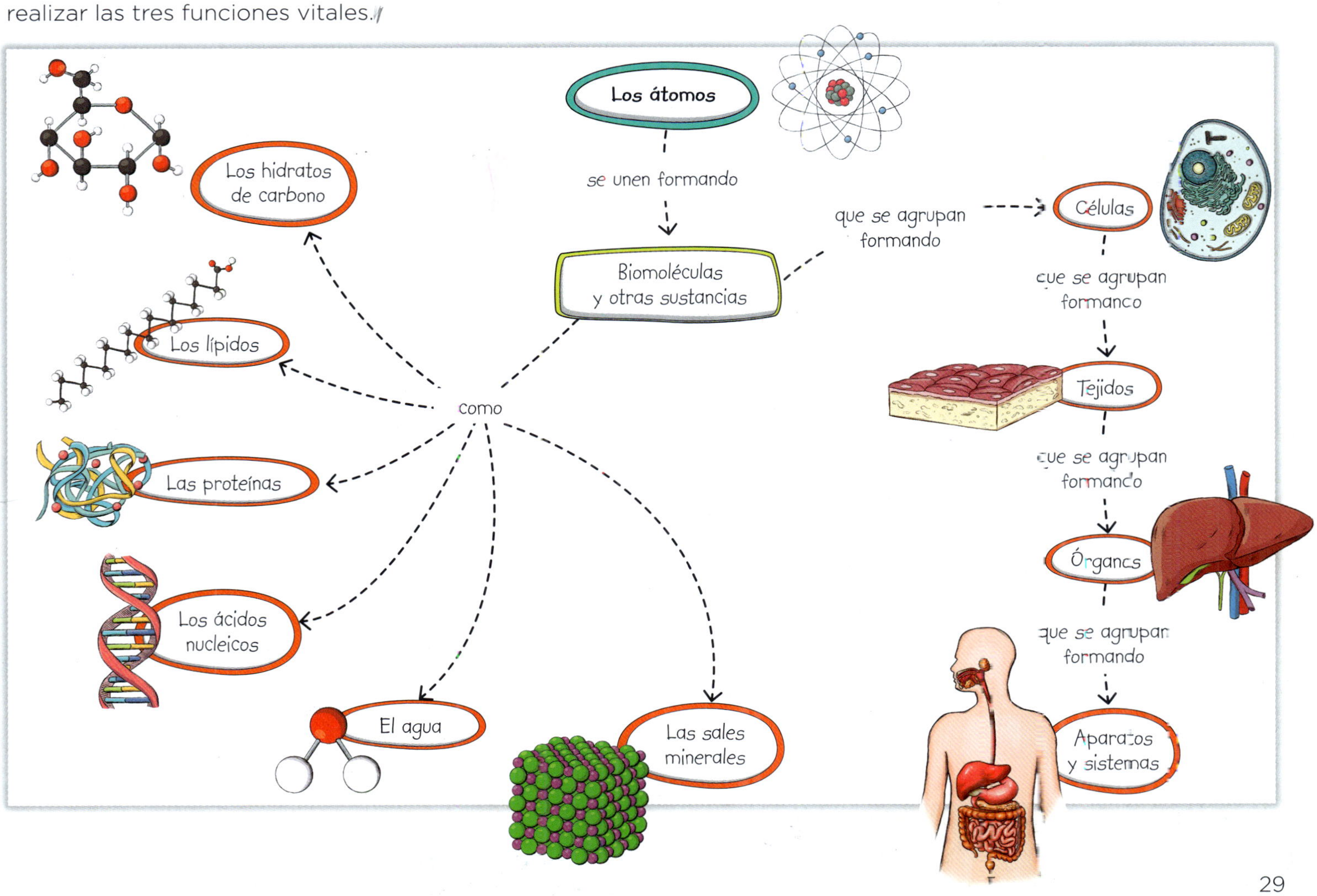

2 LA CÉLULA HUMANA

El ser humano es un organismo pluricelular, formado por células (eucariotas de tipo animal), muy diferentes entre sí en forma y tamaño que, por lo general, presentan tres componentes fundamentales: la **membrana plasmática,** el **núcleo** y el **citoplasma.**

Estructura de la célula eucariota animal

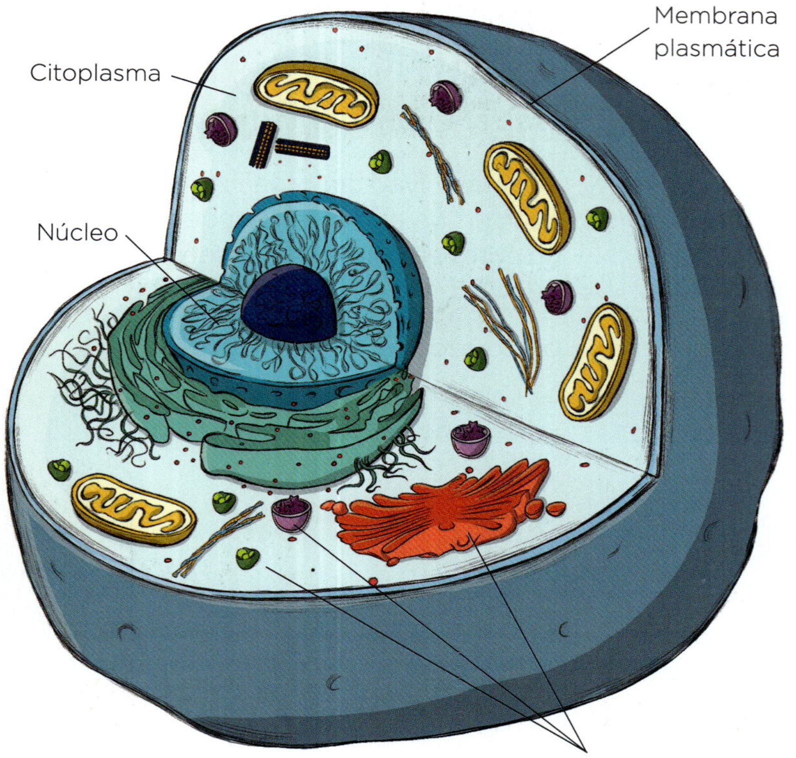

2.1 La membrana plasmática

La **membrana plasmática** es una fina capa que envuelve a la célula, la protege y regula el intercambio de sustancias con el medio que la rodea.

La membrana plasmática está compuesta por **lípidos,** que forman una capa que rodea a la célula y en la que se insertan proteínas. Las funciones de la membrana son:

- **Proteger** a la célula y **separar** su contenido del exterior.
- **Detectar los cambios** que se producen en el medio y permitir que la célula responda de forma adecuada a ellos.
- **Regular el intercambio** de sustancias con el medio. El transporte de sustancias a través de la membrana plasmática tiene lugar mediante diferentes mecanismos, según su tamaño. Por ejemplo, **sustancias pequeñas** como el oxígeno pueden atravesar la membrana por sí solas; las **sustancias de tamaño mediano** atraviesan la membrana ayudadas por las proteínas; las **sustancias más grandes** no pueden atravesarla, por lo que su paso al interior celular se realiza por **endocitosis,** que consiste en un hundimiento de la membrana que engloba a la partícula que se va a incorporar.

Membrana celular

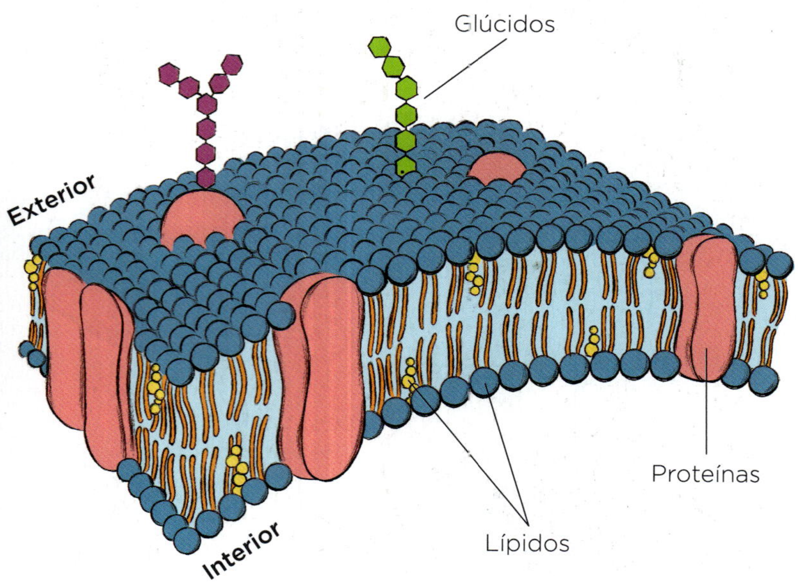

Comprende, piensa, investiga...

1 Define *célula*.

2 Explica las funciones que desempeña la membrana plasmática.

3 Aunque lo más común es representar las células animales con formas redondeadas, la morfología de las células de nuestro cuerpo es muy diversa. Busca imágenes de diferentes tipos de células del cuerpo humano y dibújalas en tu cuaderno. Señala en ellas las tres estructuras comunes: la membrana plasmática, el núcleo y el citoplasma.

anayaeducacion.es Consulta el recurso «El transporte a través de la membrana» en tu banco de recursos.

2.2 El núcleo

El **núcleo** es una estructura grande y esférica que contiene el material genético (ADN), que dirige la actividad de la célula.

El núcleo se compone de las siguientes partes:

- La **membrana nuclear** está atravesada por los poros nucleares, que permiten el intercambio de sustancias entre el núcleo y el citoplasma.
- El **nucleoplasma** está formado por un líquido acuoso, que contiene el material genético o ADN.
- La **cromatina** es el conjunto de todas las **fibras** de ADN y proteínas. Cuando la célula va a dividirse, las fibras de cromatina se enrollan y compactan, formando unas estructuras, visibles al microscopio, denominadas **cromosomas.**
- El **nucléolo** es una zona esférica del núcleo donde se fabrican los componentes de unos orgánulos celulares llamados ribosomas.

Así es el núcleo de la célula

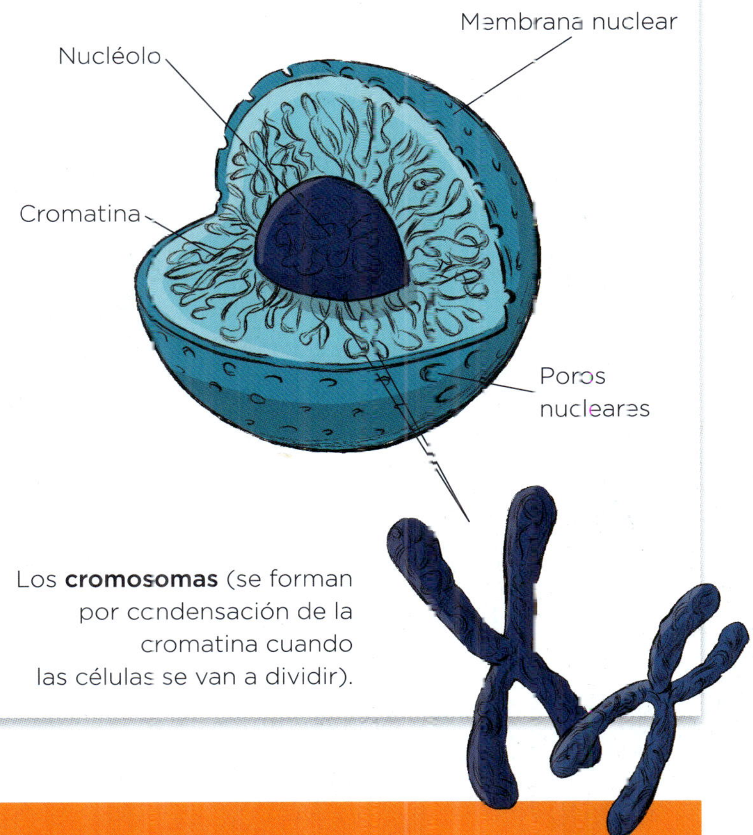

Los **cromosomas** (se forman por condensación de la cromatina cuando las células se van a dividir).

Comprende, piensa, investiga...

4 anayaeducacion.es No todas las células son iguales, ni tienen la misma organización celular. Recuerda los tipos de organización celular de los seres vivos visualizando la presentación «Las células procariotas y eucariotas», disponible en tu banco de recursos, y di qué tipo de organización tienen las siguientes células:

a) Un protozoo.
b) Un hongo.
c) Un alga.
d) Un insecto.
e) Una bacteria.
f) Un pino.

5 Dibuja el núcleo de una célula en tu cuaderno, escribe los nombres de sus componentes y las funciones que desempeñan.

6 ¿En qué dos estados puede estar el núcleo desde un punto de vista estructural?

7 Como sabes, las células tienen un tamaño microscópico. Para medirlas, se utiliza una unidad llamada micrómetro o micra (µm).

1 = 0,001 mm = 0,000 001 m

a) Utiliza el cursor para calcular el diámetro de la célula. ¿Cuántos micrómetros mide?

b) Identifica el nucléolo de esta célula e indica cuánto mide su diámetro.

c) Como la célula de la imagen tiene forma redondeada, podemos calcular su volumen como el de una esfera. ¿Qué volumen tiene? ¿Y su nucléolo?

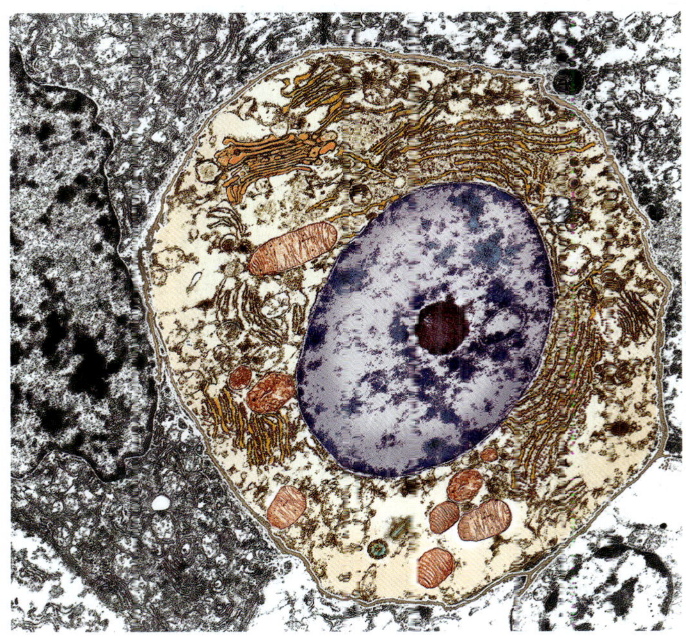

5 µm

anayaeducacion.es Consulta el recurso «El tamaño de las células» en tu banco de recursos.

2.3 El citoplasma

El citoplasma es la parte de la célula contenida entre la membrana plasmática y la membrana nuclear.

El **citoplasma** está formado por un líquido acuoso denominado citosol, que contiene sustancias y orgánulos celulares.

El **citosol** está compuesto por un 70-80 % de agua y un 30-20 % de otras sustancias disueltas o en suspensión como proteínas, glúcidos, lípidos, ácidos nucleicos, sales minerales e iones. En él se producen muchas de las reacciones químicas vitales para la célula.

2.4 Los orgánulos celulares

Los **orgánulos celulares** son estructuras inmersas en el interior del citoplasma y que realizan funciones específicas a modo de «órganos».

Los orgánulos pueden ser de dos tipos: los **no membranosos** y los **membranosos.**

Los orgánulos no membranosos

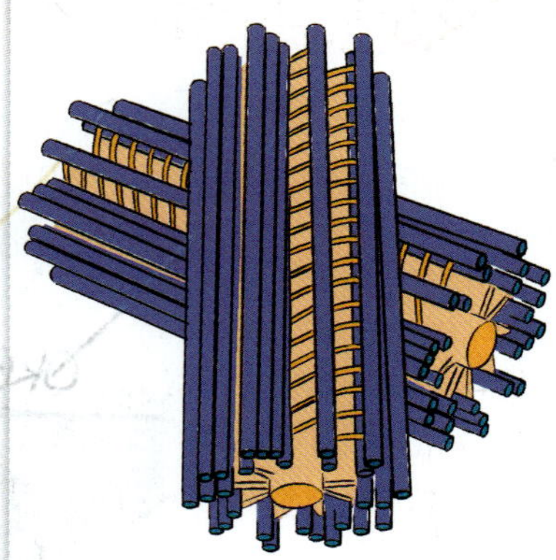

Los **centriolos** son dos cilindros compuestos de fibras que dirigen el movimiento del citoesqueleto y de los cromosomas durante la división de la célula.

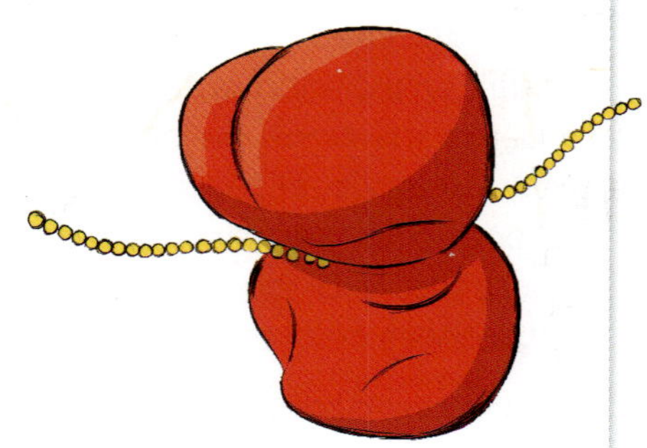

Los **ribosomas** son pequeñas partículas encargadas de sintetizar las proteínas. Pueden estar adheridos al retículo endoplasmático o dispersos por el citoplasma.

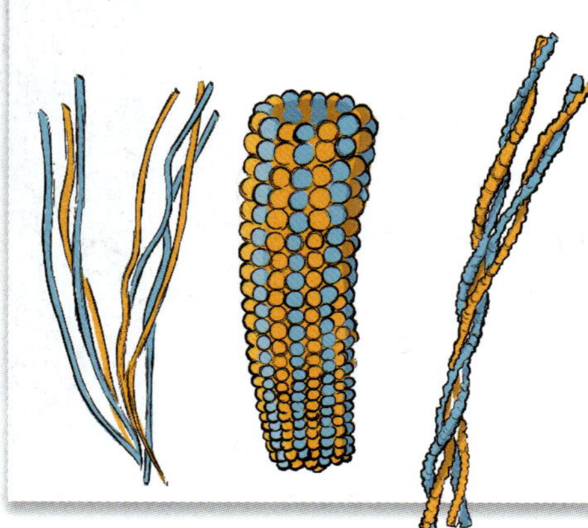

El **citoesqueleto** es una red de fibras que sostiene los orgánulos y da forma a la célula. También interviene en los movimientos celulares (constituye los cilios y los flagelos).

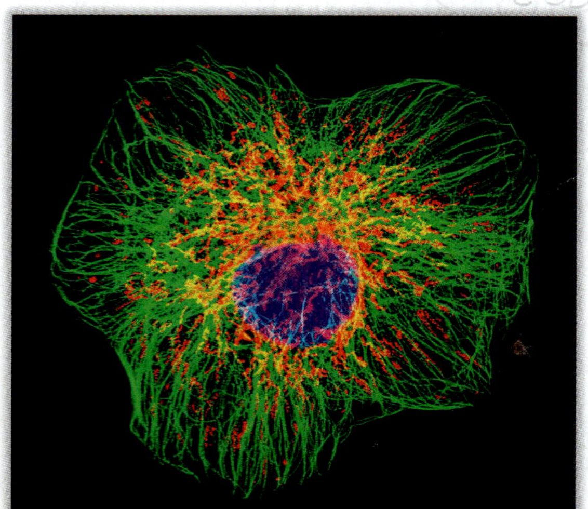

Trabaja con la imagen

Observa la fotografía de la célula e indica qué estructura celular se observa teñida de color verde. Describe lo que ves en la fotografía.

Los orgánulos membranosos

Las **mitocondrias** son estructuras ovaladas de doble membrana, con abundantes repliegues en su membrana interna. Obtienen energía para la célula mediante el proceso de respiración celular.

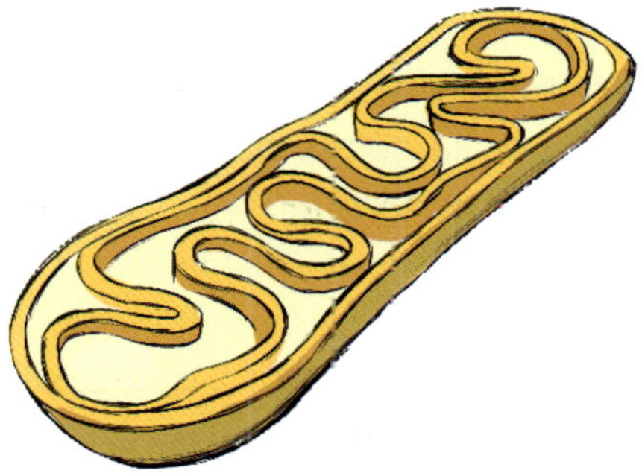

Las **vesículas** son pequeños compartimentos que transportan o almacenan sustancias.

El **retículo endoplasmático (RE)** es un conjunto de canales y sáculos que sintetizan sustancias. El RE rugoso, que tiene ribosomas adheridos a su pared, participa en la síntesis de proteínas. El RE liso, sin ribosomas, interviene en la síntesis de lípidos.

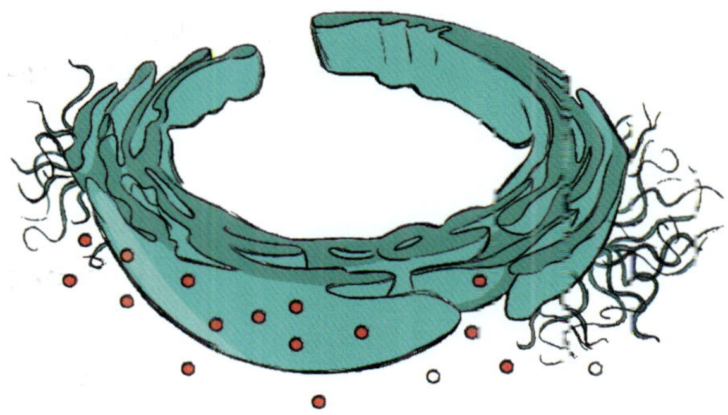

El **aparato de Golgi** es un conjunto de sáculos aplanados que modifican las sustancias sintetizadas en el RE y las transportan en vesículas al exterior celular.

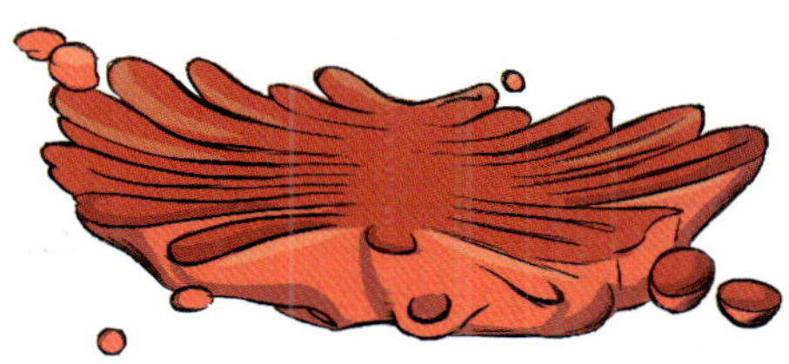

Los **lisosomas** son vesículas en las que se digieren partículas capturadas por la célula, gracias a sus enzimas digestivas.

Comprende, piensa, investiga...

8 **Las partes suman.** Cada una de las estructuras de la célula realiza una función concreta, pero su conjunto forma un todo que permite el funcionamiento celular perfecto. Elabora una tabla en la que expliques, para cada uno de los orgánulos celulares, los siguientes aspectos: ¿Cuál es su función? ¿Qué ocurriría si no existiera este orgánulo? ¿Qué relación tiene con los demás componentes? Si quieres saber cómo aplicar esta técnica, consulta la información en anayaeducacion.es.

9 Observa con atención las microfotografías de la derecha y responde a las preguntas:

a) ¿Son células aisladas o se trata del interior de una célula? Explícalo.

b) Utiliza el cursor que aparece en la micrografía para calcular el tamaño de la imagen A.

c) Haz un dibujo en tu cuaderno en el que representes cómo crees que será este orgánulo en 3D. Calcula su volumen.

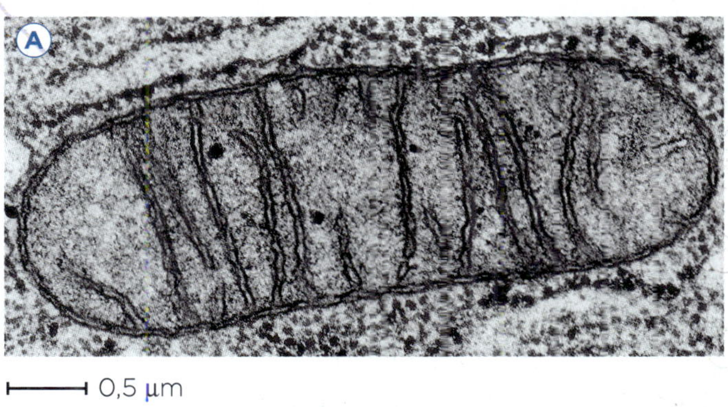

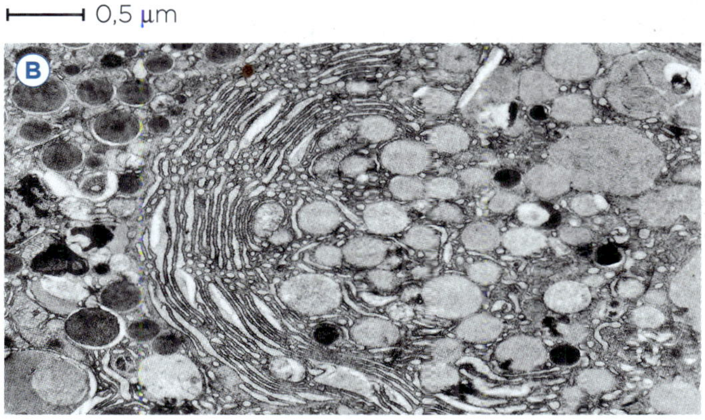

anayaeducacion.es Consulta el recurso «La observación de las células» en tu banco de recursos.

3
LA DIFERENCIACIÓN CELULAR

La diferenciación celular

La **diferenciación** es un conjunto de cambios en la forma y la estructura de la célula que le permiten especializarse en una función determinada.

Las células de los organismos pluricelulares se forman a partir de una **primera célula** llamada cigoto, que se divide para formar un embrión.

Al principio, todas las células del embrión son iguales, pero después van adquiriendo formas diferentes y funciones específicas; es decir, **se especializan.** Este proceso se llama **diferenciación celular.**

Así, aunque todas las células del ser humano comparten unas características básicas (por ejemplo, tienen el mismo material genético), no todas tienen la misma forma ni realizan las mismas funciones.

Una vez diferenciadas, las células que realizan la misma función y que tienen un aspecto parecido se agrupan en el organismo pluricelular para formar **tejidos.** Por ejemplo, las neuronas tienen un aspecto estrellado con prolongaciones del citoplasma que facilitan la recepción de los estímulos y la transmisión del impulso nervioso, y forman el **tejido nervioso.**

Diferenciación celular

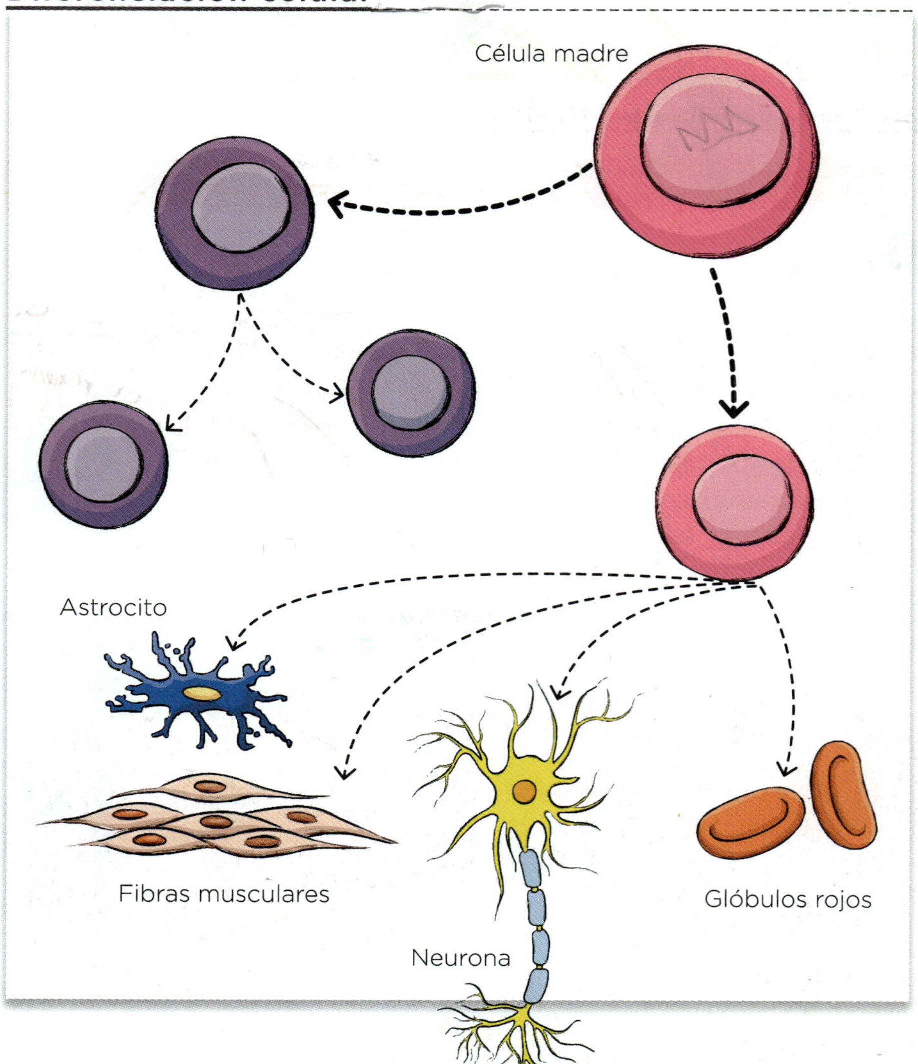

Comprende, piensa, investiga...

1. Explica con tus palabras qué es la diferenciación celular.
2. Explica si son verdaderas o falsas las siguientes afirmaciones sobre la diferenciación celular:
   a) Las células del cuerpo humano se diferencian gracias a que tienen materiales genéticos diferentes.
   b) Cualquiera de las células que componen el cuerpo humano tienen el mismo material genético.

4 LOS TEJIDOS HUMANOS

Comprende, piensa, investiga...

1 Define *tejido*.

2 ¿Qué tejido forma parte de las glándulas sudoríparas?

3 Observa la fotografía y di qué tipo de tejido epitelial observas en ella.

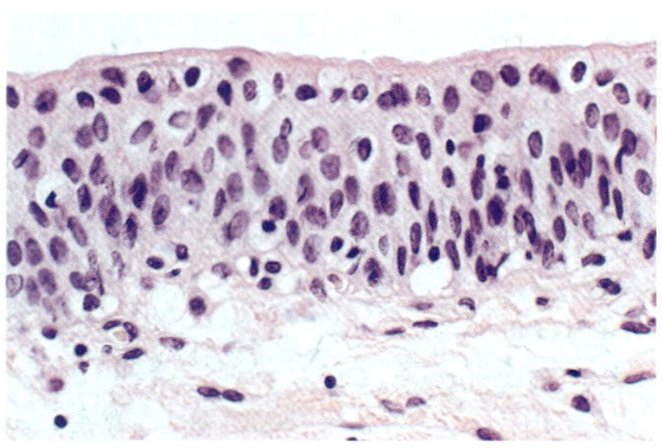

Un **tejido** es un grupo de células, de forma y estructura semejante, especializadas en realizar la misma función.

Los tejidos que forman el cuerpo humano pueden clasificarse en cuatro tipos básicos: **epitelial, conectivo, muscular y nervioso.**

4.1 Tejido epitelial

Los **tejidos epiteliales** (o epitelios) estan formados por una o varias capas de células muy próximas entre sí.

Los tejidos epiteliales recubren los órganos y actúan como barreras protectoras. Los tejidos epiteliales pueden ser de dos tipos:

- **Epitelio de revestimiento.** Tiene una función protectora, ya que recubre tanto las superficies externas como las internas de los órganos. Por ejemplo, los epitelios que tapizan las cavidades internas que comunican con el exterior.
- **Epitelio glandular.** Están formados por células especializadas en producir y secretar sustancias sobre la superficie epitelial. Estas células pueden estar dispersas o formar glándulas. Por ejemplo, las glándulas sebáceas.

Tipos de tejidos epiteliales

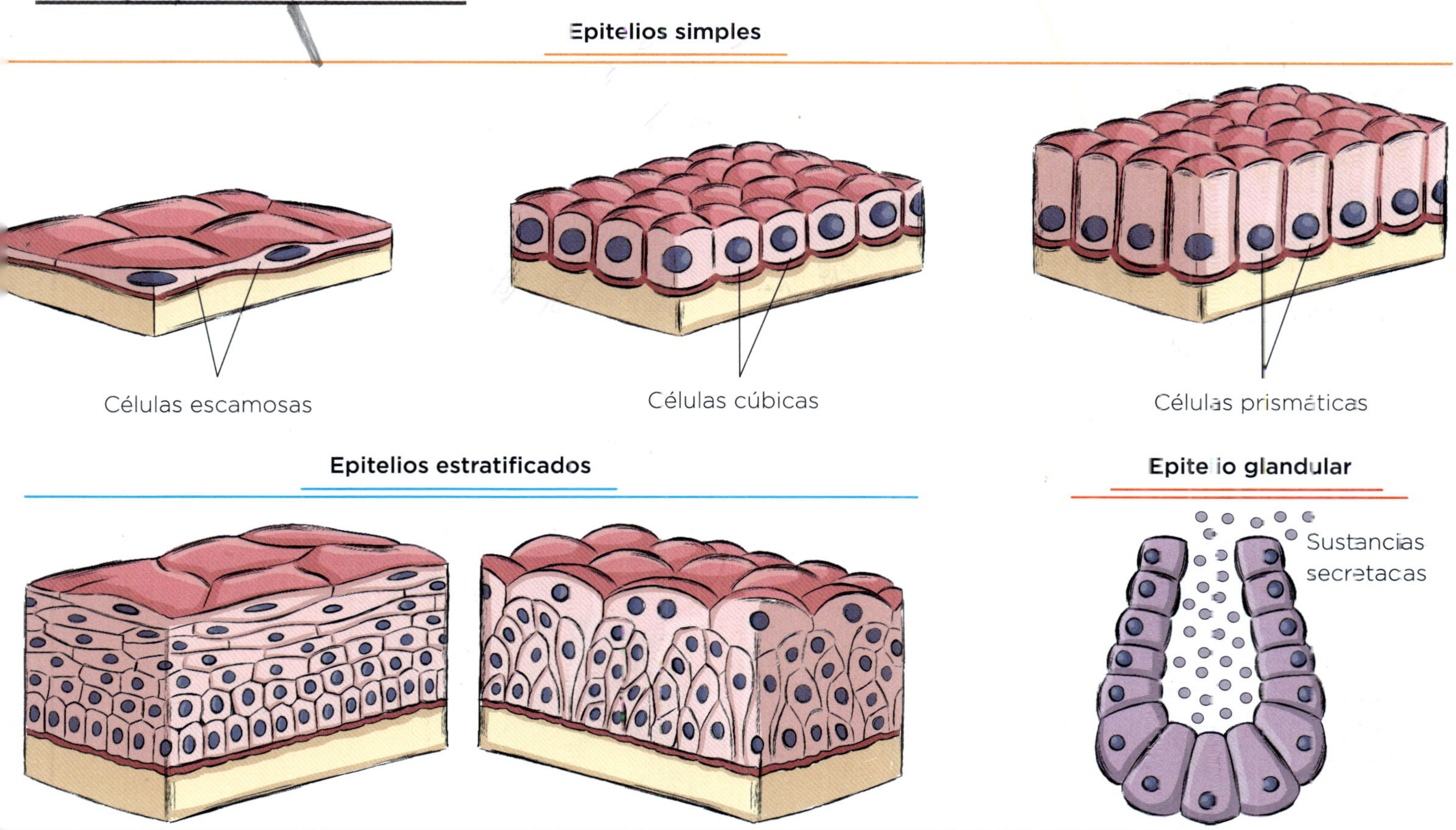

Tipos de tejidos conectivos

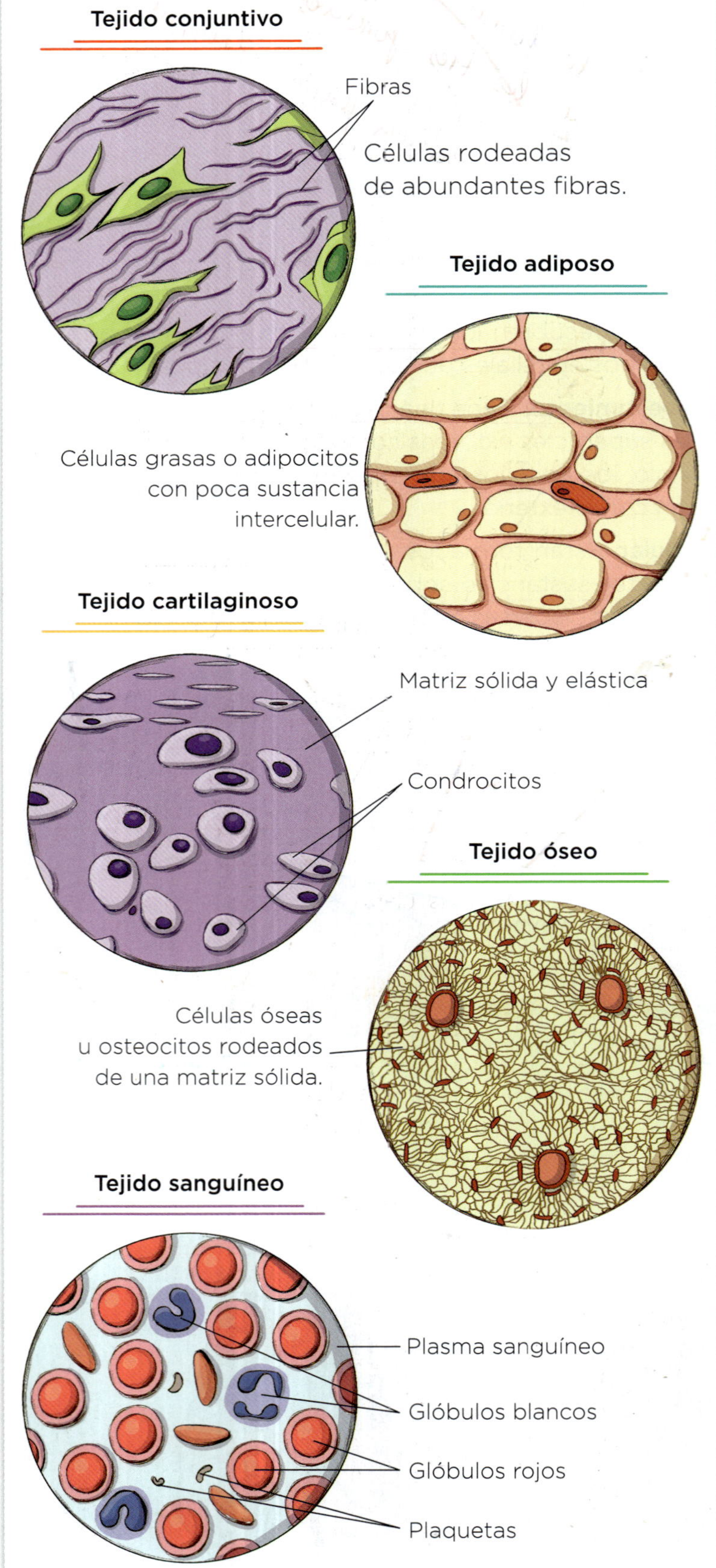

4.2 Tejido conectivo

Los **tejidos conectivos** están formados por células que se encuentran rodeadas por una sustancia intercelular y por fibras llamadas «matriz».

Los tejidos conectivos actúan de soporte y unión para los órganos y otros tejidos del cuerpo. Hay diferentes tipos:

- **Tejido conjuntivo.** Contiene una abundante matriz gelatinosa en la que hay abundantes fibras. Rellena el espacio que hay entre los órganos manteniéndolos en su lugar y forma los tendones.
- **Tejido adiposo.** Tiene una matriz con poca sustancia intercelular. Sus células almacenan grasa como reserva energética y aislante térmico. Se encuentra bajo la piel.
- **Tejido cartilaginoso,** cuya matriz es sólida y elástica. Recubre las articulaciones para evitar el desgaste y forma, por ejemplo, el cartílago de la oreja.
- **Tejido óseo,** cuya matriz es sólida y rígida por la presencia de sales de calcio. Forma los huesos.
- **Tejido sanguíneo,** que tiene una matriz líquida que se denomina plasma. En él están suspendidas las células sanguíneas (los glóbulos rojos, los glóbulos blancos y las plaquetas).

Comprende, piensa, investiga...

4 Explica qué tipo de tejido conectivo se observa en cada una de las imágenes siguientes.

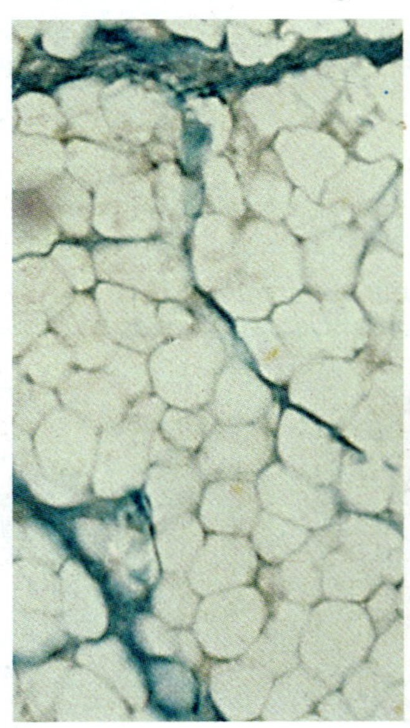

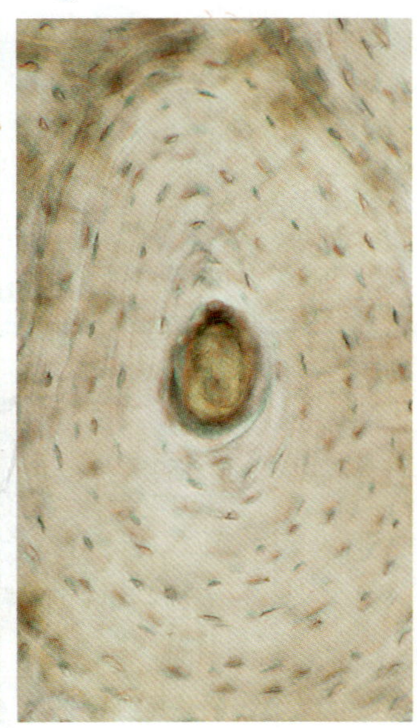

4.3 Tejido muscular

El **tejido muscular** está formado por células con forma alargada, que se agrupan formando las **fibras musculares,** y que tienen la capacidad de contraerse y relajarse. Es responsable del movimiento del cuerpo.

Hay tres tipos de tejido muscular:

- **Tejido muscular estriado esquelético.** Constituye los músculos del aparato locomotor y permite su movimiento voluntario. Las células que conforman este tejido tienen varios núcleos y tienen estriaciones.
- **Tejido muscular estriado cardiaco.** Es el que forma las paredes del corazón. Es un tejido similar al anterior, pero sus células estriadas tienen solo un núcleo y su contracción es involuntaria.
- **Tejido muscular liso.** Se encuentra en las paredes de distintos órganos como el estómago o la vejiga. Su contracción es involuntaria. Las células que lo forman tienen solo un núcleo y no tienen estriaciones.

4.4 Tejido nervioso

El tejido nervioso es el principal componente de todas las estructuras que forman el sistema nervioso.

Está formado por las **neuronas,** células con forma de estrella especializadas en recoger y transmitir la información, junto a las **células de glía** que se encargan de su nutrición, defensa y soporte.

Tejido nervioso

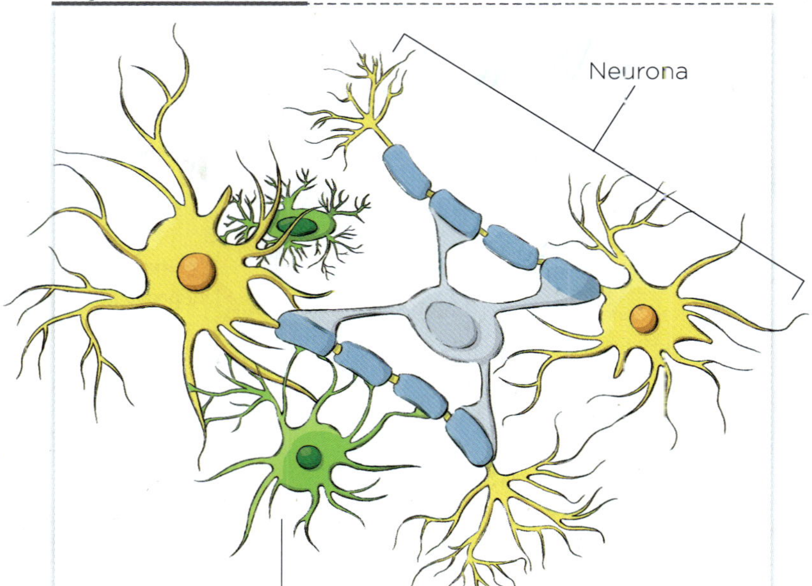

Tipos de tejidos musculares

Tejido muscular estriado esquelético

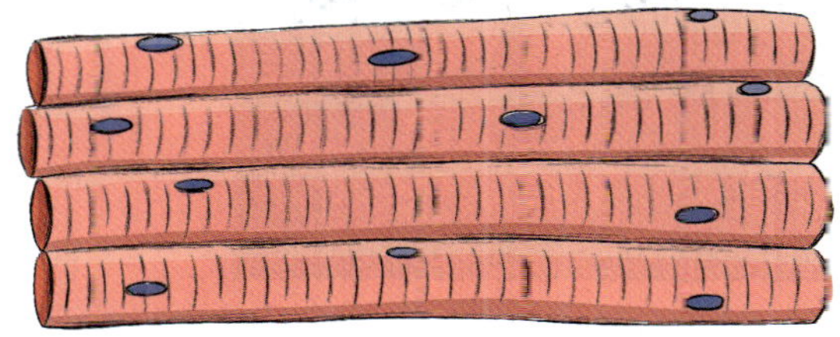

Fibra muscular plurinucleada.

Tejido muscular estriado cardiaco

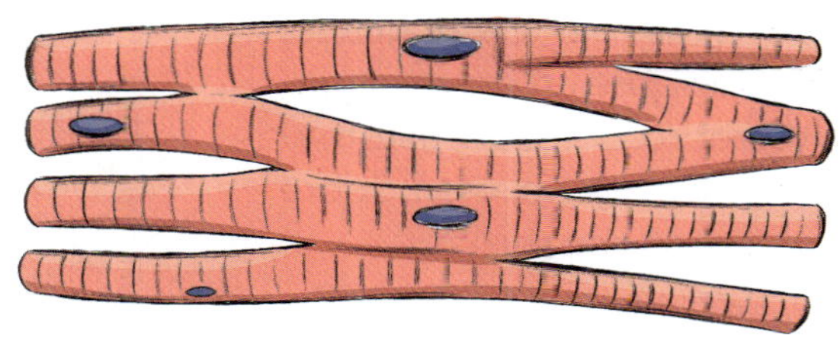

Fibras musculares similares a muscular estriado esquelético, pero con un solo núcleo.

Tejido muscular liso

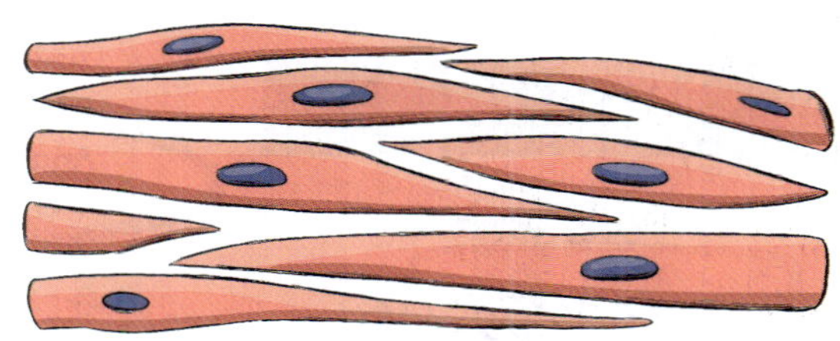

Células musculares con un solo núcleo.

Comprende, piensa, investiga...

5 **El espejo.** Consulta en **anayaeducacion.es** cómo aplicar esta llave de pensamiento y elabora una tabla para comparar los diferentes tipos de tejidos musculares.

6 Compara el tejido de la imagen siguiente con los esquemas que has estudiado en estas páginas y di de qué tipo de tejido se trata. Justifica tu respuesta.

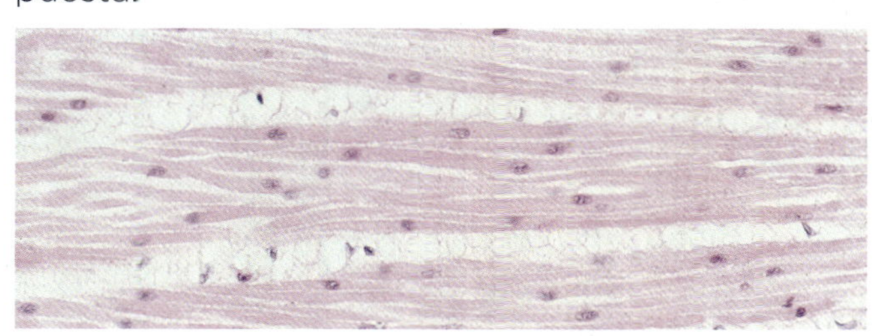

anayaeducacion.es Consulta el recurso «Una clave dicotómica para identificar tejidos» en tu banco de recursos.

5 ÓRGANOS, APARATOS Y SISTEMAS

Como acabas de ver, las células de un mismo tipo se organizan formando **tejidos.** A su vez, los diferentes tejidos se organizan en estructuras más complejas, denominadas **órganos,** que forman conjuntos coordinados llamados **aparatos** y **sistemas.**

5.1 Los órganos

Los **órganos** del cuerpo humano están formados por varios tejidos que funcionan de forma coordinada para realizar una función concreta.

Por ejemplo, el corazón bombea sangre, el riñón la limpia, los pulmones intercambian gases...

5.2 Los aparatos y los sistemas

Los **aparatos** y los **sistemas** son agrupaciones de órganos que colaboran de forma coordinada para realizar una actividad común.

El funcionamiento conjunto de los diferentes aparatos y sistemas contribuye a que el organismo lleve a cabo las funciones vitales (nutrición, relación y reproducción).

Comprende, piensa, investiga...

1 **Rompecabezas.** Formad grupos en clase y repartid los temas a investigar. Cada grupo, investigará sobre un órgano concreto (cerebro, corazón, estómago, intestino delgado, etc.). Sobre los siguientes aspectos:

a) ¿Qué función desempeña?

b) ¿Qué tejidos lo forman?

c) ¿Cómo son las células de estos tejidos?

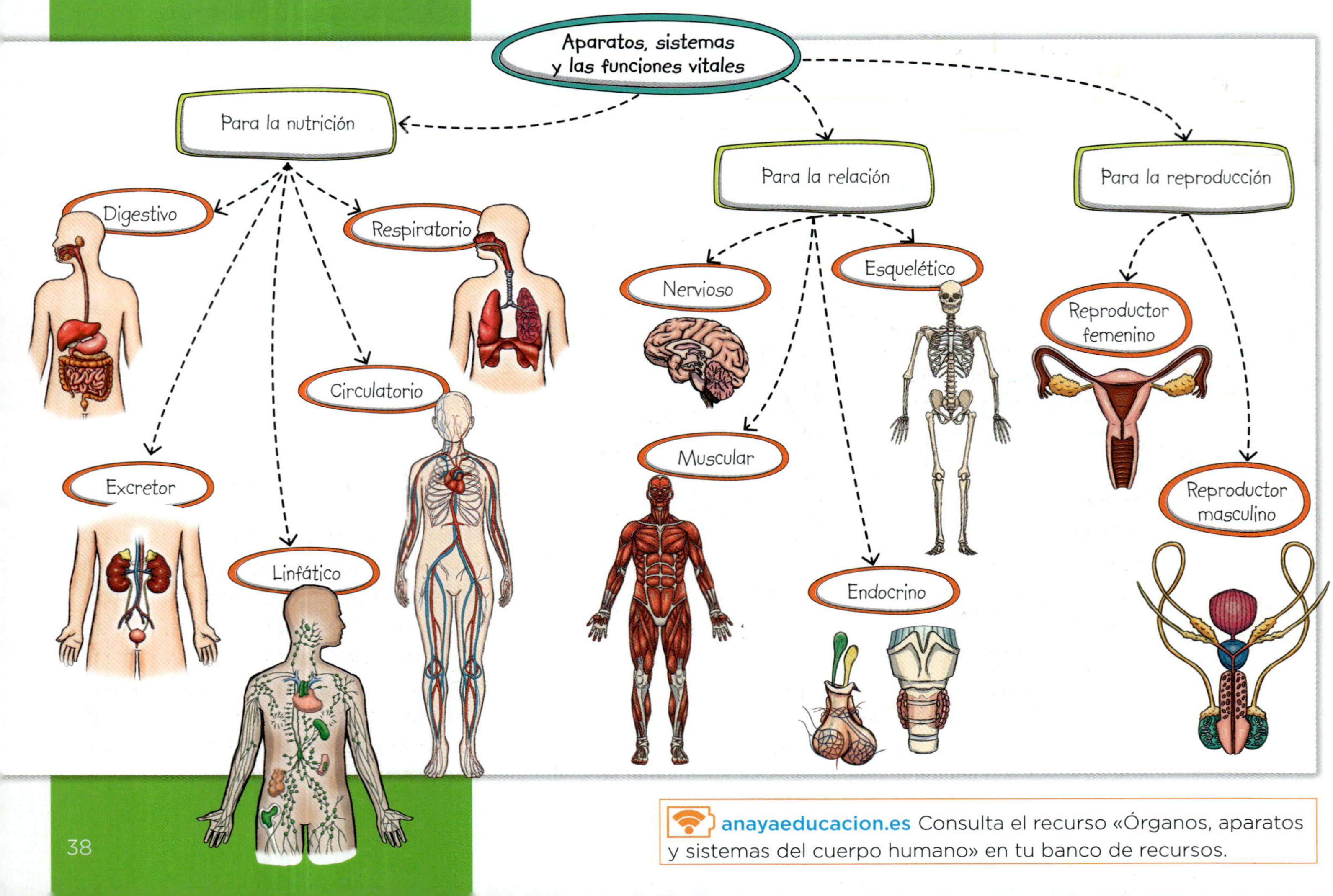

anayaeducacion.es Consulta el recurso «Órganos, aparatos y sistemas del cuerpo humano» en tu banco de recursos.

5.3 El medio interno

Una característica de los organismos pluricelulares, como el ser humano, es que la mayor parte de sus células no están en contacto directo con el medio externo y no pueden intercambiar sustancias (gases, nutrientes, desechos...) con él, como hacen las de los organismos unicelulares. Para solucionar esto, han desarrollado un **medio interno.**

El **medio interno** es el líquido que baña todas sus células y que entra en contacto con el exterior a través de la sangre. Las células toman de este medio los nutrientes y el oxígeno que necesitan, y vierten a él los desechos que producen.

La homeostasis

La **homeostasis** es el conjunto de procesos fisiológicos que mantienen estables las características del medio interno.

Este equilibrio se consigue gracias a la acción de los distintos órganos, sistemas y aparatos del organismo. Este proceso de regulación evita alteraciones del medio interno que resultarían fatales para las células.

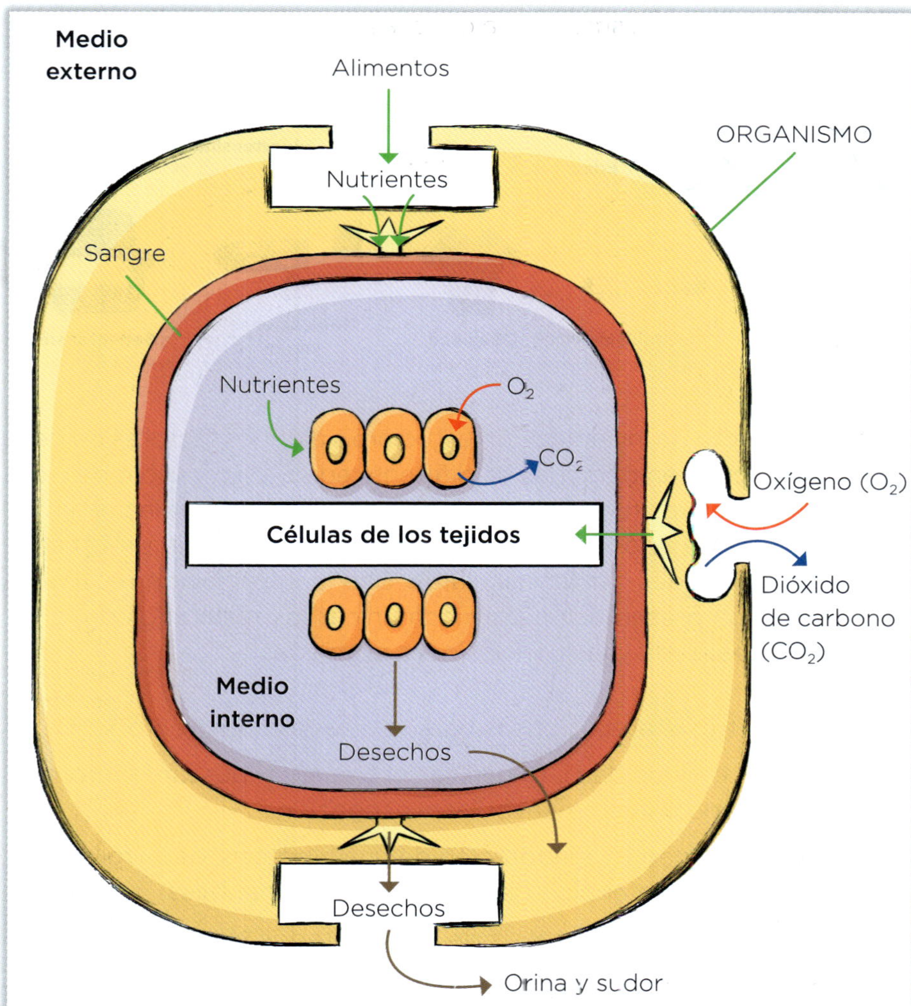

Comprende, piensa, investiga...

1 Indica cuál de las funciones siguientes es realizada por el medio interno:

a) Actúa de vehículo para el intercambio de sustancias.

b) Sirve de aislante térmico.

c) Sirve de protección a las células que rodea.

2 **¿Qué pasaría si...?** Explica qué pasaría en nuestro organismo si no existiera el medio interno. Para conocer cómo aplicar esta técnica, consulta la información correspondiente en **anayaeducacion.es**.

Trabaja con la imagen

Observa la imagen; en ella, está esquematizado el funcionamiento del medio interno. Basándote en lo que se representa en la ilustración, elabora un texto explicando cómo se realiza el intercambio entre los nutrientes, el oxígeno, el dióxido de carbono y los desechos entre el medio interno y el externo.

INVESTIGAMOS LOS HÁBITOS SALUDABLES DEL CORAZÓN

PRESENTACIÓN DEL PROYECTO

Las enfermedades cardiovasculares, como la arterioesclerosis, el infarto de miocardio o el ictus cerebral, son la primera causa de muerte en España y en otros países desarrollados (ver tabla).

Conocer las cifras anuales de muertes y sus causas es una manera eficaz para evaluar la eficacia de los sistemas de salud de los países. Estos datos ayudan a las autoridades sanitarias a orientar las actividades futuras en materia de salud pública. Por ejemplo, cuando la mortalidad por las cardiopatías y la diabetes se dispara en pocos años, se suelen poner en marcha programas para fomentar hábitos saludables para prevenir estas enfermedades.

Está demostrado que la aparición de enfermedades cardiovasculares está directamente relacionada con ciertos hábitos y estilos de vida. Algunos factores que aumentan el riesgo de padecer una enfermedad cardiovascular son: la obesidad, el consumo de tabaco, el sedentarismo, el tabaquismo, los niveles altos de colesterol en sangre, la hipertensión y la diabetes.

Principales causas de muerte en el mundo	
Enfermedades cardiovasculares	32,3 %
Cáncer	16,3 %
Enfermedades respiratorias	6,5 %
Diabetes	5,8 %
Infecciones respiratorias agudas	4,4 %
Demencia	4,4 %
Muerte neonatal	3,2 %
Enfermedades diarreicas	3 %
Accidentes de tráfico	2,5 %
Enfermedades hepáticas	2,3 %

Principales factores de riesgo cardiovascular

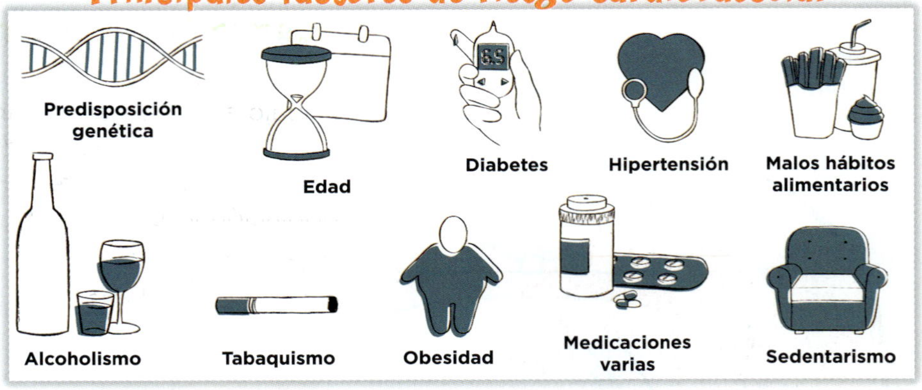

OBJETO DEL TRABAJO

En este proyecto de investigación estudiaréis algunos factores de riesgo cardiovascular en personas de diferente edad, sexo y estilo de vida. Uno de los objetivos fundamentales es indagar si existe relación entre la importancia de adoptar ciertos hábitos saludables y la prevención de las enfermedades cardiovasculares. Con la información recabada, elaboraréis una presentación para comunicar los resultados de la investigación realizada y las conclusiones obtenidas.

PASOS PARA REALIZAR EL PROYECTO

Se proponen tres etapas o pasos para realizar este proyecto:

- **Paso 1** (en esta unidad). Organizar el trabajo y buscar la información necesaria para comenzar la investigación.
- **Paso 2** (en unidad 2). Elaboración de una hipótesis, desarrollo de la investigación y obtención de los datos experimentales.
- **Paso 3** (en unidad 3). Análisis de los resultados y extracción de las conclusiones. Por último, elaboraréis una presentación que podréis utilizar para exponer y explicar en clase vuestros resultados.

PASO 1

ORGANIZACIÓN DEL TRABAJO Y BÚSQUEDA DE INFORMACIÓN

Organización del trabajo

El profesor o la profesora distribuirá la clase en grupos de 3 o 4 personas. Debatid en grupos sobre el proyecto que vais a realizar y la metodología que podéis utilizar para llevarlo a cabo. Distribuid el trabajo entre los miembros del equipo.

Realizad una puesta en común entre todos los grupos de trabajo. Discutid sobre el número de personas que vais a incluir en el estudio, rango de edad, estilos de vida, etc. Es importante que hagáis la selección de la muestra de estudio de manera que sea representativa del mayor número de situaciones posible. De esta forma, las conclusiones del estudio serán más realistas.

Búsqueda y análisis de la información

Buscad y seleccionad adecuadamente la información para vuestro trabajo a fin de garantizar su calidad. Consultad fuentes en distintos formatos (artículos, infografías, gráficos, etc.). Procesad la información sobre los factores de riesgo cardiovascular, su incidencia en la población y su efecto en el estado fisiológico del sistema circulatorio.

Para realizar la búsqueda de información, podéis hacer un listado de preguntas similares a las que aparecen en el listado siguiente:

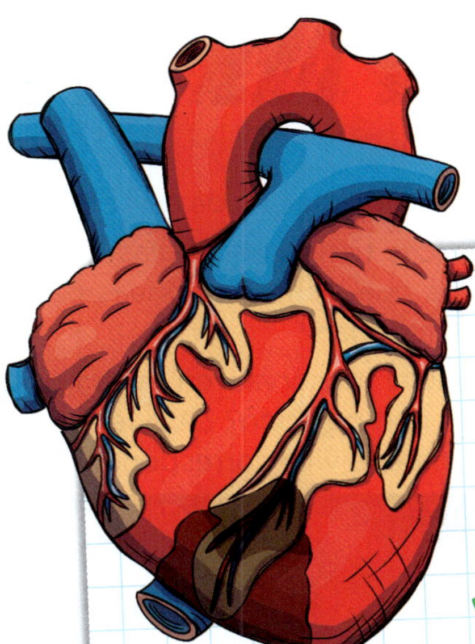

- ✓ ¿Cómo influye la edad en el riesgo de padecer enfermedades cardiovasculares? ¿Y ser hombre o mujer?
- ✓ ¿Por qué el exceso de peso o la hipertensión aumentan el riesgo de padecer enfermedades de este tipo?
- ✓ ¿Qué efectos tiene sobre la salud del sistema cardiovascular el consumo de tabaco?
- ✓ ¿Cómo nos ayudan el ejercicio físico regular y una alimentación equilibrada en la prevención de enfermedades cardiovasculares?
- ✓ ¿Por qué resulta tan peligroso tener más de uno de estos factores de riesgo a la vez?

Recuerda seleccionar el material de trabajo de esta unidad para tu **portfolio.**

TRABAJA CON LO APRENDIDO

Organiza las ideas

1 **Cadena de secuencias.** Copia y completa en tu cuaderno la siguiente cadena de secuencias sobre los niveles de organización de la materia viva. Aprende a utilizar este organizador gráfico en **anayaeducacion.es**.

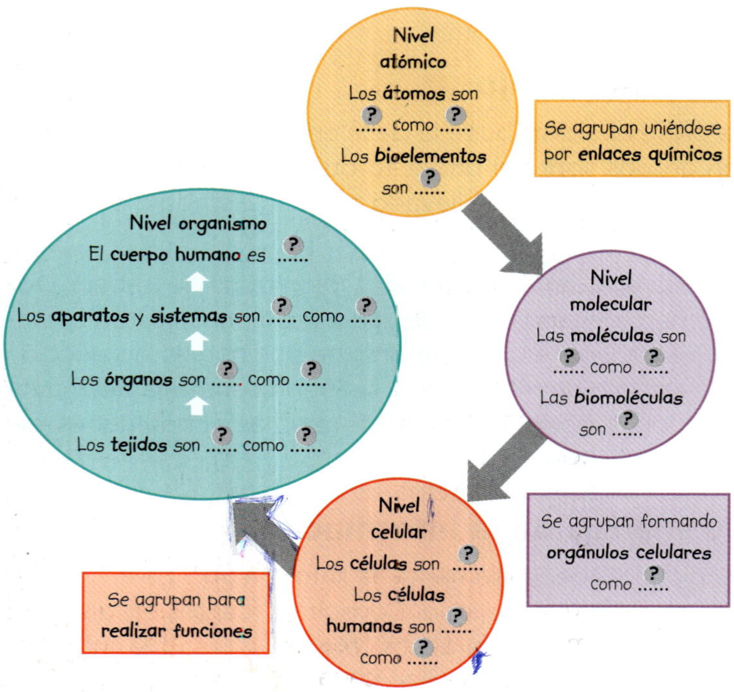

Haz un resumen

2 Elabora tu propio resumen de la unidad siguiendo este guion:

- Diferencia los niveles de organización atómico y molecular, definiendo *bioelemento* y *biomolécula*.
- Define *célula* y explica los niveles superiores en que se organiza.
- Explica la composición y las funciones de la membrana celular.
- Enumera los componentes del núcleo celular explicando su función.
- Elabora un listado con los orgánulos membranosos y los no membranosos, diferéncialos y di la función principal de cada uno de ellos.
- Explica en qué consiste la diferenciación celular.
- Nombra los diferentes tejidos humanos con las características principales de cada uno.
- Nombra los diferentes aparatos y sistemas que forman el cuerpo humano y la función en la que participan.

Interpreta imágenes

3 Copia este dibujo e indica a qué estructuras celulares corresponden los números. Indica la función de cada una de ellas:

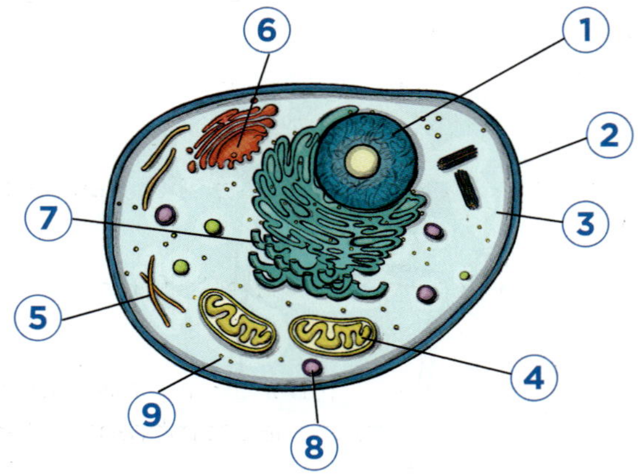

4 Observa las imágenes de los siguientes tejidos y células y responde a las cuestiones:

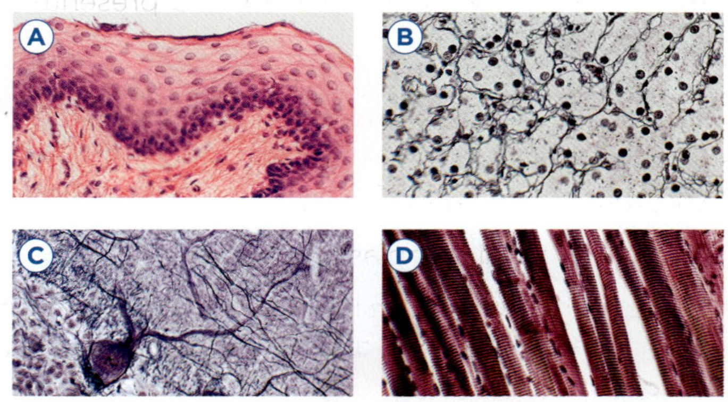

a) ¿De qué tejidos se trata?

b) ¿Cuál es la función de cada uno de estos tejidos?

c) ¿Qué características tienen las células que forman estos tejidos que las hace idóneas para la función que desempeñan?

5 ¿Qué estructura celular observas en la siguiente imagen? ¿Cuál es su composición? ¿A qué nivel de organización de la materia viva corresponde?

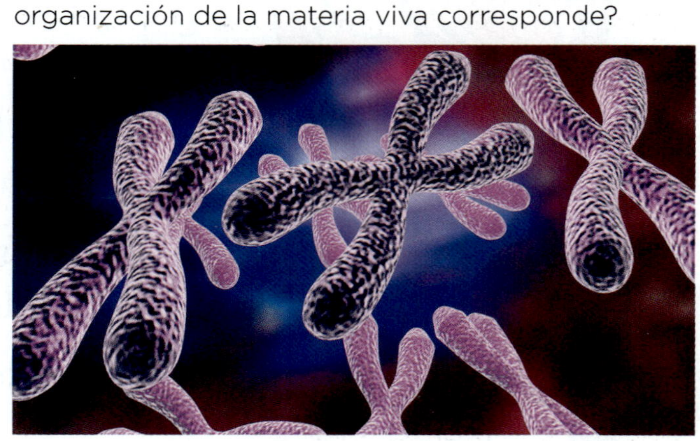

anayaeducacion.es Consulta en el banco de recursos los talleres de ciencias «Observa células de la mucosa» y «Estudia cómo sucede el transporte a través de la membrana».

Aplica

6 Indica a qué nivel de organización del cuerpo humano corresponden: calcio; riñón; núcleo; conjunto formado por la boca, el esófago, el estómago, el intestino, el páncreas, etc.; espermatozoide; proteína.

7 Copia y corrige las siguientes frases falsas relativas a la membrana celular:

a) La membrana celular aísla el citoplasma del exterior.

b) La membrana plasmática está formada por una doble capa de proteínas.

c) Las sustancias de tamaño mediano atraviesan libremente y sin ayuda la membrana celular.

d) Las sustancias pequeñas entran en la célula por endocitosis.

e) La membrana plasmática no está presente en todas las células.

8 Establece las diferencias entre:

a) Núcleo y nucléolo.

b) Cromatina y cromosoma.

c) Nucléolo y nucleoplasma.

9 Elabora una tabla sobre los orgánulos celulares, indicando la forma del orgánulo, acompañada de un dibujo, y su función.

10 Copia las siguientes frases e indica el tejido al que hacen referencia.

a) Su matriz es líquida y se denomina plasma.

b) Forma las glándulas, que segregan sustancias.

c) Su matriz es sólida y elástica. Lo encontramos entre las vértebras y en la oreja.

d) Tiene una función protectora al tapizar cavidades.

e) Tiene poca sustancia intercelular y sus células almacenan grasa.

f) Sus células transmiten el impulso nervioso.

g) Sus células son alargadas y se encarga del movimiento del cuerpo.

h) Su matriz es sólida y con sales de calcio.

11 Explica por qué es importante la diferenciación celular y pon dos ejemplos.

anayaeducacion.es Consulta los apartados «Conceptos ficha2» y «Aprende jugando» en el banco de recursos.

Avanza

12 Lee el texto siguiente y responde:

> El microscopio, un invento del siglo XVI, es una herramienta clave en el estudio de la célula. Con la aparición de microscopios cada vez más potentes se ha podido conocer la estructura celular. La «potencia» de un microscopio es su poder de resolución; es decir, la distancia más pequeña a la que dos puntos de una imagen se aprecian como puntos separados. Los microscopios ópticos utilizan la luz visible, que atraviesa la muestra proporcionando una imagen ampliada por un conjunto de lentes. Su poder de resolución es de 0,2 µm. Los microscopios electrónicos no utilizan la luz, sino un haz de electrones que, después de atravesar la muestra o rebotar en ella, son captados por una pantalla, donde se forma la imagen.

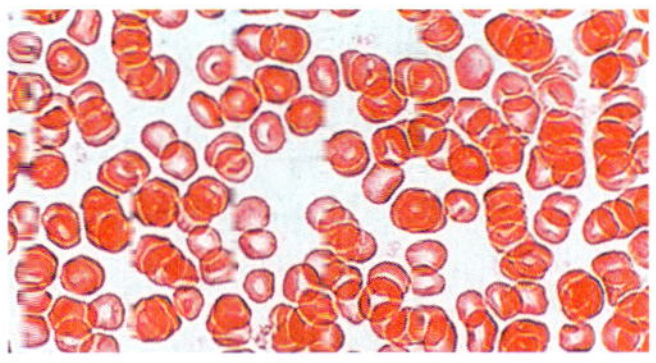

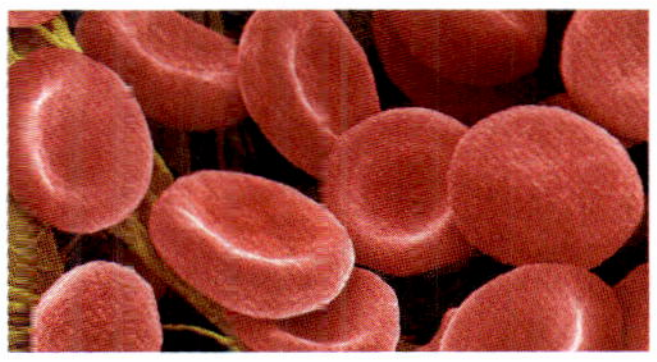

a) Indica con qué tipo de microscopio se han tomado estas imágenes de glóbulos rojos.

b) Sabiendo que el diámetro de un glóbulo rojo es de unos 5 µm, calcula el número de aumentos que proporciona cada microscopio.

13 Muchas de las células del organismo tienen nombres relacionados con el órgano al que pertenecen. Busca una imagen de cada una de las células siguientes y di a qué órgano pertenecen: a) Hepatocito. b) Osteocito. c) Miocito. d) Condrocito.

Objetivos de Desarrollo Sostenible ODS

14 El **objetivo 3** de desarrollo sostenible pretende garantizar una vida saludable y promover el bienestar para todas las personas. Son muchas las metas marcadas por la ONU relacionadas con este objetivo.

a) En grupos, investigad sobre las metas del objetivo 3 en **anayaeducacion.es**, elegid la que más os llame la atención a cada grupo e investigad sobre ella.

b) Elaborad una presentación para exponer a vuestra clase la importancia de lograr la meta elegida y qué se puede hacer para alcanzarla.

c) Discutid y extraed conclusiones sobre la importancia de la educación y la investigación en la consecución de este objetivo.

2

LA NUTRICIÓN Y LA ALIMENTACIÓN

Elsie Widdowson, la luchadora contra la desnutrición

¿Cómo podemos asegurarnos de que comemos todos los nutrientes necesarios para garantizar una buena salud? Puede parecerte un asunto sencillo, pero... ¿y cuando a tu alrededor estalla una gran guerra? ¿O si vivieras en una región tan pobre que apenas pudieras conseguir comida?

Me llamo Elsie Widdowson y junto con Robert McCance he invertido más de sesenta años en investigar las respuestas a estas preguntas. Nací en 1906 en Inglaterra y estudié Química en el Imperial College de Londres. Supongo que mi interés por la composición de los alimentos empezó allí, en mi época de estudiante en el laboratorio de bioquímica, donde dediqué un año a analizar la fisiología y la química de las manzanas. En serio.

En 1933 me surgió la oportunidad de investigar en la cocina del hospital de San Bartolomé junto con un joven médico, Robert McCance, que sería mi socio profesional. Me especialicé en dietética y elaboré nuevas tablas sobre composición de alimentos. Así logré identificar que el pan, las patatas y las coles son los que contienen en mayor cantidad los nutrientes fundamentales para nuestro organismo. Todo esto nos fue extremadamente útil cuando en 1939 estalló la Segunda Guerra Mundial y en Inglaterra no tuvimos más remedio que racionar la comida. Mi socio y yo llegamos a experimentar sobre nosotros mismos para elaborar cuidadosamente una dieta que mantuviera a los soldados en buenas condiciones a pesar de la escasez.

Cuando acabó la guerra, viajé por Europa ayudando a personas que padecían desnutrición. Y desde allí me trasladé a Uganda, donde contribuí a demostrar que la malnutrición y la desnutrición en la infancia pueden dejar secuelas para toda la vida. En 1973 volví a Inglaterra para seguir investigando y allí, entre otros muchos reconocimientos, me nombraron presidenta de la Fundación Británica de Nutrición.

Me gusta pensar que mis estudios fueron pioneros en la lucha contra el hambre en el mundo. ¡Y pensar que todo empezó analizando manzanas!

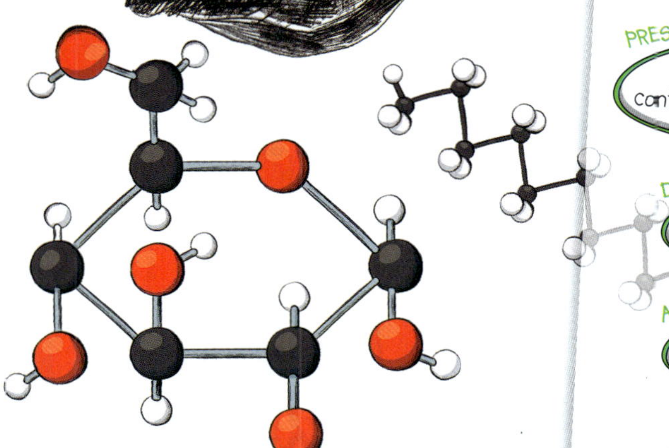

RESPONDEMOS EN GRUPO

1 ¿Qué importancia crees que tiene conocer la composición química de los alimentos?

2 Fueron muchas las investigaciones de Widdowson. Desde tu punto de vista cuál es la más destacada.

3 Aunque Elsie Widdowson estudió Química, dedicó su vida a la dietética. Busca información para explicar en qué consiste esta disciplina científica relacionada con la alimentación.

Antes de empezar la unidad, consulta el recurso «Qué necesitas saber» en **anayaeducacion.es**.

RECURSOS EN LA WEB

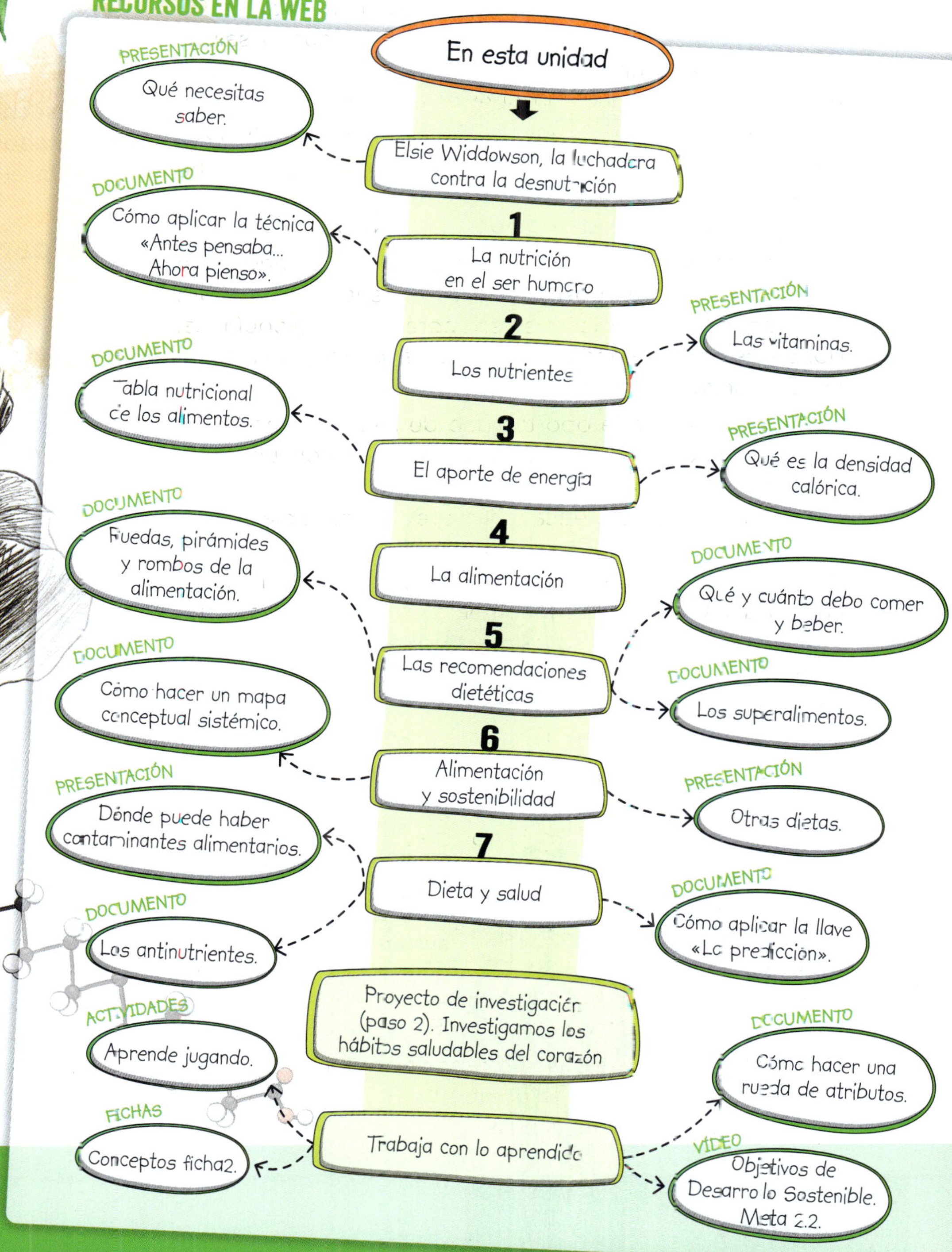

1 LA NUTRICIÓN EN EL SER HUMANO

1.1 La función de nutrición

Las células de nuestro organismo no tienen capacidad para conseguir nutrientes por sí mismas y dependen de órganos, aparatos y sistemas que se los proporcionen. Los órganos especializados en la nutrición llevan a cabo los siguientes procesos:

> La **nutrición** es el conjunto de procesos que permite al ser humano **obtener la materia y la energía** necesarias para construir y mantener sus estructuras y realizar sus actividades.

- La **obtención de nutrientes,** a partir de los alimentos, y de oxígeno, a partir del aire.
- El **transporte** de los nutrientes y el oxígeno a las células.
- La **respiración celular,** que tiene lugar en las mitocondrias de las células.
- La **eliminación de los desechos** celulares y del dióxido de carbono, que han de ser transportados desde las células hasta los órganos encargados de expulsarlos al exterior.

Comprende, piensa, investiga...

1. ¿Qué es la nutrición?
2. ¿Qué aparatos son necesarios para que los nutrientes y el oxígeno lleguen a las células?
3. ¿Qué aparatos están implicados en la eliminación de los productos de desecho y del dióxido de carbono? ¿De dónde proceden estas sustancias?

1.2 Los aparatos para la nutrición

> La función de nutrición la llevan a cabo, de forma coordinada, los **aparatos digestivo, respiratorio, circulatorio** y **excretor,** y el **sistema linfático.**

Digestivo

El aparato digestivo se encarga de **transformar los alimentos** en sustancias más simples, los nutrientes, y de que estos pasen a la sangre. Lo hace mediante los procesos de digestión y absorción.

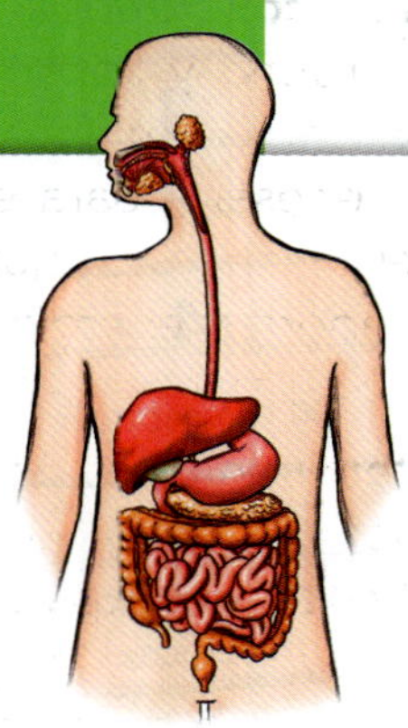

Respiratorio

El aparato respiratorio se encarga del **intercambio de gases.** Toma el oxígeno del aire, que pasa a la sangre, y elimina de esta el dióxido de carbono, que es expulsado al exterior.

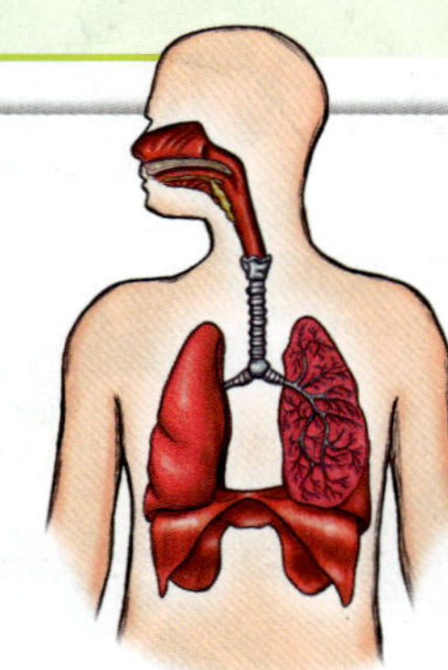

Circulatorio

El aparato circulatorio, mediante la sangre, se encarga del **transporte de los nutrientes y del oxígeno** hasta las células, y retira de ellas los desechos llevándolos hasta los órganos excretores.

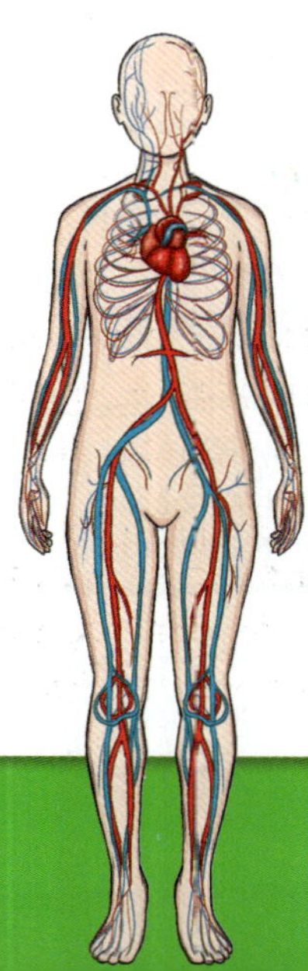

Linfático

El sistema linfático **colabora** con el aparato circulatorio en el **transporte de sustancias.**

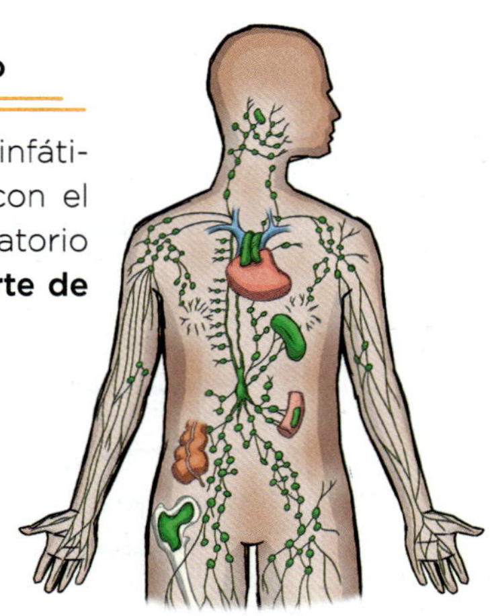

Excretor

El aparato excretor se encarga de **eliminar de la sangre los productos de desecho** de la actividad celular y expulsar estos al medio exterior. Lo forman los órganos excretores.

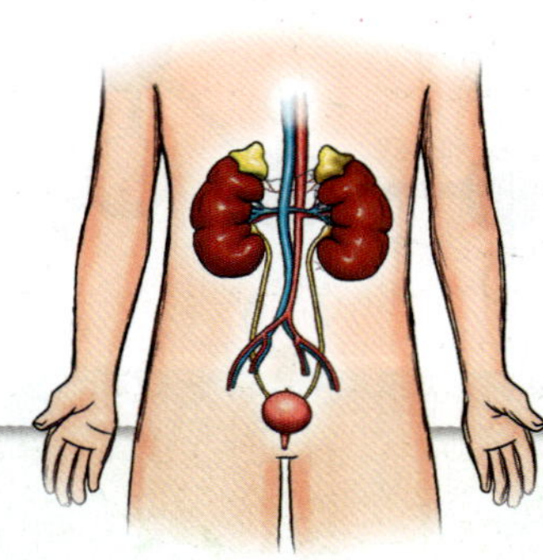

2 LOS NUTRIENTES

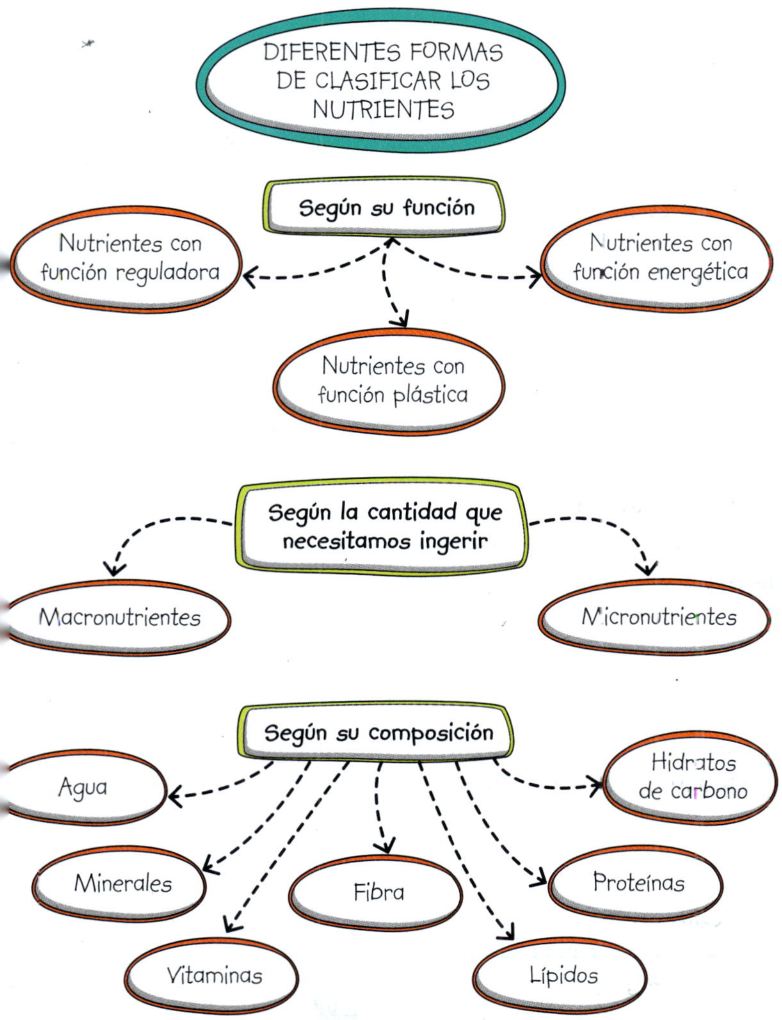

Trabaja con la imagen

Observa el organizador visual y lee el texto sobre las diferentes formas de clasificar los nutrientes para completar la tabla siguiente en tu cuaderno:

Proteínas	Función estructural y, ocasionalmente, energética	Macronutrientes
Lípidos	?	?
Agua	?	?
Vitaminas	?	?
Minerales	?	?
Hidratos de carbono	?	?
Fibra	?	?

El ser humano tiene **nutrición heterótrofa;** es decir, toma materia orgánica, en forma de alimentos, para obtener de ellos los **nutrientes** necesarios para su supervivencia.

Los **nutrientes** son compuestos que forman parte de los alimentos y son necesarios para el correcto funcionamiento de nuestro organismo, que los obtiene mediante el proceso de la digestión.

Los nutrientes se pueden clasificar de formas diferentes, por ejemplo, **según la función** que realizan, **según la cantidad que se necesita ingerir** de los alimentos o según la **composición química.**

2.1 Tipos de nutrientes según su función

- **Nutrientes con función estructural o plástica.** Algunos nutrientes como las proteínas, algunos lípidos, el calcio o el agua **suministran** al organismo **materiales** para la formación y renovación de las estructuras y tejidos del organismo.
- **Nutrientes con función energética.** Los hidratos de carbono y los lípidos son los principales nutrientes que **aportan** a nuestro organismo la **energía** necesaria para el mantenimiento de las funciones vitales. Aunque las proteínas también pueden aportar energía, desempeñan una función principalmente estructural.
- **Nutrientes con función reguladora.** La llevan a cabo los nutrientes que **regulan los procesos metabólicos** de nuestro organismo. Son, sobre todo, las vitaminas y los minerales, pero también el agua y la fibra desempeñan esta función en el organismo.

2.2 Tipos de nutrientes según la cantidad que se necesita ingerir

- **Micronutrientes.** Son aquellos que el organismo necesita en **cantidades muy reducidas.** Los nutrientes de este tipo son las vitaminas y los minerales.
- **Macronutrientes.** Son los nutrientes que el organismo necesita en **cantidades más grandes.** Son las proteínas, los lípidos, los hidratos de carbono y el agua.

2 LOS NUTRIENTES

Los **nutrientes esenciales** son aquellos que nuestro organismo no puede sintetizar en cantidad suficiente, pero son imprescindibles para el crecimiento y el desarrollo de cada persona. Por ello, deben ser administrados en los alimentos que tomamos.

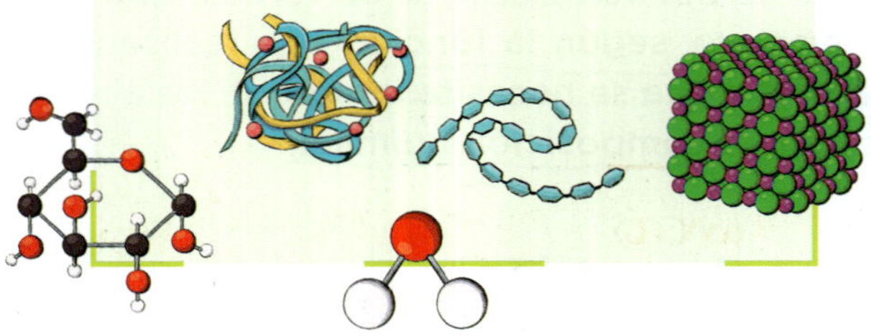

2.3 Tipos de nutrientes según su composición

Nutrientes inorgánicos

- **El agua** es el principal componente del ser humano, forma entre el 55 y el 70 % del peso corporal. Es un **nutriente esencial** por lo que es necesario ingerirla bien directamente o a través de los alimentos. Sus funciones son muy diversas: actúa como disolvente de los nutrientes, por lo que permite transportar sustancias y facilita las reacciones químicas en las células, cumple funciones estructurales, mantiene la temperatura corporal, etc.
- **Los minerales.** Destacan por su importancia: calcio, fósforo, hierro, yodo, flúor, sodio, cloro, potasio, azufre, magnesio, manganeso, cobre, cobalto, cinc, cromo, molibdeno y selenio. Tienen función reguladora; por ejemplo, el calcio en la contracción muscular o el hierro en el transporte de oxígeno a las células; y función estructural; por ejemplo, el fósforo y el calcio en los huesos.

Nutrientes orgánicos

- **Los glúcidos o hidratos de carbono.** Su función principal es **proporcionar energía.** Los más sencillos son los azúcares, como la glucosa, la fructosa y la sacarosa. Los más complejos, también llamados polisacáridos, están formados por varios cientos de azúcares sencillos unidos en largas cadenas que pueden ramificarse. Entre estos hay que destacar los llamados polisacáridos digeribles, como el almidón digerible y el glucógeno, y los polisacáridos no digeribles, que solo pueden ser utilizados en parte y constituyen lo que se denomina **fibra alimentaria;** por ejemplo, el almidón no digerible, las celulosas, las hemicelulosas y las pectinas.
- **La fibra alimentaria.** Aunque tradicionalmente se ha incluido la fibra dentro del grupo de hidratos de carbono (el 90 % de los compuestos que forman la fibra son polisacáridos), otros compuestos que son considerados fibra, como la lignina, no tienen esta estructura química. La fibra desempeña un papel esencial en la **regulación de las funciones digestivas,** fundamentalmente regula el tránsito intestinal y la absorción de nutrientes.
- **Los lípidos.** Tienen composiciones químicas muy diferentes y cumplen **diversas funciones.** Por ejemplo, las grasas proporcionan energía; el colesterol o los fosfolípidos forman parte de las membranas celulares; otros lípidos tienen función reguladora, como los que componen las hormonas sexuales.
- **Las proteínas.** Son macromoléculas formadas por la unión de moléculas sencillas llamadas aminoácidos. Tienen una función **estructural,** ya que constituyen el segundo componente más abundante del cuerpo. También tienen función **reguladora,** como las enzimas, que aceleran las reacciones químicas; función **defensiva,** como los anticuerpos; función **transportadora,** como la hemoglobina.
- **Las vitaminas.** Son sustancias de composición muy variada y, aunque se requieren en cantidades muy pequeñas, son **esenciales** para el correcto funcionamiento del organismo. Se dividen en hidrosolubles (vitamina C y vitaminas del grupo B) y en liposolubles (A, D, E y K).

Comprende, piensa, investiga...

1 Elabora una tabla en la que relaciones los nutrientes con sus respectivas funciones.

2 Consulta el recurso «Las vitaminas» en tu banco de recursos en anayaeducacion.es y responde:

a) ¿Qué diferencia hay entre las vitaminas hidrosolubles y las liposolubles?

b) Explica qué funciones desempeñan la vitamina C y la vitamina A.

3 **Folio giratorio.** Haced una lista con las biomoléculas que componen el organismo, y otra, con los nutrientes. Comparad ambas listas y debatid en clase si lo que observáis se relaciona con la famosa frase «Somos lo que comemos».

2.4 Las fuentes alimentarias de los nutrientes

> Las **fuentes alimentarias** de los nutrientes son aquellos **alimentos** que contienen una mayor cantidad del nutriente en cuestión en comparación con otros.

Así, un ejemplo de fuente rica en hidratos de carbono son las patatas; de lípidos, el aceite de oliva; de proteínas, el pescado y la carne; de vitaminas, las frutas y las verduras (ver tabla más abajo).

Además de los nutrientes, los alimentos contienen una serie de sustancias no nutritivas, los llamados **no nutrientes.** Como se verá más adelante, algunas de estas sustancias, en ocasiones, pueden resultar perjudiciales para nuestro organismo.

	Fuentes alimentarias
Agua	Agua y otras bebidas y en forma de alimentos como frutas, verduras, pescados, etc.
Minerales	Presentes en casi todos los alimentos en mayor o menor cantidad. Por ejemplo, hierro, en hígado, carnes, pescados y en legumbres, frutos secos oleaginosos, verdura; el yodo, en la sal yodada, pescados, mariscos, algas y vegetales, etc.
Glúcidos	En frutas, miel, zumos y conservas, azúcar de mesa, cereales, legumbres, patatas y tubérculos.
Lípidos	**Grasas saturadas:** en la mantequilla, la margarina, los productos de pastelería, las galletas, las vísceras, las carnes rojas, los huevos y el marisco. **Grasas insaturadas:** en los aceites de oliva, girasol, maíz, soja y pepita de uva.
Proteínas	**Proteínas de origen animal:** en las carnes, pescados, huevos, vísceras, leche y derivados. **Proteínas de origen vegetal:** en las legumbres, soja y frutos secos
Vitaminas	**Hidrosolubles:** en carnes, pescados, hígado, huevos, leche, frutos secos, cereales, legumbres y levadura. **Liposolubles:** en carnes, hígado, leche, yema de huevo, cacahuete, coco, aceites vegetales, salmón, sardina, bacalao, acelgas y las crucíferas como la col y la coliflor, etc.
Fibra	Sobre todo en alimentos vegetales como verduras y hortalizas, frutas, legumbres, cereales y derivados, y frutos secos.

Comprende, piensa, investiga...

4 Observa la composición en macronutrientes de los siguientes alimentos expresada por cada 100 g de parte comestible:

Manzana

Agua: 85,7 g
Proteínas: 0,3 g
Lípidos: 0 g
Glúcidos: 12 g
Fibra: 2 g

Plátano

Agua: 75,1 g
Proteínas: 1,2 g
Lípidos: 0,3 g
Glúcidos: 20 g
Fibra: 3,4 g

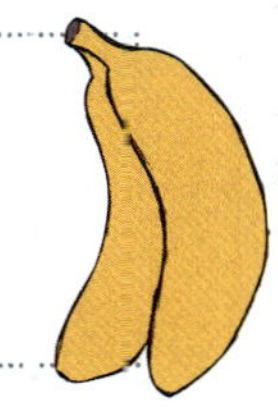

Carne semimagra

Agua: 62,3 g
Proteínas: 21 g
Lípidos: 16,7 g
Glúcidos: 0 g
Fibra: 0 g

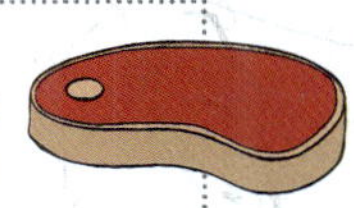

Yogur

Agua: 87,9 g
Proteínas: 3,7 g
Lípidos: 2,7 g
Glúcidos: 4,4 g
Fibra: 0 g

Mezcla de frutos secos

Agua: 4,6 g
Proteínas: 22,9 g
Lípidos: 54,1 g
Glúcidos: 7,9 g
Fibra: 7,5 g

Acelgas

Agua: 87,5 g
Proteínas: 2 g
Lípidos: 0,4 g
Glúcidos: 4,5 g
Fibra: 5,6 g

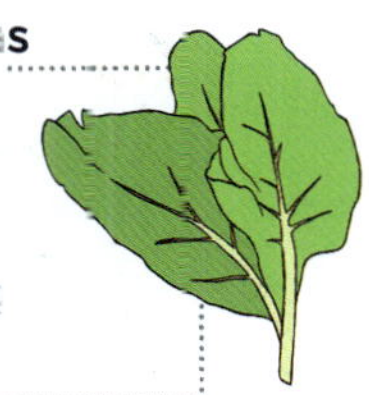

a) Ordena los alimentos de esta actividad de mayor a menor aportación de los siguientes macronutrientes: de agua, de proteínas, de lípidos, de glúcidos y de fibra.

b) **Antes pensaba..., ahora pienso...** Di si te ha sorprendido o no conocías algunos de los datos sobre la composición de los alimentos de esta actividad aplicando esta técnica de pensamiento. Para conocer cómo hacerlo, consulta la información disponible en el banco de recursos de anayaeducacion.es.

c) Busca información sobre la composición de algunos de los alimentos que has tomado hoy en el desayuno y en el almuerzo y ordénalos de la misma forma que en el apartado a) de esta actividad.

3 EL APORTE DE ENERGÍA

Como ya se ha comentado, algunos nutrientes procedentes de los alimentos son utilizados como **fuente de energía.**

La célula emplea la energía obtenida de los nutrientes para realizar diversas actividades celulares, como, por ejemplo, transportar ciertas sustancias a través de la membrana, fabricar componentes celulares, realizar movimientos, etc.

> El **valor energético** de un alimento es proporcional a la cantidad de energía que pueden aportar los nutrientes que contiene al quemarse en presencia de oxígeno; es decir, durante la respiración celular.

3.1 La respiración celular

La obtención de energía tiene lugar en el interior de las células, a través de la **respiración celular,** un proceso que se realiza en las mitocondrias y requiere oxígeno.

La respiración celular comprende las siguientes etapas:

- → Los **nutrientes orgánicos,** fundamentalmente la **glucosa,** procedentes de la digestión de los alimentos, llegan a las células.
- → Una vez en ellas, la glucosa entra en la **mitocondria,** junto con el **oxígeno** (O_2) captado del aire, a través de los pulmones.
- → En la mitocondria, el O_2 se combina con la molécula de glucosa, que se rompe liberando la **energía** almacenada en sus enlaces químicos.
- → La molécula de glucosa se transforma en **agua** (H_2O), que queda en el interior celular, y **dióxido de carbono** (CO_2), un desecho que se expulsa fuera de la célula.

De forma sencilla, la respiración celular se puede esquematizar así:

La respiración celular en la mitocondria

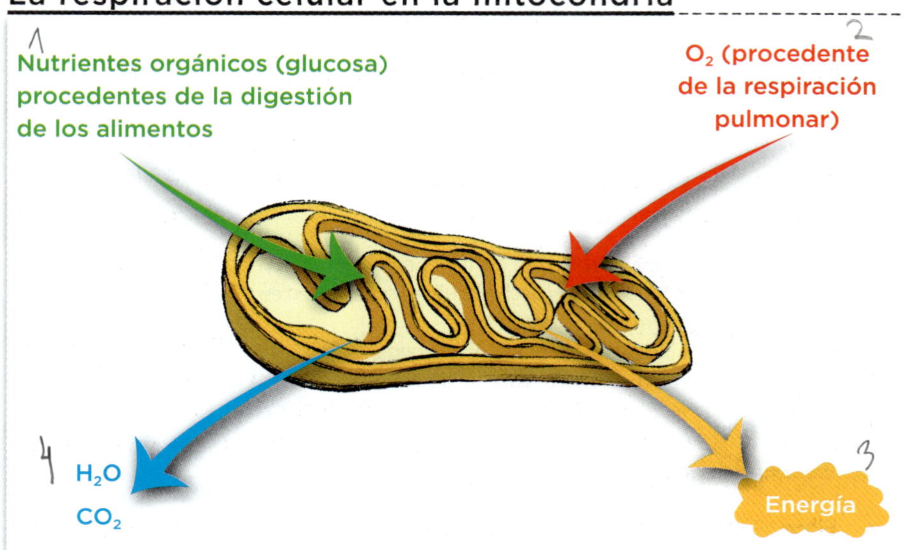

Comprende, piensa, investiga...

1. ¿En qué lugar de la célula tiene lugar la obtención de energía?
2. Explica paso a paso la respiración celular.
3. ¿Para qué utiliza la célula la energía que obtiene de los nutrientes?
4. Busca información para definir *metabolismo, catabolismo* y *anabolismo.* ¿Qué tipo de proceso metabólico es la respiración celular?

3.2 El contenido energético de los alimentos

Aunque la mayor parte de la energía que se obtiene procede de los glúcidos, las células pueden también obtener energía a partir de los lípidos, e incluso de las proteínas. Los lípidos son utilizados por la célula para obtener energía solo en ausencia de glucosa; las proteínas solo serán utilizadas para este fin en ausencia de glúcidos y lípidos. Cuando estos nutrientes, procedentes de los alimentos, llegan a las células, **liberan la energía contenida en ellos.**

La cantidad de energía liberada por los alimentos se mide en **kilocalorías** o en **kilojulios.** Siendo **una caloría** la cantidad de energía que hay que suministrar a 1 gramo de agua para elevar su temperatura 1 °C.

Así, cada gramo de glúcidos o proteínas aporta unas **4 kilocalorías,** frente a las **9 kilocalorías** que aporta un gramo de lípidos. No todos los nutrientes aportan energía; así, por ejemplo, los micronutrientes (vitaminas y minerales), el agua y la fibra no aportan energía.

Kilocaloría y caloría	Kilojulio y julio
1 kcal = 1000 cal	1 kjulio = 1000 julios
Equivalencias	
1 cal = 4,186 julios	1 julio = 0,24 cal

3.3 Los requerimientos energéticos

Nuestras necesidades energéticas diarias dependen de la constitución, del sexo, de la edad y de la actividad física. Debemos tomar la energía necesaria para cubrir nuestras necesidades sin excedernos, lo que podría conducir al sobrepeso. Nuestro gasto energético total es la suma de la energía que gastamos en:

- El **metabolismo basal o tasa de metabolismo basal (TMB),** que es la cantidad mínima de energía necesaria para realizar las funciones del organismo en reposo; mantiene, por ejemplo, la temperatura corporal, la actividad cerebral, el ritmo respiratorio o el latido cardiaco, en ausencia de actividad física. El valor del metabolismo basal varía con la talla, el peso, el sexo y la edad de la persona. También sufre cambios durante el embarazo y la lactancia.
- La **actividad física que realizamos a diario.** Así las personas que llevan una vida sedentaria gastan menos energía que las que desarrollan una actividad física intensa. Además, según la actividad física, se gasta más energía o menos; por ejemplo, caminar a paso rápido consume unas 300 kcal/h y correr unas 650 kcal/h.
- La **digestión y la absorción de nutrientes** también tiene un requerimiento energético que no está contemplado dentro de la TMB.

anayaeducacion.es Consulta «Tabla nutricional de los alimentos» y «Qué es la densidad calórica» en tu banco de recursos.

Cálculo de las necesidades calóricas diarias

El **metabolismo basal diario (TMB)** se puede calcular de forma aproximada de la siguiente forma mediante las ecuaciones de Harris-Benedict:

Hombres

TMB = (10 × masa en kg) + (6,25 × × altura en cm) − (5 × edad en años) + 5

Mujeres

TMB = (10 × masa en kg) + (6,25 × altura en cm) − (5 × edad en años) − 161

Al resultado obtenido se le añade un factor de corrección para tener en cuenta la actividad física realizada:

- Si se lleva una vida sedentaria:
  Calorías diarias necesarias = TMB x 1,2
- Si se hace ejercicio regularmente y de forma moderada:
  Calorías diarias necesarias = = TMB x 1,5
- Si se hace mucho ejercicio atendiendo a la frecuencia y a la intensidad:
  Calorías diarias necesarias = = TMB x 1,725

Comprende, piensa, investiga...

5 ¿Por qué crees que las células utilizan los lípidos y no los glúcidos como almacén energético?

6 Si 100 g de zanahorias contienen 90 g de agua; 7,30 g de hidratos de carbono totales; 0,90 g de proteínas; 0,20 g de lípidos, y 2,40 g de fibra; ¿cuánta energía dará un zumo de 5 zanahorias que pesan 400 gramos?

7 Calcula tus necesidades calóricas diarias aplicando la fórmula de Harris-Benedict.

4 LA ALIMENTACIÓN

Comprende, piensa, investiga...

1 Explica la diferencia entre alimentación y nutrición.

Trabaja con la imagen

Organiza en una tabla la información que se muestra a continuación y relaciona el nombre de la ración y su medida (masa, volumen, etc.).

La **alimentación** es el proceso por el cual se toman las sustancias (alimentos) que proporcionan los nutrientes.

La **alimentación forma parte de la nutrición;** aunque en este caso se trata de un proceso **voluntario y consciente.**

4.1 Conceptos previos sobre la alimentación

- **Dieta.** Conjunto de alimentos y bebidas que consumimos regularmente en una determinada cantidad o ración. Cuando se ingieren, es decir, se toman por la boca, se denominan **ingesta.**
- **Ración.** Medida aproximada y, en ocasiones, poco exacta que se emplea habitualmente para referenciar la cantidad de un determinado alimento a la hora de consumirlo como recomendación dietética o a la hora de elaborar recetas como medida culinaria. Suele expresarse en medidas de volumen o de masa, en porciones como la rebanada, la pieza... o incluso en medidas consideradas como «caseras» como la cucharada, el puñado, etc.

Algunos ejemplos de ración

Líquidos

La tarrina suele contener 125 mL.

Un vaso puede contener 200-250 mL de un líquido como leche o agua.

Una cucharada sopera contiene 20-30 mL.

Otras medidas

Un puñado de frutos secos pueden ser 20 g.

Una pizca (porción muy pequeña) de, por ejemplo, mantequilla pueden ser 10 g.

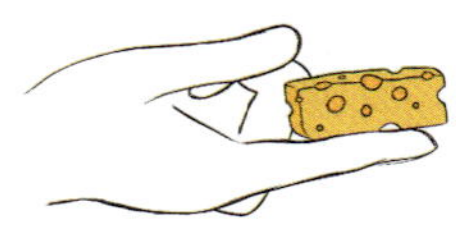

Un trozo de, por ejemplo, queso, equivale a 60 g.

Sólidos

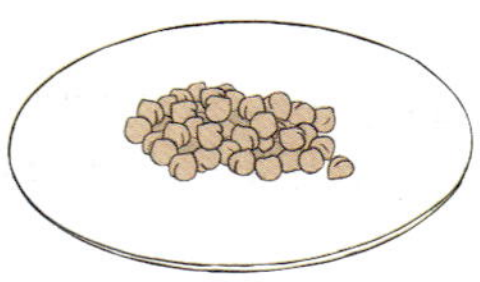

Este plato de legumbres equivaldría a 60 g en crudo y 10 cucharadas en cocido.

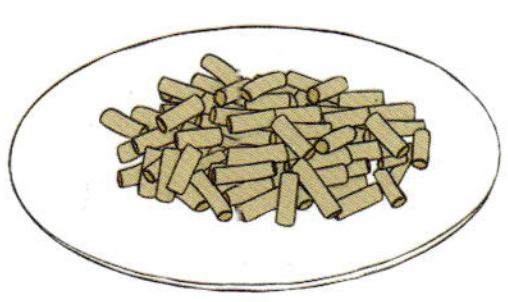

Esta ración en plato de pasta equivale a 70 g en crudo.

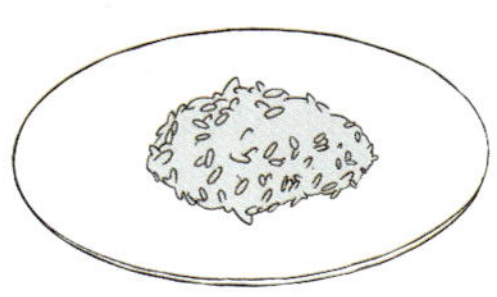

Esta ración en plato de arroz equivale a 50 g en crudo.

Un bol de cereales pueden ser 60-80 g, 150 g si el contenido son verduras de ensalada o 240 mL si el contenido es un líquido.

Dos manos de verduras como las zanahorias, el brócoli o el tomate equivalen a 150 g.

Porción

Una porción puede equivaler a....

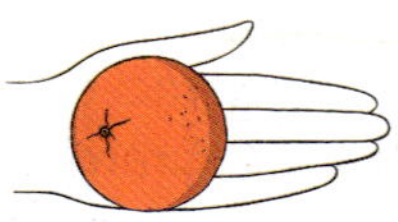

Un pieza.

Un puñado.

Una tajada.

2 o 3 unidades que serían, aproximadamente, 100 g.

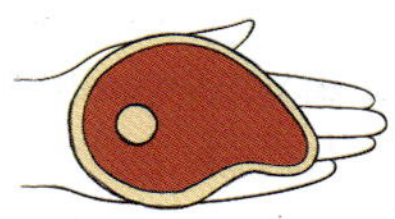

Un filete de 110-120 g.

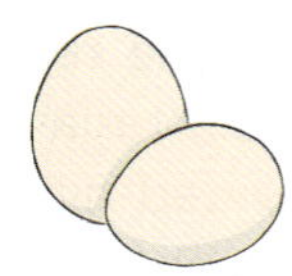

1 o 2 huevos, según el tipo.

Una rebanada o un trozo de 3 dedos de ancho de unos 30 g.

4.2 Alimentación saludable

La **alimentación saludable** es aquella que aporta al organismo los nutrientes y la energía necesarios para realizar las funciones vitales, conservar o restablecer la salud, disminuir el riesgo de padecer enfermedades, asegurar la reproducción, la gestación y la lactancia, y que promueve un crecimiento y desarrollo óptimos.

Estilo de vida saludable o dieta equilibrada o saludable son conceptos equivalentes a alimentación saludable.

No se puede afirmar que exista un solo tipo de dieta para tener una alimentación saludable, ya que esta varía en función de la edad, el sexo, la actividad física, el embarazo, las enfermedades, la estación del año, la región geográfica...

LA ALIMENTACIÓN SALUDABLE DEBE SER:

- **Suficiente.** Que **cubra las necesidades de energía,** en función de las exigencias de las diferentes etapas o circunstancias de la vida.
- **Completa.** Que contenga **todos los nutrientes** que precisa el organismo y en **cantidades adecuadas.**
- **Equilibrada.** Que contenga una mayor presencia de una amplia **variedad de alimentos de buena calidad nutricional** como los productos frescos y de origen principalmente vegetal, y con una escasa o nula presencia de alimentos de baja calidad nutricional.
- **Segura.** Que la presencia de contaminantes físicos, químicos o biológicos **no resulte nociva** para las personas sensibles o que **no supere los límites de seguridad** establecidos por las autoridades competentes.
- **Armónica.** Que tenga una **proporción equilibrada de los macronutrientes** que la integran.
- **Satisfactoria.** Que sea agradable y sensorialmente **placentera.**
- **Adaptada.** Que **se ajuste a las características** individuales, sociales, culturales y del entorno.
- **Social y asequible.** Que permita la **interacción social y la convivencia,** y que sea **económicamente** viable.
- **Sostenible.** Que su contribución al **cambio climático** sea la **menor posible** y que priorice los **productos autóctonos.**

Comprende, piensa, investiga...

2 Deduce el significado de los siguientes conceptos relacionados con la alimentación:

Baja calidad nutricional | Productos autóctonos

3 **Mapa mental.** A continuación, se exponen algunos consejos para tener una alimentación saludable. Estructura esa información en un mapa mental en el que la «alimentación saludable» sea el tema principal del que parten las recomendaciones y amplíala. Para saber en qué consiste este tipo de organizador de pensamiento consulta el banco de recursos en **anayaeducacion.es**.

Consejos para tener una alimentación saludable

- Tiene que aportar la energía necesaria. Un 55 % debe proceder de los glúcidos, un 30 % de los lípidos y un 15 % de las proteínas.
- Debe ser variada y tener la proporción adecuada con:
  - Alimentos que contengan todos los tipos de nutrientes.
  - Cinco raciones de frutas y verduras al día, que aportan vitaminas, minerales y fibra vegetal.
  - Sin abuso de alimentos ricos en proteínas y grasas, en cuyo caso son mejores las de origen vegetal o las procedentes del pescado azul (atún, sardina, boquerón, salmón, etc.).
- Debe incluir al menos litro y medio de agua al día y evitar el exceso de sal.
- Conviene realizar cinco comidas al día, desayuno y almuerzo, más energéticos; y comida, merienda y cena, más ligeros.

5 LAS RECOMENDACIONES DIETÉTICAS

Existen multitud de formas de presentar las recomendaciones para seguir un estilo de vida saludable; entre estas, las más destacadas y conocidas son la rueda de los alimentos, la pirámide de la alimentación saludable, el patrón alimentario saludable, etc. Todas ellas, además se complementan con la recomendación de realizar **ejercicio físico** y tener una **hidratación suficiente y adecuada.**

Trabaja con la imagen 1

¿Por qué los grupos V y VI de alimentos se presentan sobre fondo verde y los grupos I y II sobre fondo amarillo? ¿Por qué el sector del grupo IV es más pequeño que el sector del grupo I?

5.1 La rueda de los alimentos

La **rueda de los alimentos** es una representación gráfica de la cantidad y del tipo de alimentos que debe incluir una dieta equilibrada, incluyendo además los consejos relacionados con la actividad física y la hidratación. En ella, los alimentos se distribuyen en **seis sectores de distintos colores** (amarillo, rojo y verde), que son indicativos del grupo de alimentos (hay seis), de la función que desempeñan los nutrientes que predominan en ellos (energética, plástica o reguladora); y de la frecuencia y la cantidad en la que han de consumirse (cuanto más grande sea el sector mayor ha de ser su consumo).

Esta es una de las representaciones más utilizadas para hacer recomendaciones dietéticas; por ejemplo, es una de las propuestas de la Sociedad Española de Dietética y Ciencias de la Alimentación.

Color del sector	Grupo de alimentos	Función
	I, II	Energética
	III, IV	Plástica
	V, VI	Reguladora

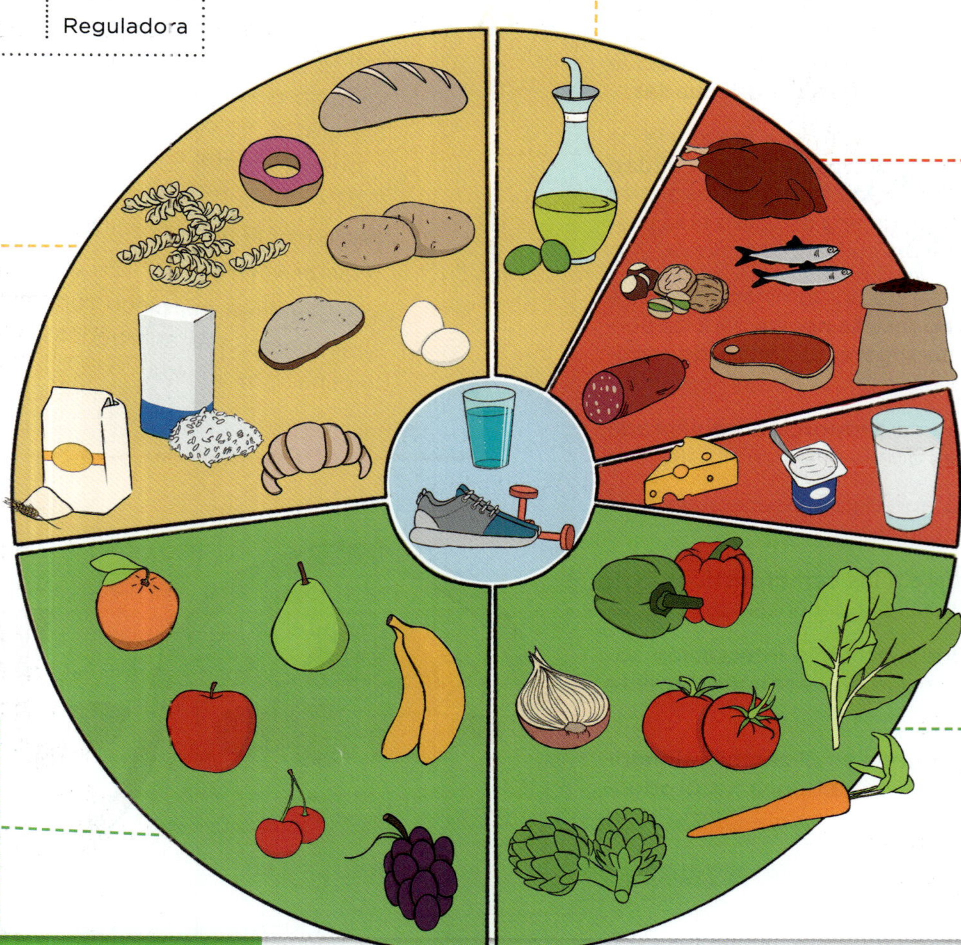

Grupo I. Incluye los cereales y sus derivados, como el pan o la pasta, las patatas y el azúcar. Son alimentos ricos en glúcidos, con función energética.

Grupo II. Incluye los aceites y las grasas, como la mantequilla. Son alimentos ricos en lípidos, con función energética.

Grupo III. Incluye las carnes y los pescados, los huevos, las legumbres y los frutos secos. Son alimentos ricos en proteínas, con función plástica.

Grupo IV. Incluye la leche y sus derivados, como el queso. Son alimentos ricos en proteínas, con función plástica.

Grupo V. Incluye las verduras y las hortalizas. Son alimentos ricos en sales minerales y vitaminas, con función reguladora.

Grupo VI. Incluye las frutas frescas. Son alimentos ricos en sales minerales y vitaminas, con función reguladora.

5.2 La pirámide de la alimentación saludable

La Sociedad Española de Nutrición Comunitaria, conocida por su acrónimo SENC, plasma su recomendación en la **pirámide de la alimentación saludable.** En ella, hay seis niveles que representan estilos de vida, conductas relacionadas con la alimentación y la salud, y frecuencia de consumo de los alimentos:

- La base: los estilos de vida saludable como la actividad física, el equilibrio emocional, la hidratación adecuada, etc.
- Los siguientes tres niveles: alimentos que deben consumirse a diario.
- El quinto nivel: alimentos que deben consumirse semanalmente.
- Y el sexto: alimentos cuyo consumo ha de ser ocasional y moderado.

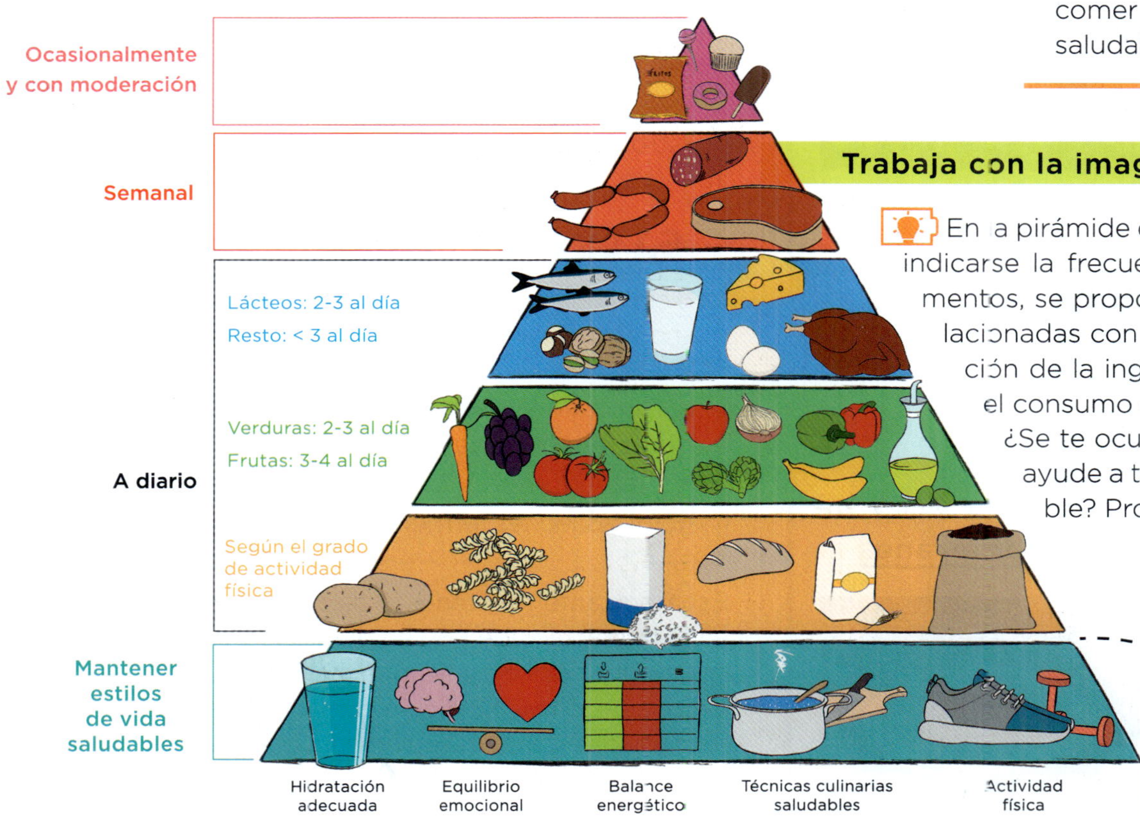

Y seguir consejos como: realizar 3-5 comidas al día, procurar consumir productos de cercanía, comer en compañía, cocinar...

Comprende, piensa, investiga...

1 Hay otras formas de representar las recomendaciones dietéticas para tener una alimentación saludable. Consulta el recurso «Ruedas, pirámides y rombos de la alimentación» de banco de recursos de **anayaeducacion.es** y di en qué se basa cada una de las clasificaciones y recomendaciones.

2 **1-2-4.** Sabiendo qué hay que comer y cuánto, elaborad un menú saludable para una semana.

Trabaja con la imagen 2

En la pirámide de la alimentación, además de indicarse la frecuencia de consumo de los alimentos, se proponen normas de conducta relacionadas con la alimentación como la fracción de la ingesta en cinco comidas al día, el consumo de alimentos de cercanía, etc. ¿Se te ocurre alguna conducta más que ayude a tener una alimentación saludable? Propón, al menos, una.

5.3 El patrón alimentario saludable

Las recomendaciones alimentarias también se hacen en forma de listado o patrón con consejos para seguir un estilo de vida saludable:

Tomar alimentos nutritivos y variados; consumir al día:

- 4-6 raciones de legumbres, tubérculos o frutos secos.
- 2-4 raciones de estos grupos de alimentos: cereales y derivados; frutas; y carnes, pescados y huevos.
- 2-3 porciones de lácteos.
- 40-60 g de grasas.

- Mantener una **adecuada hidratación** mediante el consumo de agua, infusiones, caldos, frutas, verduras...
- **Procurar** que las proteínas y las grasas consumidas sean de **origen vegetal,** de pescados azules o carnes blancas; o aceites de oliva.
- **Limitar** el consumo de alimentos ricos en **grasas saturadas,** bebidas con **azúcares añadidos** y **sal.**

anayaeducacion.es Consulta «Qué y cuánto debo comer y beber» y «Los superalimentos» en tu banco de recursos.

6 LA ALIMENTACIÓN Y LA SOSTENIBILIDAD

Según la FAO, la Organización de las Naciones Unidas para la Alimentación y la Agricultura, las **dietas sostenibles** son aquellas que, además de criterios relacionados con la nutrición y la seguridad alimentaria, tienen en cuenta el componente medioambiental.

Las **dietas sostenibles** son aquellas que generan un **menor impacto ambiental.**

Las dietas sostenibles protegen y respetan la biodiversidad y los ecosistemas, y cumplen los criterios de alimentación saludable. Son culturalmente aceptables, accesibles; económicamente justas y asequibles; nutricionalmente adecuadas e inocuas y optimizan los recursos naturales y humanos.

Algunos ejemplos de dietas sostenibles próximas a nuestro entorno son la dieta mediterránea y la dieta atlántica.

Las dietas sostenibles apuestan por el consumo de productos de cercanía, elaborados y transformados en el entorno más próximo.

6.1 La dieta mediterránea

La dieta mediterránea es tradicional de la región del mismo nombre. Es un ejemplo de alimentación saludable.

La base de la **dieta mediterránea** son las verduras, el aceite de oliva, el pescado, los cereales, las legumbres, las patatas, las frutas, el yogur y las leches fermentadas, así como el agua.

Es importante mantener la dieta mediterránea pese a los obstáculos de hoy en día (falta de tiempo para comprar y cocinar...), ya que evita enfermedades relacionadas con la nutrición como la obesidad, las enfermedades cardiovasculares, la diabetes y algunos tipos de cáncer. Sus principales características son:

- Las recetas cuya base son los **cereales,** las **legumbres** o las **patatas** (pasta, arroz, lentejas, alubias, garbanzos, guisos, etc.) y que incluyen **abundantes verduras** (judías, zanahorias, cebollas, espinacas, etc.) y **pocas proteínas.**
- Las principales fuentes de proteínas son el pescado, las aves de corral, los huevos y los productos lácteos. El **consumo de carnes rojas,** como cerdo y ternera, es mucho **menor.**
- Las comidas principales se acompañan de **ensaladas,** con verduras y hortalizas: lechuga, tomate, pepino, etc., y se finalizan con **fruta de temporada.**
- Se utiliza el **aceite de oliva y condimentos,** como ajo, perejil, limón, orégano o pimienta, que disminuyen la necesidad del uso de sal.

Algunos alimentos de la dieta mediterránea

Trabaja con la imagen

Investiga sobre estos típicos platos de la dieta mediterránea e indica qué características les hacen pertenecer a ella.

anayaeducacion.es Consulta «Otras dietas» en tu banco de recursos.

6.2 La dieta atlántica

Otro ejemplo de dieta sostenible y saludable es la **dieta atlántica.** Esta tiene muchas similitudes con la dieta mediterránea; algunas de ellas son:

- La principal grasa culinaria es el **aceite de oliva.**
- Abundan los **alimentos de origen vegetal** como el pan, las patatas, las legumbres y las frutas y verduras.
- Hay un **elevado consumo de huevos y lácteos,** y un **moderado consumo de carnes** frente a un **mayor consumo de pescados y mariscos.**

La **dieta atlántica** es típica de los países bañados por el océano Atlántico en las que predomina el consumo de pescados y mariscos, patatas, cereales, legumbres, frutas y hortalizas como el repollo, las berzas y los grelos, entre otros.

6.3 Otras dietas sostenibles y saludables

Además de las dietas mencionadas existen otras maneras de tener una alimentación saludable que también cumplen con los criterios de sostenibilidad establecidos. Todas ellas **priorizan alimentos obtenidos siguiendo un modelo de producción más sostenible** con medidas como:

- **Tener en cuenta la procedencia y la temporalidad** de los alimentos a la hora de consumirlos, favoreciendo los que se producen en el entorno cercano y su fecha de obtención. Por ejemplo, son de invierno la calabaza, las alcachofas, la lubina; de verano, la sandía, el atún...
- Utilizar como **fuente de lípidos y proteínas alimentos de origen vegetal** como el aceite de oliva o de girasol, el aguacate, la avena, los frutos secos, las legumbres como los garbanzos, las lentejas...
- **Limitar el consumo de determinados alimentos** como las bebidas azucaradas, los aperitivos salados o los envasados en plástico.
- **Utilizar técnicas culinarias más saludables y sostenibles** que requieren un menor consumo de energía, ayudan a prevenir enfermedades... Por ejemplo, favorecer el consumo en crudo de los alimentos, reducir el consumo de sal o de azúcar al utilizar como aliño o condimento hierbas aromáticas, ajo, limón, canela...

Un alimento tradicional y saludable

El pan es uno de los alimentos estrella nutricionalmente hablando. Ha sido base de la alimentación tradicional de nuestro entorno. Es muy recomendable el elaborado a la manera tradicional, con harinas integrales y poco refinadas, y con un bajo contenido en sal.

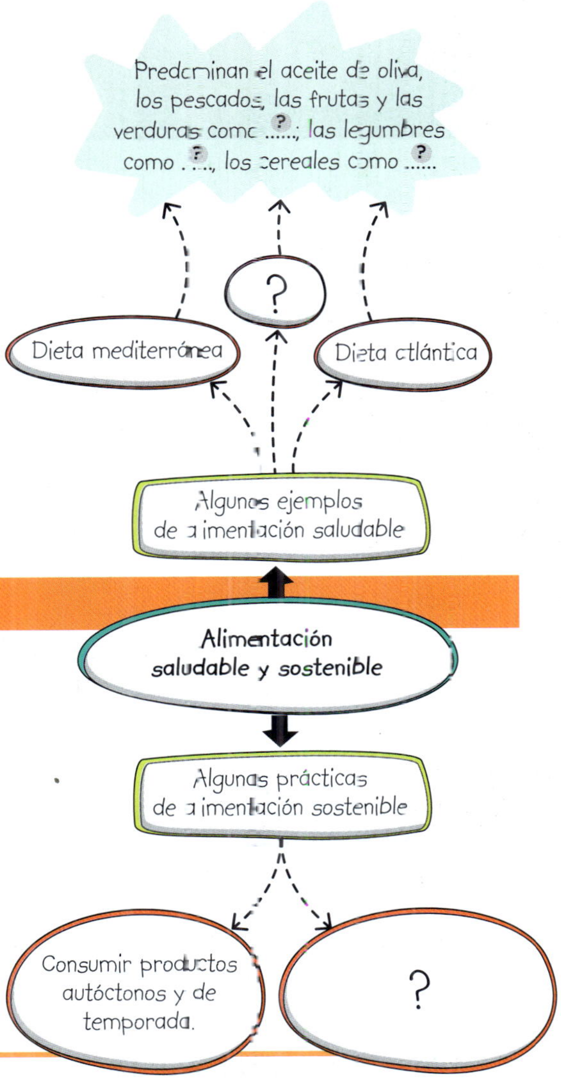

Comprende, piensa, investiga...

1 La dieta mediterránea ha sido declarada Patrimonio Cultural Inmaterial de la Humanidad. Investiga y di qué significa este reconocimiento y cuándo y por qué ha sido otorgado.

2 Elabora un calendario con alimentos de temporada; incluye, al menos, una fruta, una verdura y un pescado para cada mes.

3 Propón maneras de reducir el consumo de sal y de azúcar.

4 **Mapa conceptual sistémico.** Completa, amplía y relaciona las ideas del organizador de la derecha sobre maneras de llevar una alimentación sostenible y saludable. Para saber en qué consiste este organizador gráfico consulta el banco de recursos en anayaeducacion.es.

7 LA DIETA Y LA SALUD

Muchos aspectos de la salud pueden ser mejorados si se adoptan estilos de vida saludables. Por ejemplo, pueden prevenirse enfermedades como el cáncer, la aterosclerosis, el ictus, etc.

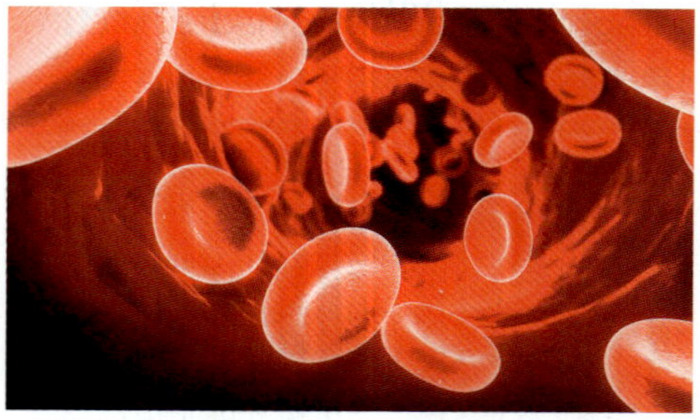

La falta de glóbulos rojos es un tipo de anemia que puede prevenirse si se lleva una dieta saludable y variada. La enfermedad provoca debilidad y cansancio.

La forma de alimentarse, en cuanto a tipología de alimentos, variedad, cantidad, componentes..., tiene **efectos sobre la salud** de las personas. Por estos efectos sobre la salud, la dieta está relacionada con la **seguridad alimentaria.**

> La **seguridad alimentaria** es el **acceso de todas las personas y en todo momento** a alimentos **nutricionalmente adecuados e inocuos** en **cantidad y calidad suficientes** para llevar una vida activa y sana.

Estos efectos pueden ser **positivos** si contribuyen a tener un buen estado de salud (ayudan a prevenir o a curar enfermedades, por ejemplo) o **negativos** si, por el contrario, son la causa de **enfermedades relacionadas con la falta o el exceso de nutrientes y energía** como la malnutrición, **o con la presencia de sustancias que pueden causar daños,** lo que haría perder al alimento su cualidad de inocuo, como es el caso de las intoxicaciones alimentarias.

7.1 La malnutrición

La malnutrición está causada por una dieta inadecuada con **déficit o superávit de nutrientes o energía,** que provocan alteraciones como la desnutrición o la sobrenutrición, las enfermedades carenciales...

La desnutrición

Se produce por una **ingesta inadecuada de alimentos que deriva en la falta de energía,** lo que ocasiona que el cuerpo utilice las reservas de glúcidos y lípidos y, en los casos más graves, la pérdida de las propias proteínas, que puede conducir a la muerte.

Entre los trastornos de este tipo está el **raquitismo;** la **anorexia nerviosa,** un trastorno psicológico con graves consecuencias para la salud que se caracteriza por el rechazo a alimentarse por miedo a engordar; y la **bulimia,** otra enfermedad mental que se caracteriza por el deseo compulsivo por la comida, el consiguiente atracón y la posterior purga, normalmente mediante vómito, por la culpa, el miedo a engordar, etc.

La sobrenutrición

Se produce normalmente por una **ingesta excesiva de alimentos, nutrientes y energía** que acaba almacenándose provocando, en la mayoría de los casos, efectos negativos para la salud de las personas.

Uno de los efectos más habituales de este tipo de malnutrición es la **obesidad,** enfermedad caracterizada por la acumulación del exceso de grasa corporal que además está relacionada con el padecimiento o el agravamiento de otras enfermedades como las cardiovasculares (la aterosclerosis), el cáncer, la diabetes, etc.

Las enfermedades carenciales

Están producidas por una **dieta poco variada o insuficiente,** en la que **faltan determinados nutrientes.** Las más frecuentes son las **avitaminosis** (falta de vitaminas) o la **anemia por deficiencia de hierro.**

Comprende, piensa, investiga...

1 ¿Cuáles son los peligros de tomar a menudo un exceso de alimentos y llevar una vida sedentaria?

2 Diferencia malnutrición y desnutrición.

3 Busca el significado de estos términos relacionados con la malnutrición: raquitismo, marasmo, caquexia y emanciación.

4 ¿Dónde crees que hay más frecuencia de xeroftalmía o ceguera infantil, una enfermedad causada por la falta de vitamina A? Propón, al menos, una medida para evitarla.

7.2 Las alergias e intolerancias alimentarias

Algunas personas muestran **reacciones adversas** (intolerancias o reacciones alérgicas o de defensa ante sustancias que deberían ser inocuas) al **ingerir algunos alimentos.** Las más comunes son la **intolerancia a la lactosa,** que es un azúcar de la leche, y la **celiaquía,** o intolerancia al gluten, que es una proteína presente en el trigo. Las **alergias** alimentarias más frecuentes son a los frutos secos, el huevo o el marisco.

7.3 Las enfermedades y la higiene alimentaria

Algunas veces, en los **alimentos** puede haber **sustancias o microorganismos que pueden causar daños** en la salud de las personas que los consumen provocando **enfermedades de transmisión alimentaria o intoxicaciones alimentarias...**

La presencia de estas sustancias contaminantes está relacionada con el **mal estado de los alimentos.** Normalmente, esa contaminación se produce en alguna de las etapas de la **cadena alimentaria** (proceso que va desde la producción al consumo) o se debe a la **contaminación ambiental.** La legislación establece las cantidades máximas permitidas para este tipo de sustancias.

De las medidas de higiene alimentaria destacan el lavado de los alimentos que se consumen crudos, la limpieza de los objetos que se utilizan para cocinar o comer, la conservación en frío de los alimentos que necesitan refrigeración, etc.

Los contaminantes de los alimentos, dependiendo de su origen, pueden ser: biológicos, químicos o físicos.

Las medidas encaminadas a **garantizar el buen estado** de los alimentos evitando la presencia de sustancias que causan enfermedades se denomina **higiene alimentaria.**

Contaminantes biológicos

- **Organismos causantes de enfermedades** como la bacteria *Salmonella,* que causa la salmonelosis, el gusano *Taenia solium,* que causa la teniasis, las larvas del gusano *Anisakis* que provoca la enfermedad del mismo nombre, etc.
- **Toxinas** como la toxina botulínica que causa el botulismo y que está producida por la bacteria *Clostridium botulinum* o la aflatoxina producida por ciertos hongos de la familia *Aspergillus.*

Contaminantes químicos

- Algunos **aditivos** alimentarios pueden tener efectos nocivos.
- Otras sustancias como los **pesticidas** o los **metales pesados** como el plomo o el mercurio, ejemplos de contaminantes ambientales, se relacionan con enfermedades como el cáncer, ciertas alteraciones neurológicas, etc.

Contaminantes físicos

A veces, en los alimentos puede haber restos de vidrio, metal, madera..., que pueden producir heridas en la persona que los consume.

anayaeducacion.es Consulta el recurso «Cómo prevenir enfermedades comiendo», «Los antinutrientes» y «La etiqueta de los alimentos» en tu banco de recursos.

Comprende, piensa, investiga...

5 Haz una lista de cinco alimentos que no pueden tomar las personas con intolerancia a la lactosa y las personas con celiaquía.

6 ¿Qué son los aditivos alimentarios? Averigua qué son y nombra, al menos, un ejemplo

7 **La predicción.** ¿Qué puede pasar si no lavas o pelas la fruta que vas a tomar, aunque la pieza esté limpia en apariencia?

8 Consulta «En qué alimentos puede haber contaminantes alimentarios» en tu banco de recursos en **anayaeducacion.es**. Después, relaciona las sustancias o los microorganismos causantes de enfermedades que se citan con los alimentos de este plato en los que pueden encontrarse.

Contaminantes biológicos

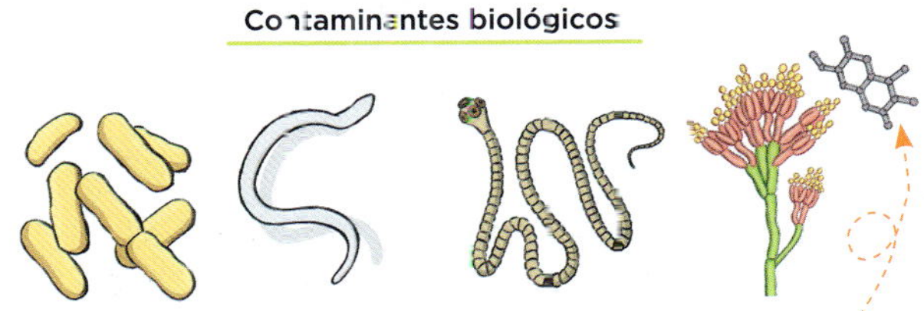

Salmonella Anisakis *Taenia solium* Toxina de *Aspergillus*

Contaminantes químicos

Mercurio

Pesticidas

Contaminantes físicos

Restos de vidrio

INVESTIGAMOS LOS HÁBITOS SALUDABLES DEL CORAZÓN

RECORDAD QUE...

Recuerda que en este proyecto de ciencias estáis realizando un estudio sobre la salud del corazón y los factores de riesgo cardiovascular. Utilizad la información que habéis procesado para proponer vuestras hipótesis de trabajo y obtener los datos experimentales.

PASO 2

PLANTEAMIENTO DE LA HIPÓTESIS Y DESARROLLO DE LA INVESTIGACIÓN

Planteamiento de la hipótesis

Teniendo en cuenta la información encontrada, elaborad hipótesis sobre los factores que influyen en el riesgo de padecer enfermedades cardiovasculares. Podéis plantearos algunas preguntas como estas:

- ✓ ¿Qué grupo de personas presentará un riesgo mayor de padecer enfermedades cardiovasculares, personas jóvenes o personas de mayor edad, hombres o mujeres?
- ✓ ¿Tendrán mayor riesgo cardiovascular las personas con sobrepeso que las personas con un peso normal?
- ✓ ¿Si consideramos los hábitos de alimentación y ejercicio físico regular, dónde encontraremos un mayor riesgo cardiovascular, en personas con una dieta equilibrada que practican ejercicio habitualmente o en personas con una alimentación poco sana y una vida sedentaria?
- ✓ ¿Están estos factores relacionados entre sí? Es decir, ¿será más frecuente el sobrepeso entre personas que llevan un estilo de vida poco saludable que entre personas que cuidan su alimentación y practican ejercicio?
- ✓ ¿Será el riesgo cardiovascular mayor entre las personas fumadoras?

Realizad una puesta en común en clase y discutid sobre las hipótesis planteadas y sobre la metodología con la que vais a abordar la investigación:

- ➜ Seleccionad aquellos aspectos sobre los que vais a investigar en una muestra de personas, por ejemplo, edad, sexo, peso, hábitos de alimentación, si realizan o no ejercicio regular, etc.
- ➜ Estableced un valor determinado para cada parámetro que vais a tener en cuenta, por ejemplo, la evaluación de la masa mediante el índice de masa corporal (IMC), o la de la edad por rangos (hasta 20 años, de 20 a 50 años y más de 50 años), etc. Podéis considerar ejercicio físico regular aquel que supone un mínimo de 2 a 3 sesiones de una hora a la semana.

Desarrollo de la investigación

Seleccionad el grupo de personas sobre el que vais a realizar la investigación y recopilad la información que habéis seleccionado y que os ayudará a evaluar el riesgo que cada una de estas personas tiene de padecer una enfermedad cardiovascular.

- Recopilad los siguientes datos sobre las características de cada persona: edad, sexo, masa, estatura, si padece hipertensión, etc.
- Para evaluar si la persona se encuentra o no en una situación de sobrepeso, podéis utilizar el **índice de masa corporal (IMC),** que se calcula a partir del peso y la estatura de la persona a partir de la siguiente fórmula:

  $$\text{IMC} = \text{masa (kg)} / \text{estatura}^2 \text{ (m)}^2$$

  Debéis introducir en la fórmula la masa y la estatura en las unidades adecuadas, la masa en kilogramos (kg) y la estatura en metros (m).
- Investigad también determinados aspectos sobre los hábitos y estilos de vida de las personas incluidas en el estudio. Averiguad si consumen o no tabaco, si realizan ejercicio físico regular, es decir, si practican algún tipo de deporte 2 o 3 días por semana durante aproximadamente una hora. Por último, preguntad a las personas sobre su alimentación, para averiguar si esta es equilibrada o no.

  Debéis prestar especial atención a si hay una ingesta elevada de grasas y/o azúcares, que favorecen los niveles elevados de colesterol.
- Organizad la información. Para ello, elaborad fichas de recogida de datos con toda la información que habéis recogido.

	Persona 1	Persona 2	Persona 3	Persona 4	Persona 5	...
Edad	?	?	?	?	?	?
Sexo	?	?	?	?	?	?
IMC	?	?	?	?	?	?
Hipertensión	?	?	?	?	?	?
Tabaquismo	?	?	?	?	?	?
Ejercicio regular	?	?	?	?	?	?
Alimentación sana	?	?	?	?	?	?

Recuerda seleccionar el material de trabajo de esta unidad para tu **portfolio.**

TRABAJA CON LO APRENDIDO

Organiza las ideas

1 **Rueda de atributos.** Copia y completa en tu cuaderno el siguiente organizador visual. Aprende a hacer una rueda de atributos con el recurso disponible en **anayaeducacion.es**.

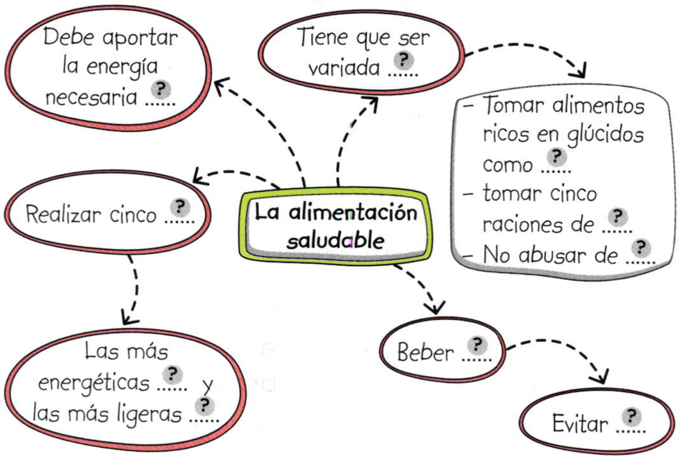

Haz un resumen

2 Elabora tu propio resumen de la unidad siguiendo este guion:

- Define *nutrición* y nombra y explica brevemente los procesos necesarios para llevarla a cabo.
- Cita los aparatos implicados en la nutrición, especificando la función de cada uno de ellos.
- Nombra las funciones de los nutrientes.
- Explica qué tipos de nutrientes hay según su composición química.
- Explica por qué los requerimientos energéticos no son los mismos para todas las personas.
- Di en qué consiste una alimentación saludable.
- Comenta cómo es y para qué sirve la rueda de los alimentos.
- Comenta cómo son y para qué sirven la pirámide y el patrón alimentario.
- Explica qué características deben tener las dietas sostenibles y di dos ejemplos de este tipo de dietas.
- Nombra los tipos de malnutrición y explícalos brevemente.
- Explica en qué consiste una intolerancia alimentaria.
- Di qué consecuencias tiene para la salud una mala higiene alimentaria.

Interpreta imágenes

3 Observa las imágenes siguientes y responde:

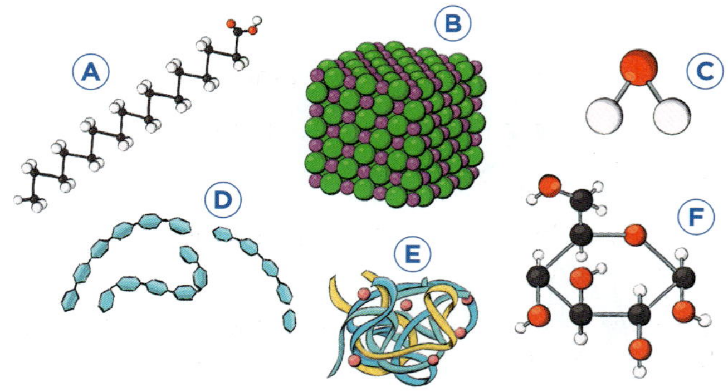

a) ¿Qué nutrientes se representan en las imágenes?

b) ¿Cuál es su función en el organismo?

c) ¿De qué alimentos podemos obtenerlos?

4 En las siguientes gráficas aparece la composición de cuatro tipos de alimentos. Compáralas y trata de asignar cada una a uno de estos alimentos. a) Mantequilla b) Fresas c) Pechuga de pollo d) Pasteles. Justifica tu respuesta.

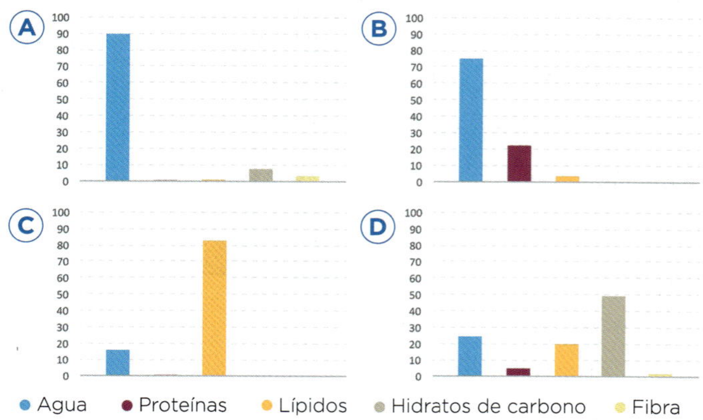

5 Observa las siguientes imágenes de alimentos y contesta:

a) ¿De qué nutrientes son fuentes alimentarias?

b) ¿Qué funciones desempeñan en el organismo los nutrientes que contienen?

c) ¿Cuáles de estos alimentos deben consumirse a diario y cuáles ocasionalmente?

anayaeducacion.es Consulta en el banco de recursos el taller de ciencias «Valora si una dieta es equilibrada».

Aplica

6 Establece las diferencias entre:

a) Alimentación y nutrición.

b) Nutriente orgánico e inorgánico.

c) Macronutriente y micronutriente.

d) Puñado y porción.

e) Rueda de los alimentos y pirámide de la alimentación saludable.

7 Copia y corrige las siguientes frases falsas relativas a los nutrientes:

a) El agua es necesaria por su aporte energético.

b) Las vitaminas son necesarias en grandes cantidades.

c) Las frutas son alimentos muy ricos en lípidos.

d) Las proteínas están formadas por aminoácidos y solo tienen función defensiva.

8 Clasifica los siguientes alimentos según tengan función plástica, energética o reguladora: pimiento, filete de pescado, chocolate, fruta, pastel de manzana y huevo.

9 Di cuáles son las raciones diarias más adecuadas de los siguientes alimentos:

a) Arroz o patatas o cereales.

b) Aceite de oliva.

c) Fruta.

d) Agua.

e) Verduras.

f) Legumbres.

g) Carne o pescado.

10 Explica en qué consisten la anorexia y la bulimia e indica sus consecuencias.

11 Define *obesidad, avitaminosis, anemia* y *celiaquía*.

12 Copia y completa las siguientes frases:

a) La salmonelosis está producida por …?…, que se encuentra en …?… .

b) El botulismo está producido por …?…, que se encuentra en …?… .

c) La teniasis, producida por …?…, que puede estar presente en …?… .

d) Algunas enfermedades como el cáncer se relacionan con la contaminación, con …?… o …?…, que puede haber en …?… .

anayaeducacion.es Consulta los apartados «Conceptos ficha2» y «Aprende jugando» en el banco de recursos.

Avanza

13 Explica el significado de la siguiente oración: «Existen muchas formas diferentes de alimentarse, pero solo una manera de nutrirse».

14 Elabora una dieta basada en tu alimentación diaria. Debes anotar todo lo que tomas y las cantidades aproximadas de cada alimento. Después, responde:

a) Recuerda la información del recurso «Tabla nutricional de los alimentos» que está en el banco de recursos de **anayaeducacion.es** y di los nutrientes y el contenido energético de los alimentos que forman parte de la dieta que has elaborado.

b) Calcula el contenido energético de tu dieta diaria.

c) Estudia tu dieta y analiza si cumple con los requisitos de una dieta equilibrada.

15 Investiga qué alimentos se podían encontrar en la Edad Media en España. Haz un listado con algunos de ellos y elabora el menú de un día. Compáralo con uno de la actualidad y comenta las diferencias desde el punto de vista de la alimentación saludable y sostenible. Para facilitar tu respuesta, ten en cuenta estos aspectos:

- Variedad de alimentos.
- Origen de los alimentos.
- Higiene alimentaria.

Objetivos de Desarrollo Sostenible ODS

16 Ve en tu banco de recursos de **anayaeducacion.es** el vídeo relacionado con la **meta 2.2**, que pretende poner fin a todas las formas de malnutrición, logrando los objetivos convenidos internacionalmente para evitar el retraso del crecimiento y abordar las necesidades de nutrición de adolescentes, mujeres embarazadas y lactantes, y personas de mayor edad y responde a las cuestiones siguientes:

a) ¿Qué tipos de nutrientes deberían incorporar estas personas para no sufrir enfermedades carenciales?

b) La desnutrición aumenta la probabilidad de contraer enfermedades infecciosas como la diarrea, el sarampión, la malaria y la neumonía. En grupos, buscad información sobre la distribución mundial de estas enfermedades.

c) Propón algunas acciones que podrían contribuir a reducir la malnutrición.

3

APARATOS PARA LA FUNCIÓN DE NUTRICIÓN

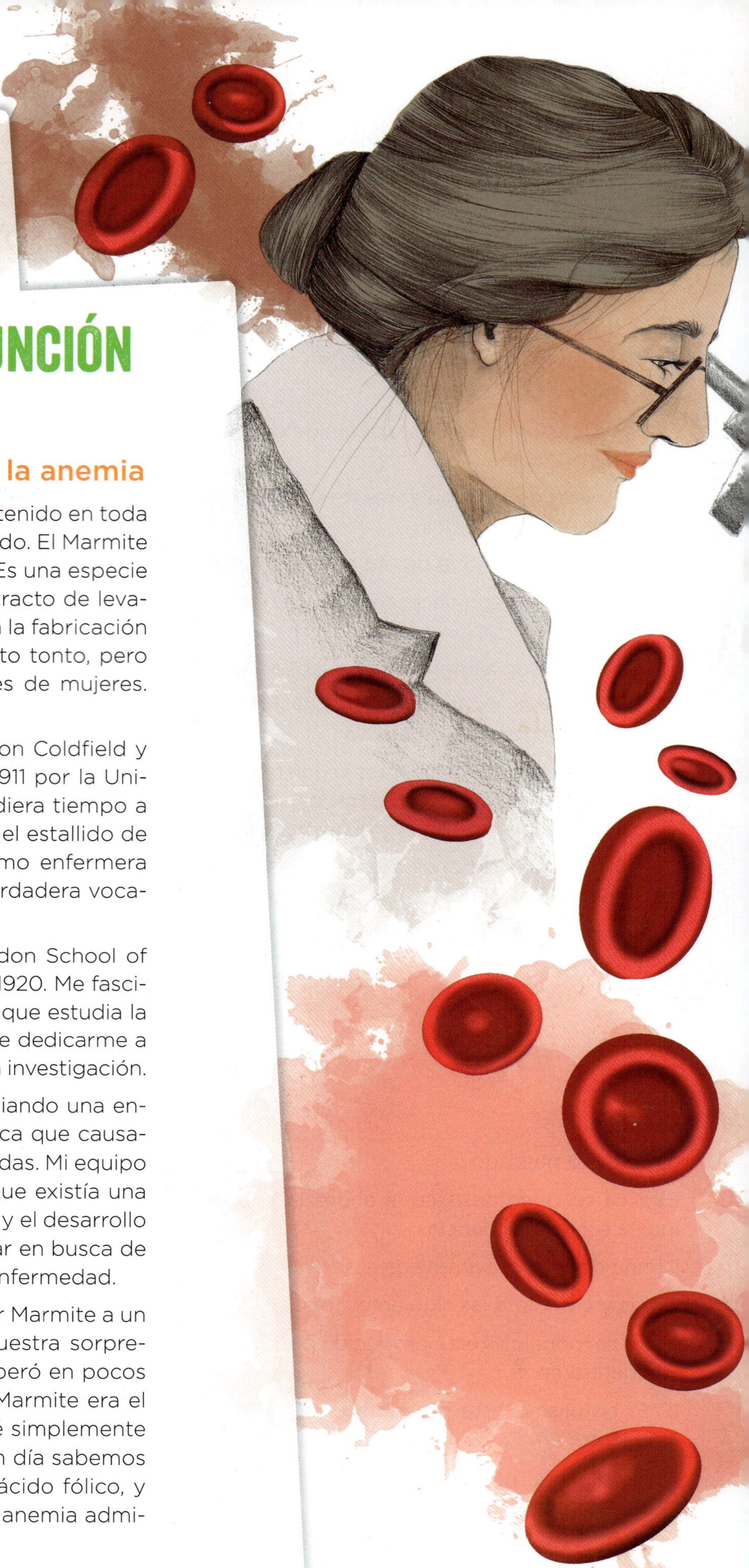

Lucy Wills. Una guerrera contra la anemia

¿Sabes cuál ha sido la idea más feliz que he tenido en toda mi carrera? Dar Marmite a un mono desnutrido. El Marmite es un alimento típico de mi país, Inglaterra. Es una especie de crema para untar que se fabrica con extracto de levadura y que se obtiene como subproducto en la fabricación de cerveza. Puede parecerte un experimento tonto, pero sus resultados han salvado la vida de miles de mujeres. ¿No me crees? Deja que te cuente.

Soy Lucy Wills. Nací en 1888 en Royal Sutton Coldfield y me licencié en Botánica y en Geología en 1911 por la Universidad de Cambridge. Antes de que me diera tiempo a dedicarme en profundidad a estas ciencias, el estallido de la I Guerra Mundial me llevó a trabajar como enfermera voluntaria en Sudáfrica y allí descubrí mi verdadera vocación: la medicina.

Regresé a Londres para estudiar en la London School of Medicine for Women y logré licenciarme en 1920. Me fascinaba especialmente la hematología, la rama que estudia la sangre y sus componentes, así que en vez de dedicarme a atender enfermos, preferí concentrarme en la investigación.

Entre 1928 y 1933 trabajé en Bombay, estudiando una enfermedad conocida como anemia macrocítica que causaba muchas muertes entre mujeres embarazadas. Mi equipo y yo habíamos llegado a la conclusión de que existía una relación entre la alimentación de las mujeres y el desarrollo de la anemia, así que empecé a experimentar en busca de algún alimento eficaz para contrarrestar la enfermedad.

Entre mis muchas pruebas se me ocurrió dar Marmite a un mono en estado particularmente grave. ¡Nuestra sorpresa fue mayúscula cuando el animal se recuperó en pocos días! Como no sabía qué componente del Marmite era el responsable de combatir la anemia, lo llamé simplemente «factor Wills». Gracias a mis avances, hoy en día sabemos que mi «factor Wills» es la vitamina B9, el ácido fólico, y hemos aprendido a prevenir eficazmente la anemia administrándoselo a las mujeres embarazadas.

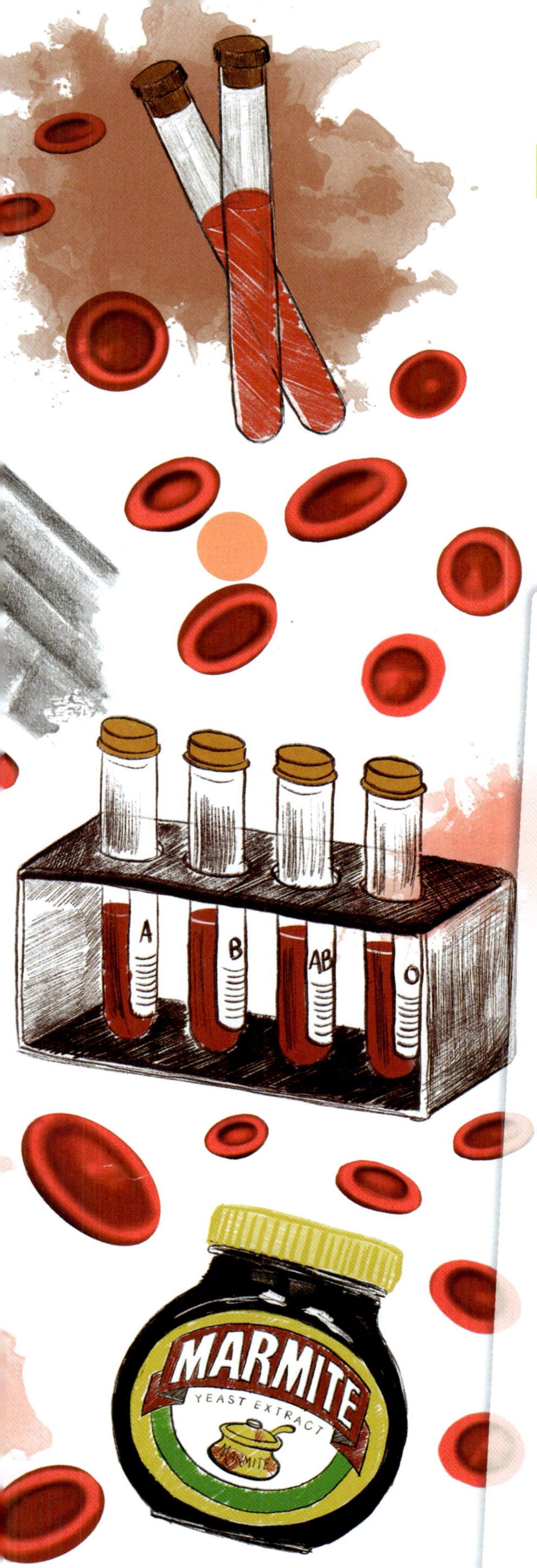

RESPONDEMOS EN GRUPO

1 Los primeros estudios que realizó Lucy Wills fueron de botánica y geología; sin embargo, dedicó su vida a la hematología. Describe brevemente de qué se encarga esta especialidad y busca información sobre el ácido fólico y qué usos médicos se le dan en la actualidad.

2 Averigua los nombres de al menos cinco especialidades médicas relacionadas con la función de nutrición y explica a qué se dedica cada una de ellas.

Antes de empezar la unidad, consulta el recurso «Qué necesitas saber» en **anayaeducacion.es**.

RECURSOS EN LA WEB

1 EL APARATO DIGESTIVO

La función del **aparato digestivo** es digerir los alimentos y absorber los nutrientes.

El aparato digestivo

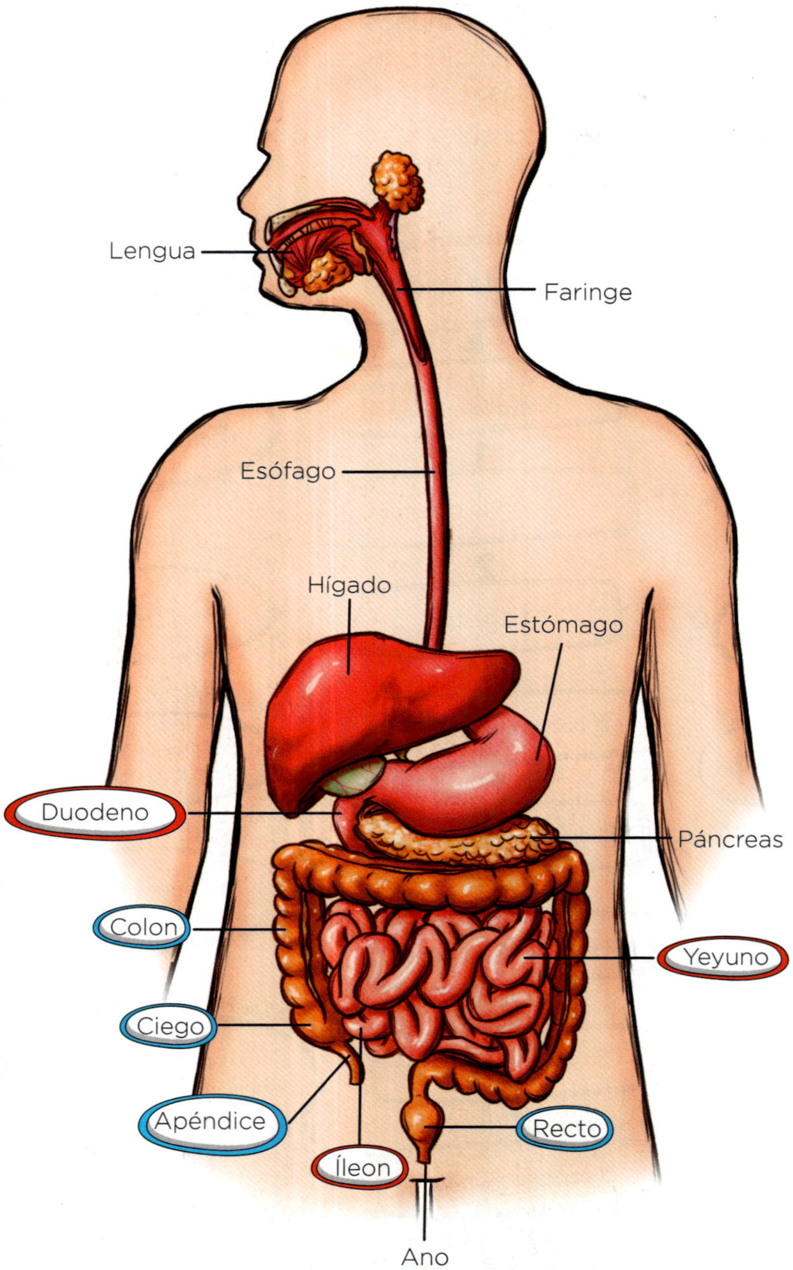

Trabaja con la imagen

En la ilustración puedes observar que hay ciertas partes marcadas en color. Explica a qué crees que se debe. Después, escribe en orden todos los órganos que recorre el alimento desde que entra por la boca hasta que es expulsado por el ano.

Anatomía del aparato digestivo

El aparato digestivo está formado por el **tubo digestivo** y las **glándulas digestivas.**

El tubo digestivo

El tubo digestivo es un largo conducto compuesto por la **boca,** la **faringe,** el **esófago,** el **estómago,** el **intestino delgado** y el **intestino grueso.**

- **La boca.** Es una cavidad que contiene la lengua y los dientes. Los dientes son unas piezas duras insertadas en la mandíbula que trituran los alimentos. Los hay de cuatro tipos: incisivos, que cortan la comida; los caninos, que la desgarran, y los premolares y los molares, que la trituran.
- **La faringe.** Es un conducto común al aparato respiratorio. Por la faringe circulan los alimentos hacia el esófago, y el aire desde la nariz o la boca hacia la laringe (conducto del aparato respiratorio). En la faringe, se encuentra la **epiglotis,** una membrana cartilaginosa encargada de impedir el paso de los alimentos a la laringe.
- **El esófago.** Es un conducto rodeado de una capa muscular, cuyas contracciones ayudan a llevar el alimento hasta el estómago.
- **El estómago.** Es un órgano que se comunica con el esófago y con el intestino a través de dos orificios llamados **cardias** y **píloro,** respectivamente. La apertura de estos orificios está regulada por músculos denominados **esfínteres.**
- **El intestino delgado.** Es un tubo muy largo que comunica el estómago con el intestino grueso. Sus paredes tienen unos repliegues, las **vellosidades intestinales,** que aumentan la superficie de absorción y están rodeadas de capilares linfáticos y sanguíneos. En el intestino delgado se distinguen tres partes: el **duodeno,** el **yeyuno** y el **íleon.**
- **El intestino grueso.** Es un amplio conducto que rodea al intestino delgado y llega hasta el **ano.** Se divide en tres partes: el **ciego,** el **colon** y el **recto.** El ciego contiene una prolongación sin salida, denominada **apéndice.**

anayaeducacion.es Consulta el recurso «La dentadura humana» en tu banco de recursos.

Las glándulas digestivas

Las glándulas digestivas vierten sus secreciones al tubo digestivo.

- **Las glándulas salivales.** Son un conjunto de glándulas que segregan saliva en la boca. Existen tres pares de glándulas mayores llamadas **glándulas parótidas, glándulas sublinguales** y **glándulas submaxilares** y un gran conjunto de glándulas menores distribuidas por toda la superficie de la boca salvo las encías y el paladar duro.
- **El hígado.** Es un órgano cuya función digestiva es producir la **bilis,** sustancia que se almacena en la **vesícula biliar** antes de ser vertida al duodeno.
- **El páncreas.** Es una glándula cuya función digestiva es segregar el **jugo pancreático** y verterlo al duodeno.
- **Las glándulas gástricas.** Son células de la mucosa gástrica que segregan el **jugo gástrico** y el **moco protector.**
- **Las glándulas intestinales.** Son células de la mucosa intestinal que segregan el **jugo intestinal** y el **moco protector.**

Comprende, piensa, investiga...

1 Define *hígado, faringe, esófago* y *páncreas*.

2 Enumera los tipos de dientes de los seres humanos y especifica para qué sirve cada uno.

3 **Pienso-me interesa-investigo.** Utiliza esta estrategia de pensamiento para descubrir las funciones del apéndice y la epiglotis y qué ocurre cuando no funcionan adecuadamente. Descubre cómo aplicar esta estrategia en anayaeducacion.es.

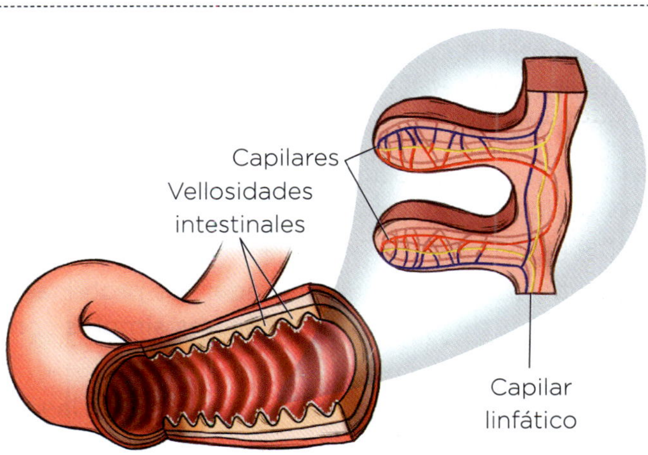

Algunos detalles del aparato digestivo

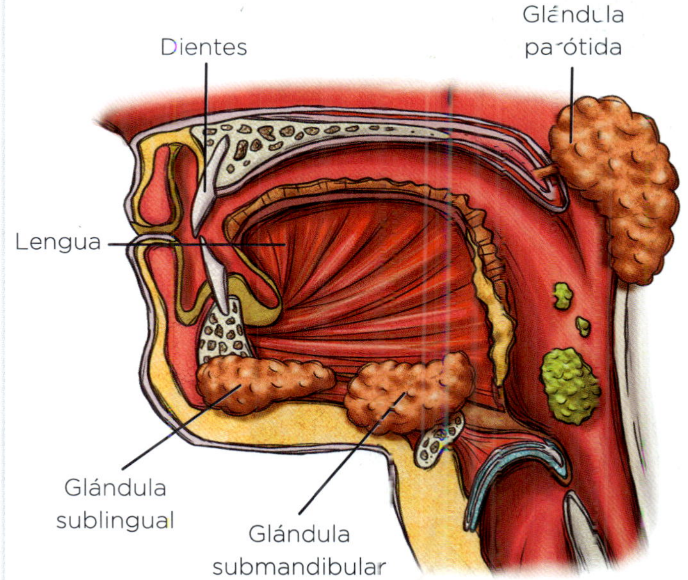

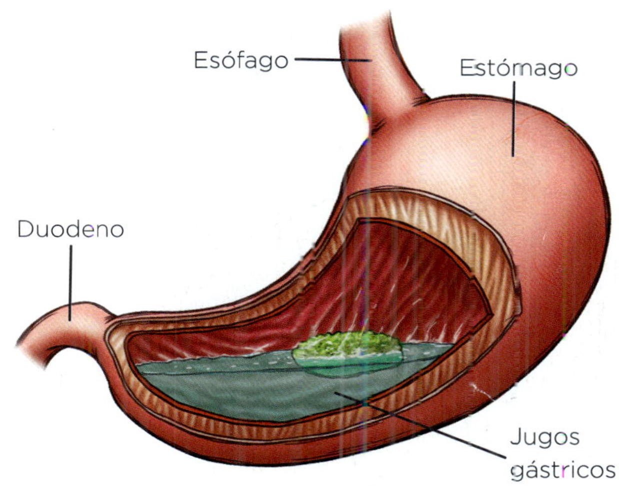

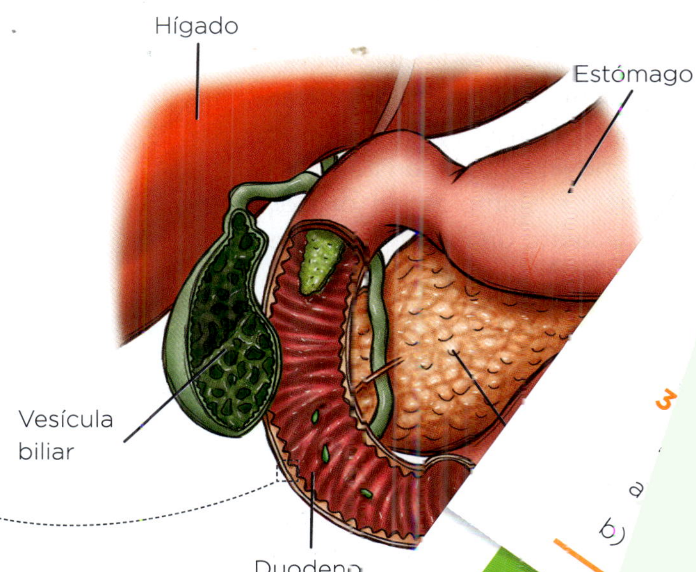

2 LA DIGESTIÓN

La digestión es la transformación de los alimentos en nutrientes. Tiene lugar a lo largo del tubo digestivo y consta de varias etapas: la **digestión mecánica,** la **digestión química,** la **absorción intestinal** y la **defecación.**

2.1 La digestión mecánica

La **digestión mecánica** consiste en reducir el tamaño de los alimentos mecánicamente y moverlos a lo largo del tubo digestivo.

Comprende los procesos siguientes:

- **La masticación y la insalivación.** Los dientes trituran el alimento y la lengua ayuda a que los alimentos triturados se mezclen con la saliva. Una vez triturados e insalivados los alimentos se transforman en el **bolo alimenticio.**
- **La deglución.** Es el proceso en el que el bolo alimenticio pasa hacia la faringe impulsado por la lengua de forma voluntaria. A continuación, el bolo alimenticio pasa al esófago y se desplaza por él impulsado por los **movimientos peristálticos** que realizan los músculos de las paredes del tubo digestivo.

2.2 La digestión química

La **digestión química** consiste en transformar mediante reacciones químicas las grandes moléculas (macromoléculas), como los hidratos de carbono o los lípidos (grasas), en las moléculas más pequeñas que los constituyen: los **nutrientes.**

La digestión química la llevan a cabo la saliva, el jugo gástrico, la bilis, el jugo intestinal y el jugo pancreático, que segregan las glándulas digestivas.

- **La saliva** contiene agua y enzimas, que rompen los grandes hidratos de carbono, como el almidón, en otros más sencillos. Aquí las grandes moléculas se transforman en fragmentos de menor tamaño. La digestión de los hidratos de carbono se completa más adelante.
- **El jugo gástrico** del estómago contiene fundamentalmente ácido clorhídrico y enzimas, que rompen las proteínas en fragmentos pequeños de varios aminoácidos.
- **La bilis** almacenada en la vesícula biliar contribuye a la digestión de las grasas emulsionándolas, es decir, las transforman en pequeñas gotas para facilitar la acción de las enzimas.
- **El jugo intestinal** contiene enzimas que degradan las proteínas en **aminoácidos** y los hidratos de carbono en **azúcares simples** como la **glucosa.**
- **El jugo pancreático** contiene muchas enzimas que digieren las grasas convirtiéndolas en ácidos grasos y otras sustancias.

Comprende, piensa, investiga...

1 Explica con tus palabras qué son los movimientos peristálticos y pon dos ejemplos de órganos del aparato digestivo en los que ocurran.

2 Nombra los fluidos que intervienen en la digestión química

Razona el tipo de nutrientes que no podrían digerirse si no hubiese:

Ácido en el estómago.

Bilis.

La transformación de los alimentos en nutrientes

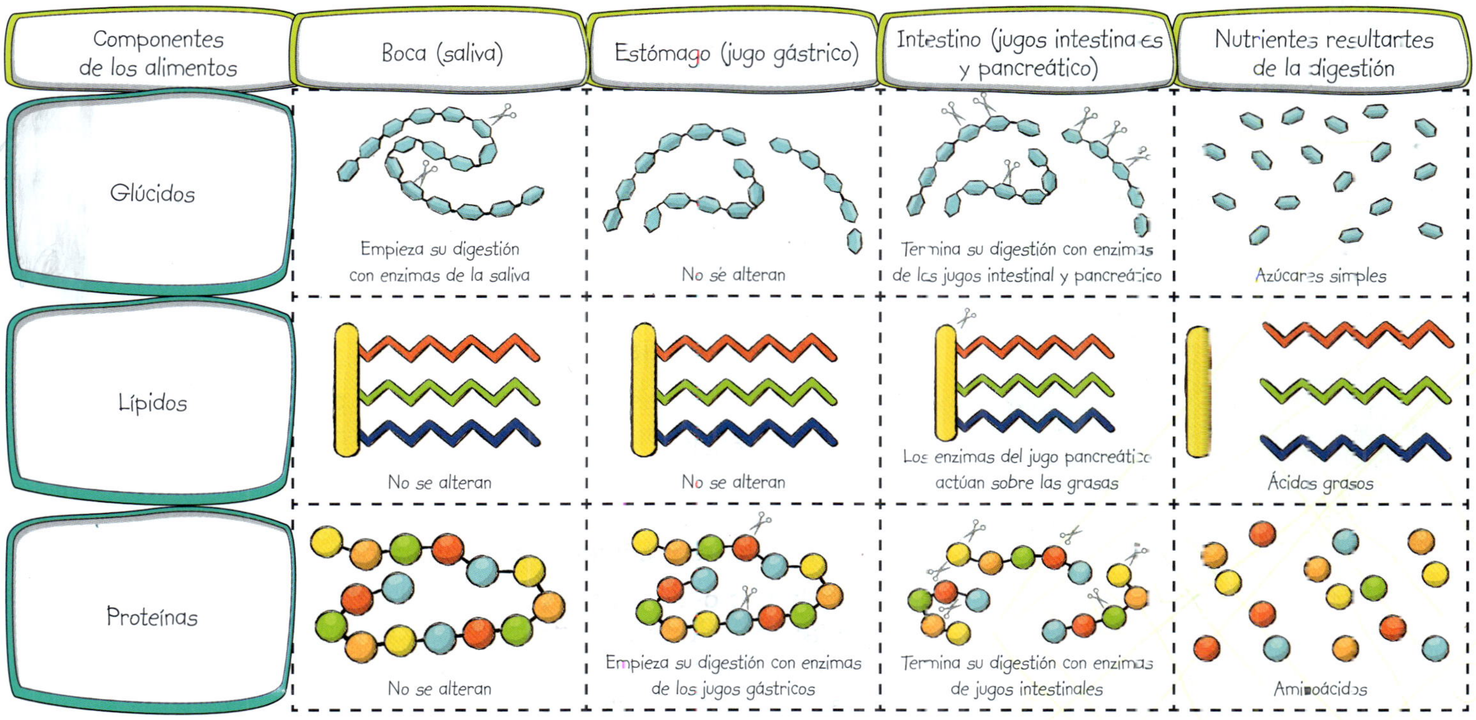

2.3 La absorción intestinal

La **absorción de los nutrientes** es el proceso por el cual los nutrientes obtenidos en la digestión atraviesan la pared intestinal y pasan al aparato circulatorio para ser repartidos por todas las células.

Cómo se realiza la absorción

- **En el intestino delgado,** se produce la absorción de la mayor parte de los nutrientes orgánicos. Estos atraviesan la membrana plasmática de las células de la mucosa intestinal hacia el interior de las vellosidades intestinales. En el interior de las vellosidades existe una red de capilares sanguíneos a través de la cual los nutrientes pasan al aparato circulatorio.
- **En el intestino grueso** continúa la absorción del agua, las sales minerales y se forman las heces fecales. En este tramo de intestino viven unas bacterias que descomponen los alimentos no digeridos ni absorbidos en el intestino delgado. Estas bacterias, conocidas como microbiota, sintetizan aminoácidos y vitaminas que son absorbidos por los capilares sanguíneos.

Detalles de las vellosidades

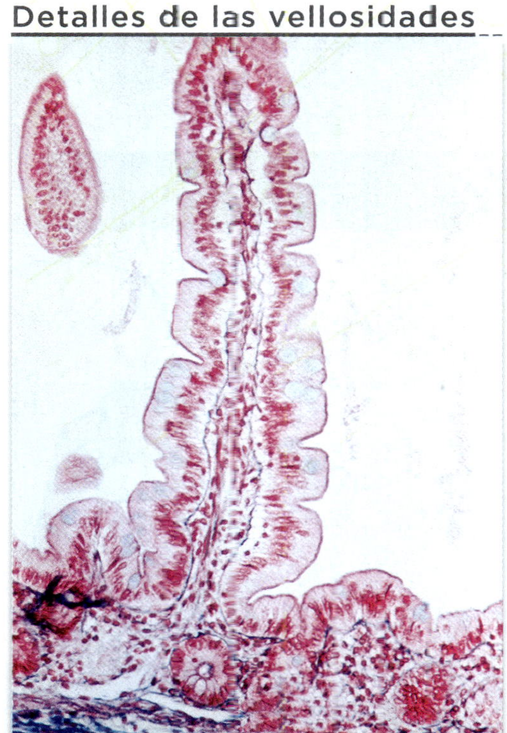

Trabaja con la imagen

En las vellosidades intestinales se produce la mayor parte de la absorción de los nutrientes orgánicos. Razona cómo la estructura que se muestra en la fotografía se relaciona con su función.

2.4 La defecación

Las heces fecales formadas en el intestino grueso son los restos que el organismo no puede digerir ni, por tanto, absorber. Las heces se acumulan en el recto hasta que se desencadena el mecanismo reflejo de la defecación, es decir, la expulsión de las heces a través del ano.

anayaeducacion.es Consulta los recursos «Los gases y el vómito» y «La microbiota» en tu banco de recursos.

3 EL APARATO RESPIRATORIO

La función del aparato respiratorio es **captar el oxígeno** necesario para la respiración celular y **eliminar el dióxido de carbono** generado en este proceso.

3.1 Anatomía del aparato respiratorio

El aparato respiratorio está formado por las **vías respiratorias** y los **pulmones.**

Las vías respiratorias

Las vías respiratorias son un conjunto de conductos a través de los que llega el aire a los pulmones. A medida que avanzan hacia los pulmones, los conductos se ramifican y son cada vez más estrechos.

Están formadas por las **fosas nasales,** la **faringe,** la **laringe,** la **tráquea,** los **bronquios** y los **bronquiolos.** Los bronquiolos terminan, en el interior del pulmón, en unas estructuras con forma de saco, denominadas **alvéolos pulmonares,** cuyas finas paredes están formadas por una sola capa de células y rodeadas por capilares sanguíneos.

Los pulmones

Los pulmones son dos órganos de aspecto esponjoso, situados en el interior de la caja torácica y separados del abdomen por un músculo llamado **diafragma.** Están protegidos por una membrana, denominada **pleura,** en cuyo interior se encuentra el **líquido pleural,** y por las costillas.

Comprende, piensa, investiga...

1. Explica qué son el diafragma y la pleura.
2. Describe el camino que sigue el aire desde que entra en el organismo hasta que es expulsado.

El aparato respiratorio

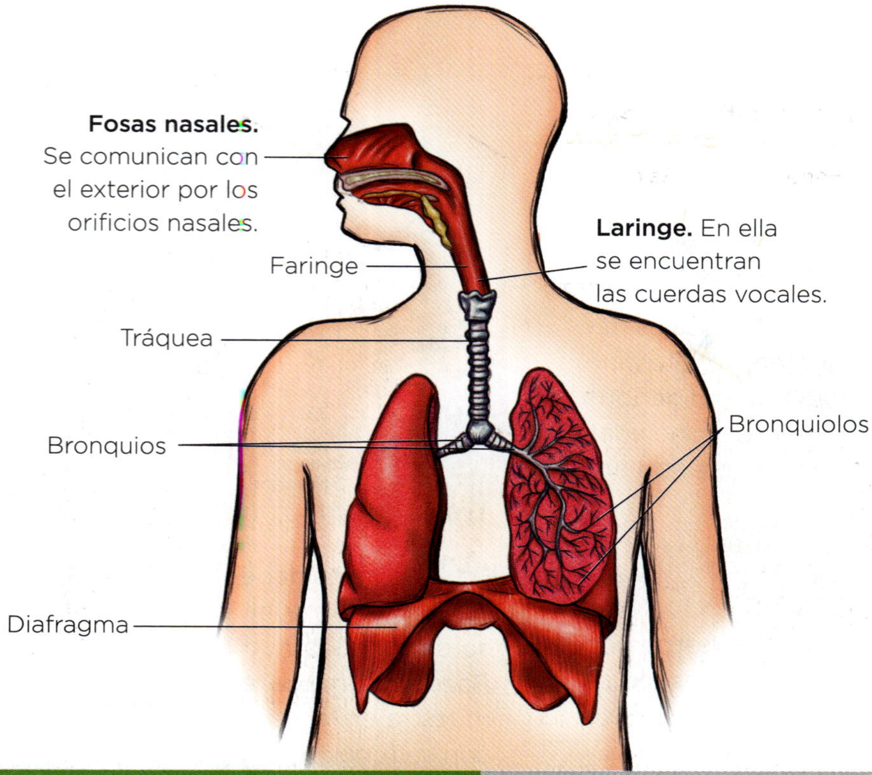

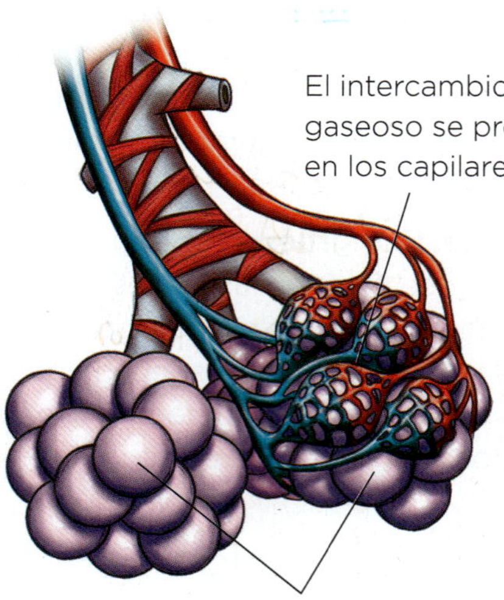

3.2 Así funciona el aparato respiratorio

El aparato respiratorio realiza su función en tres etapas: la **inspiración,** el **intercambio de gases** y la **espiración.**

La inspiración

Ocurre cuando los **músculos** que elevan las costillas y el diafragma se **contraen.** La acción conjunta de estos músculos provoca el ensanchamiento de la cavidad torácica y, por tanto, la entrada de aire por la nariz, donde se calienta, se humedece y recorre las vías respiratorias hasta los pulmones.

El intercambio de gases

El intercambio de gases tiene lugar en los **alvéolos pulmonares** entre el aire que estos contienen y el transportado por la sangre. Se realiza por **difusión;** es decir, los gases pasan de forma natural atravesando las membranas celulares desde donde se encuentran en mayor concentración hasta donde lo están en menor abundancia.

Por ejemplo, el aire contenido en los alvéolos pulmonares tiene más cantidad de oxígeno que la sangre de los capilares que los rodean; por tanto, el oxígeno tiende a pasar al interior de los capilares. De forma similar, el dióxido de carbono tiene una mayor concentración en la sangre de los capilares pulmonares que el aire del interior de los alvéolos y tiende a pasar desde la sangre a los alvéolos y de ahí es expulsado al exterior.

La espiración

Ocurre cuando los músculos que elevan las costillas y el diafragma se **relajan,** la cavidad torácica reduce su volumen y los pulmones se comprimen expulsando el aire de forma pasiva por las vías respiratorias.

Trabaja con la imagen

Observa la imagen y contesta a las siguientes preguntas:

a) ¿Qué diferencias existen entre el proceso de inspiración y el de espiración?

b) Describe detalladamente qué ocurre en los alvéolos durante el intercambio gaseoso.

c) Averigua y describe qué pasa durante el intercambio gaseoso cuando se respira accidentalmente aire rico en monóxido de carbono. ¿Qué consecuencias tiene para el organismo?

Mecanismo de la circulación del aire

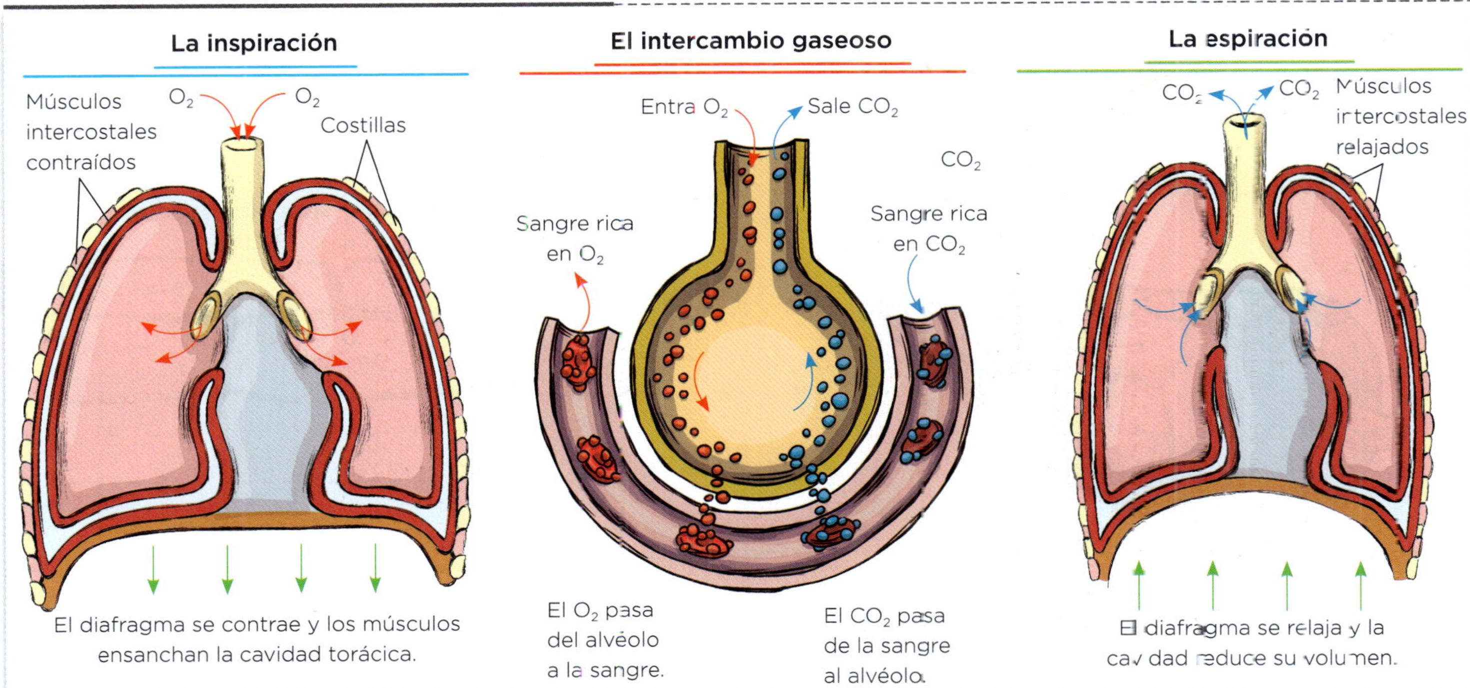

anayaeducacion.es Consulta el vídeo «La respiración» en tu banco de recursos.

4 EL APARATO CIRCULATORIO

Arterias, venas y capilares

Arteria

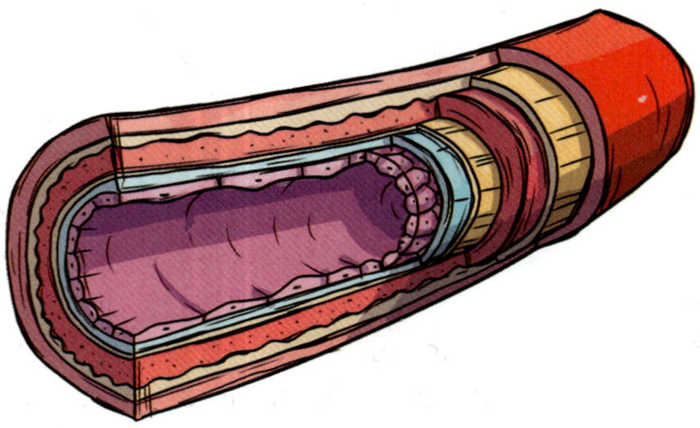

Las arterias llevan la sangre desde el corazón a los tejidos. Son gruesas, lo que les permite soportar la fuerza con la que la sangre sale del corazón.

Vena

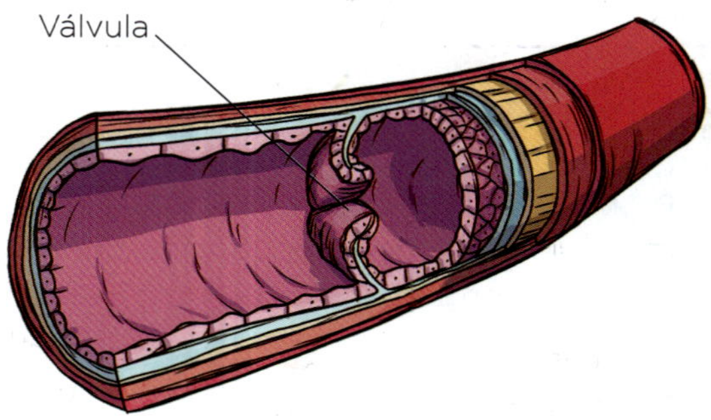

Las venas llevan la sangre de regreso al corazón. Sus paredes son más delgadas y menos elásticas que las de las arterias. Tienen válvulas en su interior.

Capilar

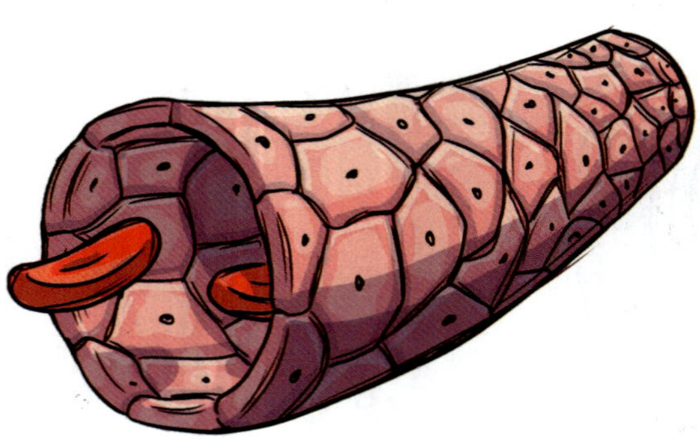

Los capilares están formados por una sola capa de células. En ellos se produce el intercambio de gases entre la sangre y los tejidos.

La función del **aparato circulatorio** es **transportar los nutrientes** y el **oxígeno** a todas las células del cuerpo y **retirar** de ellas las **sustancias de desecho** procedentes de la actividad celular.

El aparato circulatorio está formado por el **corazón** y los **vasos sanguíneos,** por los que circula la sangre, que constituye el medio de transporte del organismo.

4.1 Los vasos sanguíneos

Existen tres tipos de vasos sanguíneos: las **arterias,** las **venas** y los **capilares.**

- **Las arterias.** Son vasos de sección circular, de paredes gruesas y elásticas. Llevan la sangre del corazón a los órganos. Se van ramificando en vasos más finos.
- **Las venas.** Son vasos de sección oval, de paredes delgadas y poco elásticas. Llevan la sangre de los órganos al corazón. Se forman por la unión de pequeñas venas, las vénulas. Tienen válvulas que evitan el retroceso de la sangre, facilitando que llegue al corazón.
- **Los capilares.** Son vasos muy delgados que comunican las arterias y las venas. Al ser tan finos, permiten el intercambio de nutrientes, desechos y gases entre la sangre y las células.

Comprende, piensa, investiga...

1 **El espejo.** Utiliza esta estrategia de pensamiento y su organizador para comparar las características de las arterias y las venas. Descubre cómo aplicar esta estrategia en anayaeducacion.es.

Arterias		Venas
Rasgos diferenciadores	Similitudes	Rasgos diferenciadores
?	?	? ......
?	?	? ......
?	?	? ......

4.2 La sangre

La sangre humana es un líquido viscoso, rojo y ligeramente salado, compuesto por el **plasma** y las **células sanguíneas.**

Funciones de la sangre

La sangre desempeña una gran variedad de funciones en nuestro organismo. Las principales son las siguientes:

- **Transporta sustancias.** La sangre suministra a las células los nutrientes y el oxígeno que necesitan y retira de ellas el dióxido de carbono y los productos de desecho del metabolismo celular, llevándolos hasta los órganos excretores.
- **Defiende al organismo.** Los distintos tipos de leucocitos, los anticuerpos que estos producen y otras sustancias protectoras defienden al organismo frente a infecciones y lesiones.
- **Regula la temperatura corporal.** Al circular la sangre por todo el cuerpo ayuda a mantener y distribuir el calor corporal.

Comprende, piensa, investiga...

2 Enumera y describe las funciones de la sangre. ¿Cuál de esas funciones puede relacionarse con los glóbulos rojos? ¿Cuál con los glóbulos blancos?

3 La cantidad de células de un tipo u otro en la sangre es un parámetro que se usa para diagnosticar distintas enfermedades. Averigua cómo se denomina al exceso y defecto de los tres tipos celulares.

Los componentes de la sangre

El plasma sanguíneo

El **plasma sanguíneo** es una disolución, formada principalmente por agua. Está compuesta por gases, sales minerales y sustancias orgánicas como glucosa, proteínas y hormonas.

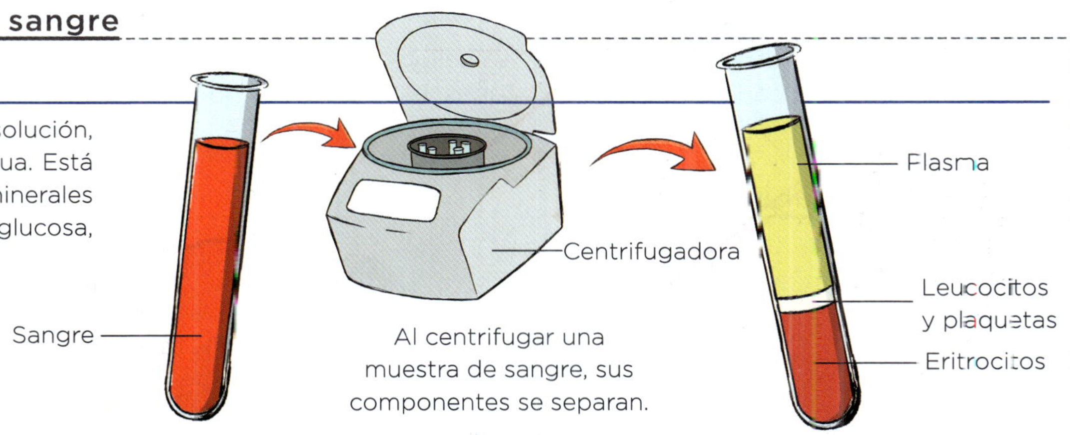

Al centrifugar una muestra de sangre, sus componentes se separan.

Las células sanguíneas

Los **glóbulos rojos, eritrocitos** o **hematíes.** Son las células más numerosas de la sangre. Son muy elásticos. Transportan O_2 y CO_2, gracias a la hemoglobina presente en su citoplasma.

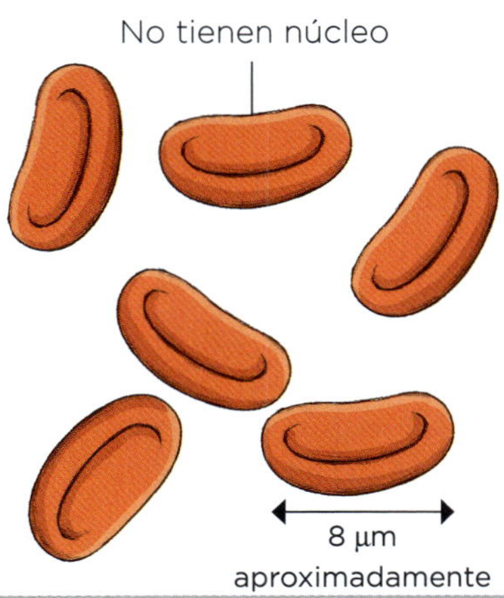

Los **glóbulos blancos** o **leucocitos.** Son células con núcleo, de mayor tamaño que los glóbulos rojos. Pueden desplazarse activamente mediante seudópodos. Su función es la defensa del organismo frente a infecciones y células tumorales.

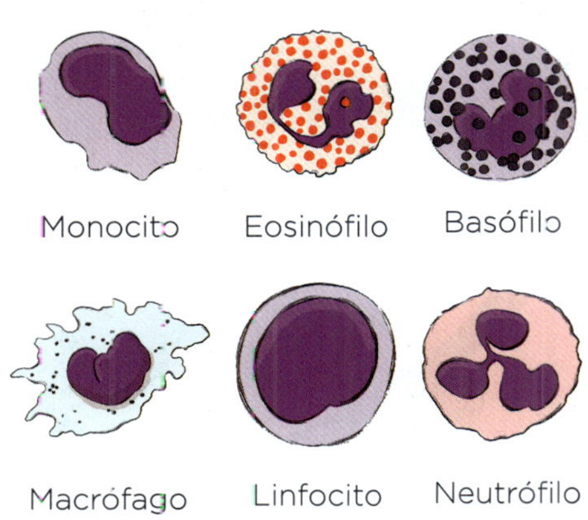

Las **plaquetas o trombocitos.** No son realmente células, sino fragmentos de citoplasma. Su función es intervenir en la coagulación sanguínea.

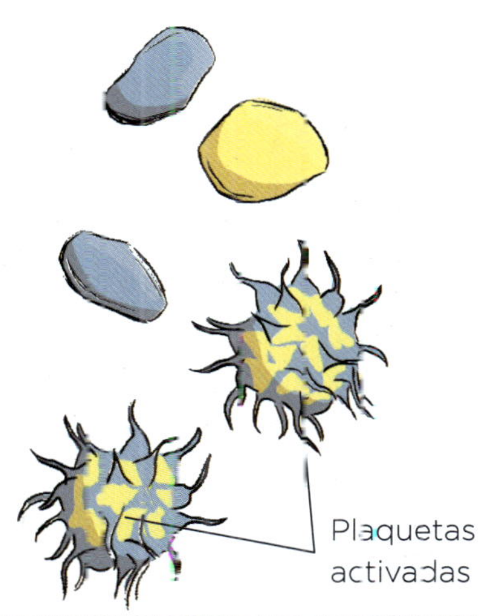

anayaeducacion.es Consulta el recurso «Algunos números de la sangre» en tu banco de recursos.

4.3 El corazón

El corazón es un órgano musculoso, situado en la cavidad torácica, entre los dos pulmones.

- **En su interior,** el corazón presenta cuatro cavidades. Las dos cavidades superiores son las **aurículas,** que reciben la sangre. Las dos inferiores son los **ventrículos,** de paredes más gruesas, que impulsan la sangre al exterior. Longitudinalmente, el corazón presenta un tabique que lo divide en dos mitades e impide que la sangre de un lado y de otro se mezclen.
- **En la mitad derecha,** la sangre procedente del cuerpo, pobre en oxígeno, entra en la aurícula a través de las **venas cavas.** De la aurícula pasa al ventrículo, a través de la **válvula tricúspide,** que se abre al paso de la sangre y se cierra a continuación, evitando su retroceso. La sangre sale del ventrículo por las **arterias pulmonares,** que la llevan a los pulmones.
- **En la mitad izquierda,** la sangre procedente de los pulmones, cargada de oxígeno, entra en la aurícula por las **venas pulmonares.** De la aurícula pasa al ventrículo, a través de la **válvula mitral.** La sangre sale del ventrículo por la **arteria aorta** para ser distribuida por todo el cuerpo.

La salida de la sangre de los ventrículos, a través de las grandes arterias, está regulada por las **válvulas semilunares,** que impiden su retroceso.

Trabaja con la imagen

1-2-4. Tras salir del corazón, la aorta se divide en tres arterias que parten hacia la zona superior del cuerpo, ¿hacia dónde creéis que se dirige cada una? ¿De qué partes del cuerpo creéis que procede cada una de las venas cavas?

Las partes del corazón

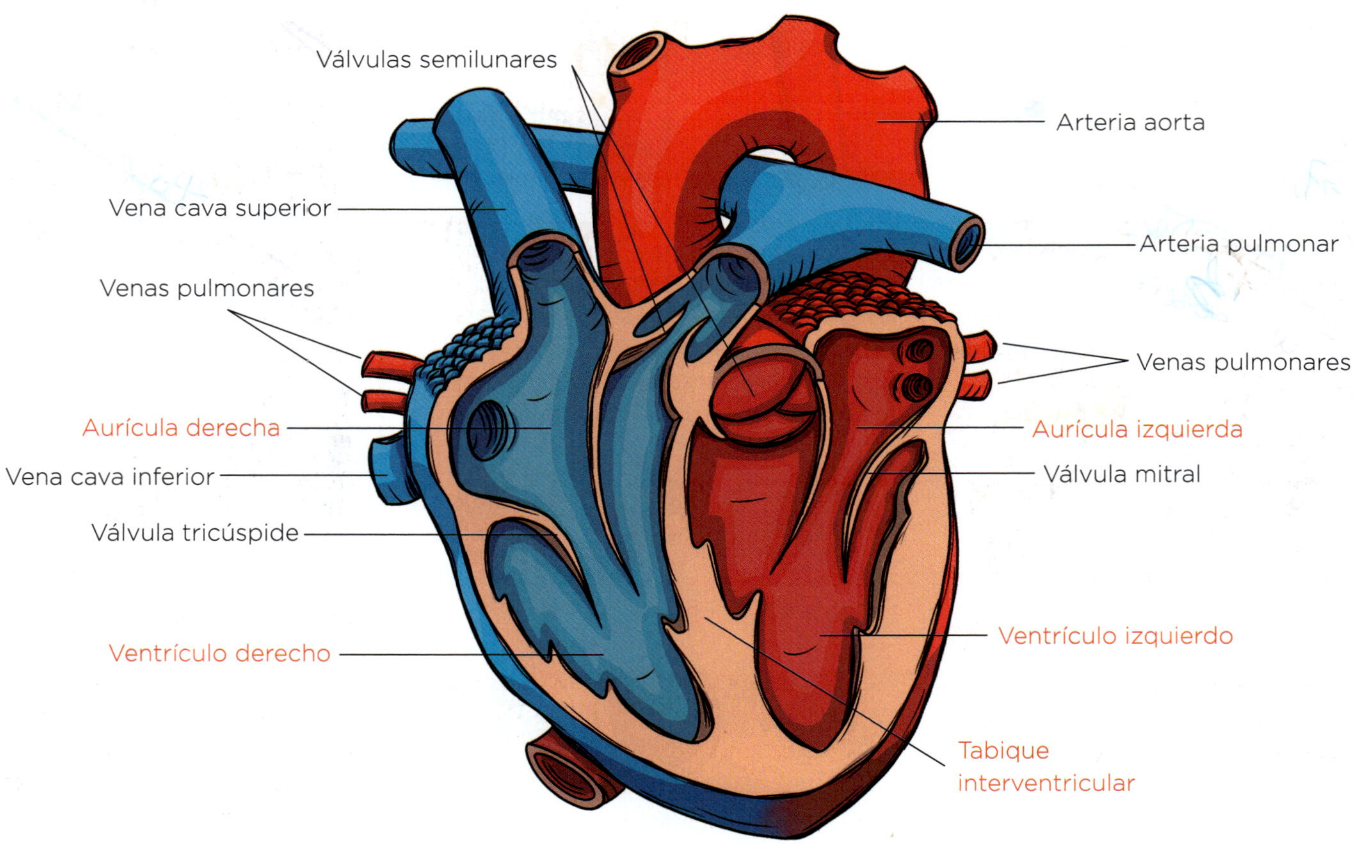

anayaeducacion.es Consulta el recurso «El exterior del corazón» en tu banco de recursos.

4.4 El ciclo cardiaco

El corazón tiene un sistema muscular especial que le permite generar impulsos, que producen una contracción rítmica (el **latido cardiaco**) y conducir estos impulsos por todo el corazón.

Cada latido cardiaco se compone de una **contracción** o **sístole,** y de una **dilatación** o **diástole.** Se divide en tres etapas:

1. **La sístole auricular.** Las aurículas se contraen, impulsando la sangre hacia los ventrículos a través de las válvulas tricúspide y mitral, que están abiertas. Las válvulas semilunares están cerradas.
2. **La sístole ventricular.** Cuando la sangre llega a los ventrículos, estos se contraen. El empuje de la sangre hace que se cierren las válvulas tricúspide y mitral, evitando su retorno a las aurículas. Simultáneamente, se abren las válvulas semilunares, permitiendo que la sangre salga por las arterias. Esta salida es intermitente y se percibe como el pulso cardiaco.
3. **La diástole general.** Las aurículas y los ventrículos se relajan. Las válvulas semilunares se cierran. La sangre entra en las aurículas a través de las venas. Los ventrículos, también dilatados, comienzan a recibir sangre de las aurículas cuando las válvulas mitral y tricúspide se abren.

Comprende, piensa, investiga...

4 Define *sístole* y *diástole*.

5 Enumera los movimientos del corazón y explica cuál es la consecuencia de cada uno de ellos.

6 Averigua a qué se deben los sonidos del corazón que pueden oírse en una auscultación.

Las fases del ciclo cardiaco

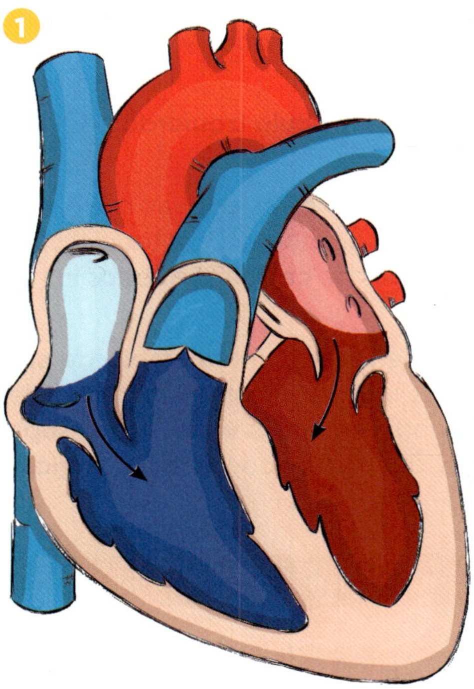

Sístole auricular. La aurículas se contraen y la sangre que se había acumulado en ellos pasa a los ventrículos.

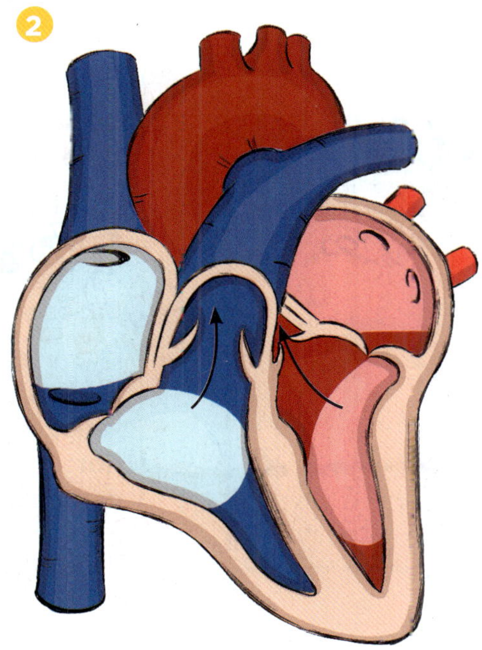

Sístole ventricular. Los ventrículos se contraen y la sangre que contenían sale por las arterias.

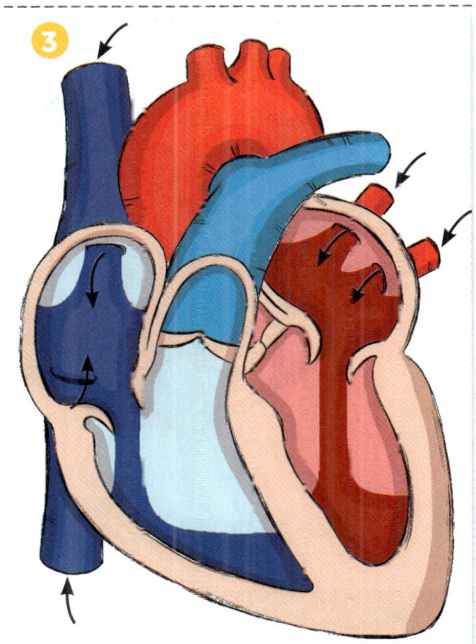

Diástole general. Las aurículas y los ventrículos están relajados. La sangre entra en las aurículas, y empieza a pasar a los ventrículos. Una nueva sístole auricular impulsa la sangre en las aurículas, los ventrículos se terminan de llenar y el ciclo se cierra.

5 LA CIRCULACIÓN SANGUÍNEA

La **circulación sanguínea** es el recorrido de la sangre desde que sale del corazón hasta que vuelve. En el ser humano y otros mamíferos, esta circulación es **doble;** es decir, sigue dos circuitos: el **pulmonar** y el **general.**

Esquema de la circulación

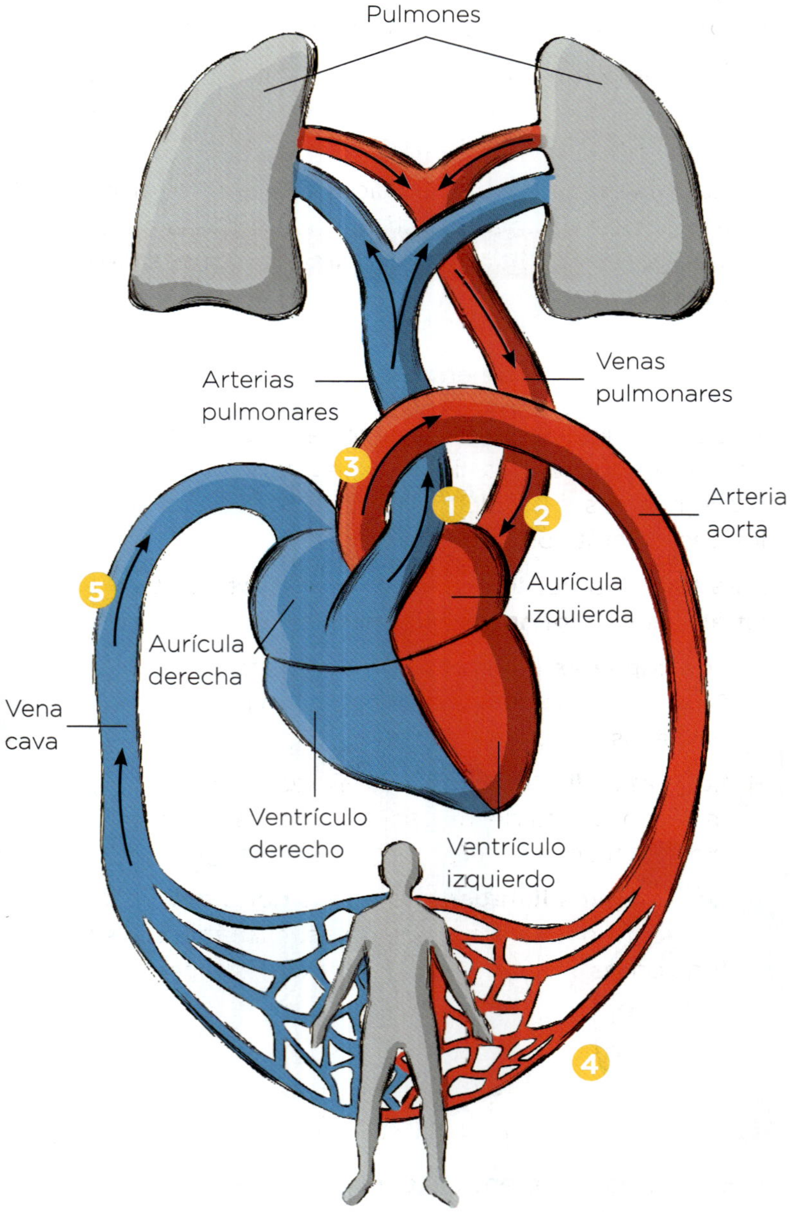

5.1 La circulación pulmonar o menor

La circulación pulmonar o circulación menor se establece entre el **corazón** y los **pulmones,** con el objeto de oxigenar la sangre. Se resume en dos fases:

1. La sangre **sale** del **ventrículo derecho** por la **arteria pulmonar** que, posteriormente, se ramifica en dos, una por cada pulmón.
2. Tras el intercambio de gases en los pulmones, la sangre oxigenada **regresa** a la **aurícula izquierda,** a través de cuatro venas pulmonares, dos por cada pulmón.

5.2 La circulación general o mayor

La circulación general se establece entre el **corazón** y los **distintos órganos** del cuerpo, con el objeto de suministrar a las células el oxígeno y los nutrientes, y retirar de ellos el dióxido de carbono y otros productos de desecho. Se resume en:

3. La sangre **sale** del **ventrículo izquierdo** por la **arteria aorta.**
4. La aorta se ramifica en otras arterias menores y en arteriolas, que se distribuyen por todo el cuerpo, llegando a través de **capilares** a todos los órganos y tejidos.
5. Una vez que tiene lugar el **intercambio de sustancias** en los tejidos, la sangre **retorna** por las venas. Estas confluyen en las **venas cavas superior e inferior,** que desembocan en la **aurícula derecha.**

Comprende, piensa, investiga...

1 Explica las diferencias entre la circulación pulmonar y la circulación general.

2 Muchas personas creen que las arterias son los vasos que llevan la sangre oxigenada y que las venas llevan la sangre cargada de CO_2, razona si están en lo cierto o no.

anayaeducacion.es Consulta el recurso «La circulación sanguínea» en tu banco de recursos.

6 EL SISTEMA LINFÁTICO Y EL MEDIO INTERNO

El sistema linfático

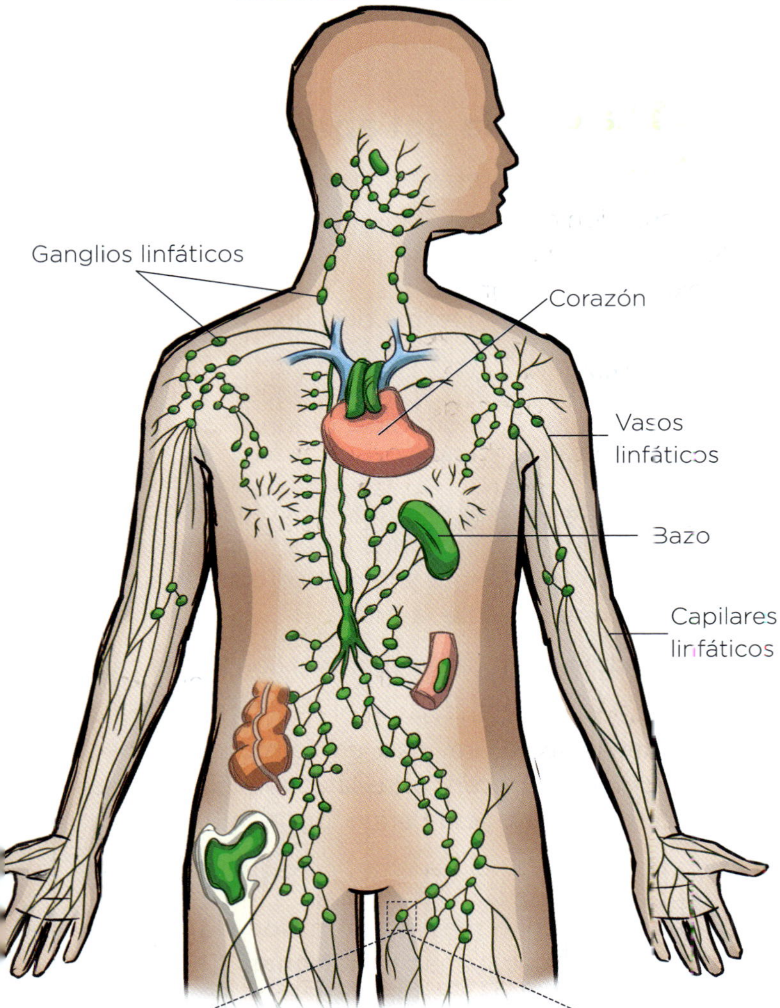

Detalle de un ganglio linfático

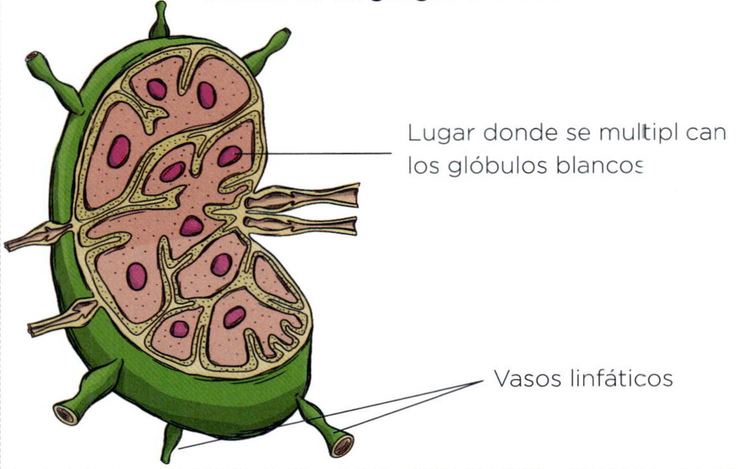

6.1 El medio interno

Como ya estudiaste en la unidad 1, las células del organismo no pueden realizar intercambios de nutrientes y desechos directamente con el medio externo, por lo que necesitan un **medio interno** para poder hacerlo. En el ser humano, el medio interno lo forman la **sangre,** el **líquido intersticial** y la **linfa.**

- **El líquido intersticial** es el medio que rodea las células y con el que intercambian directamente las sustancias que necesitan y producen.
- **La linfa** es un líquido de color claro que se forma a partir del plasma intersticial y que circula a través de un segundo sistema circulatorio: **el sistema linfático.**

6.2 El sistema linfático

El sistema linfático es un sistema que carece de bomba impulsora. La linfa se desplaza cuando, al movernos, los músculos esqueléticos que rodean a los vasos linfáticos se contraen.

Está formado por los **capilares linfáticos,** los **vasos linfáticos** y los **ganglios linfáticos.**

- **Los capilares linfáticos** son conductos de tamaño muy pequeño que se distribuyen por la mayoría de los tejidos del organismo.
- **Los vasos linfáticos** son similares a las venas y recogen la linfa de los capilares. Estos vasos desembocan en el sistema circulatorio sanguíneo.
- **Los ganglios linfáticos** son unos nódulos que se encuentran a lo largo de los vasos linfáticos y su función es filtrar la linfa y producir los glóbulos blancos.

Comprende, piensa, investiga...

1 Explica las diferencias entre capilares, vasos y ganglios linfáticos.

2 Explica qué es y cómo se mueve la linfa a través de los ganglios y los vasos linfáticos.

3 Razona si el sistema linfático tiene alguna función que no esté directamente relacionada con la nutrición.

4 Averigua el nombre del principal vaso linfático y explica cómo se comunica con el sistema circulatorio.

7 EL APARATO EXCRETOR

El aparato excretor

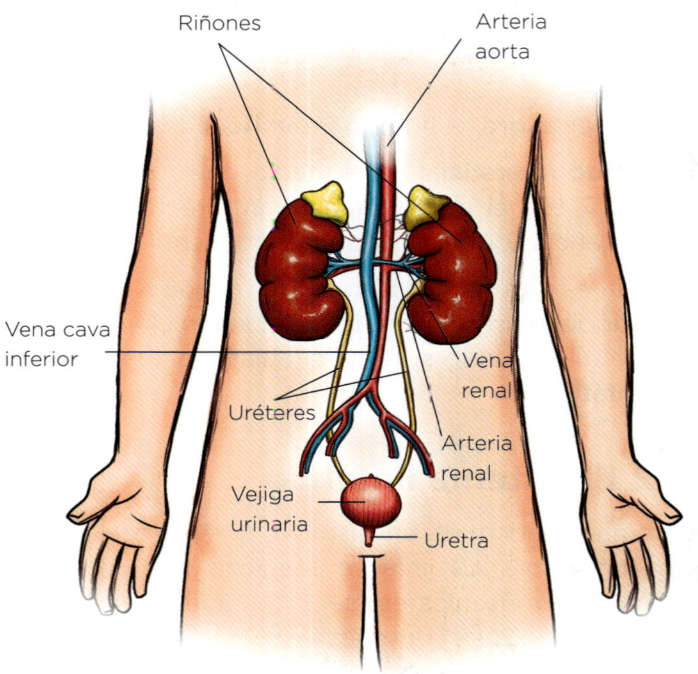

Detalle de un riñón

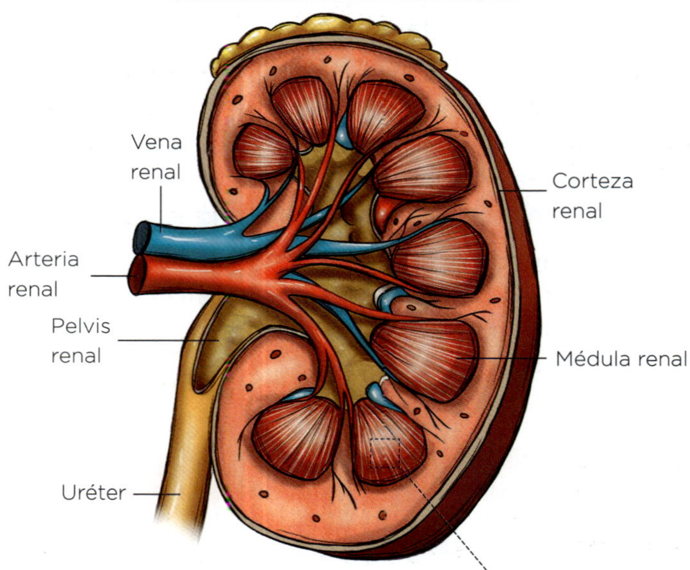

Nefrona

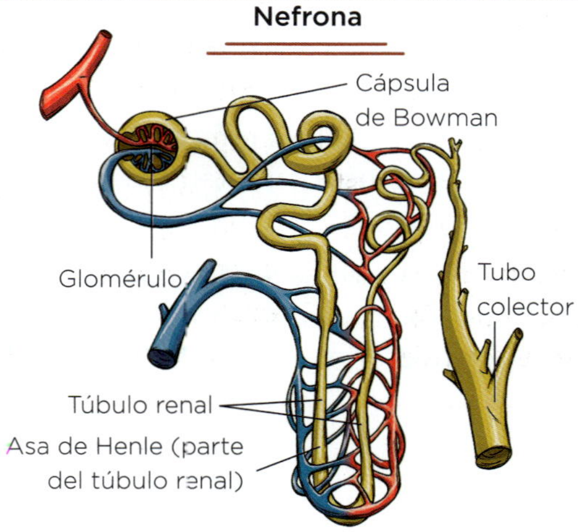

La función del **aparato excretor** consiste en recoger de la sangre y **expulsar** al exterior las **sustancias de desecho,** procedentes de la actividad celular, que pueden resultar tóxicas para las células.

7.1 Anatomía del aparato excretor

El aparato excretor está formado por los **riñones** y las **vías urinarias.**

Los riñones

Son dos órganos con forma de alubia situados en la zona lumbar, a ambos lados de la columna vertebral. Se encargan de filtrar y limpiar la sangre y formar la orina. En un corte longitudinal de un riñón se aprecian las siguientes zonas:

- **La corteza** o zona externa, de color rojizo y aspecto granuloso. Sus principales funciones son la filtración de la sangre y la reabsorción de sustancias recuperables de la orina.
- **La médula,** dividida en sectores con forma de pirámide. Es el lugar donde se forma la orina.
- **La pelvis renal,** cavidad en forma de embudo donde desembocan todas las pirámides y que se encarga de recoger la orina formada.

La nefrona

En cada riñón hay más de un millón de estructuras microscópicas llamadas **nefronas.** Cada nefrona consta de un **glomérulo,** formado por un ovillo de capilares sanguíneos rodeados de la **cápsula de Bowman,** que continúa con un **túbulo renal,** desemboca junto a los de otras nefronas en un **tubo colector** que, finalmente, desemboca en la pelvis renal.

Las vías urinarias

Se encargan de transportar la orina desde el riñón al exterior. Estas vías son los **uréteres,** la **vejiga urinaria** y la **uretra.**

- Los **uréteres** son conductos que parten de la pelvis renal y llevan la orina de forma continua hasta la **vejiga urinaria,** órgano musculoso donde se almacena. Cuando la vejiga está llena, surge la necesidad de orinar, siendo la **uretra** el conducto por donde la orina sale al exterior. La vejiga puede almacenar entre 200 y 300 mL de orina.

7.2 La formación de la orina

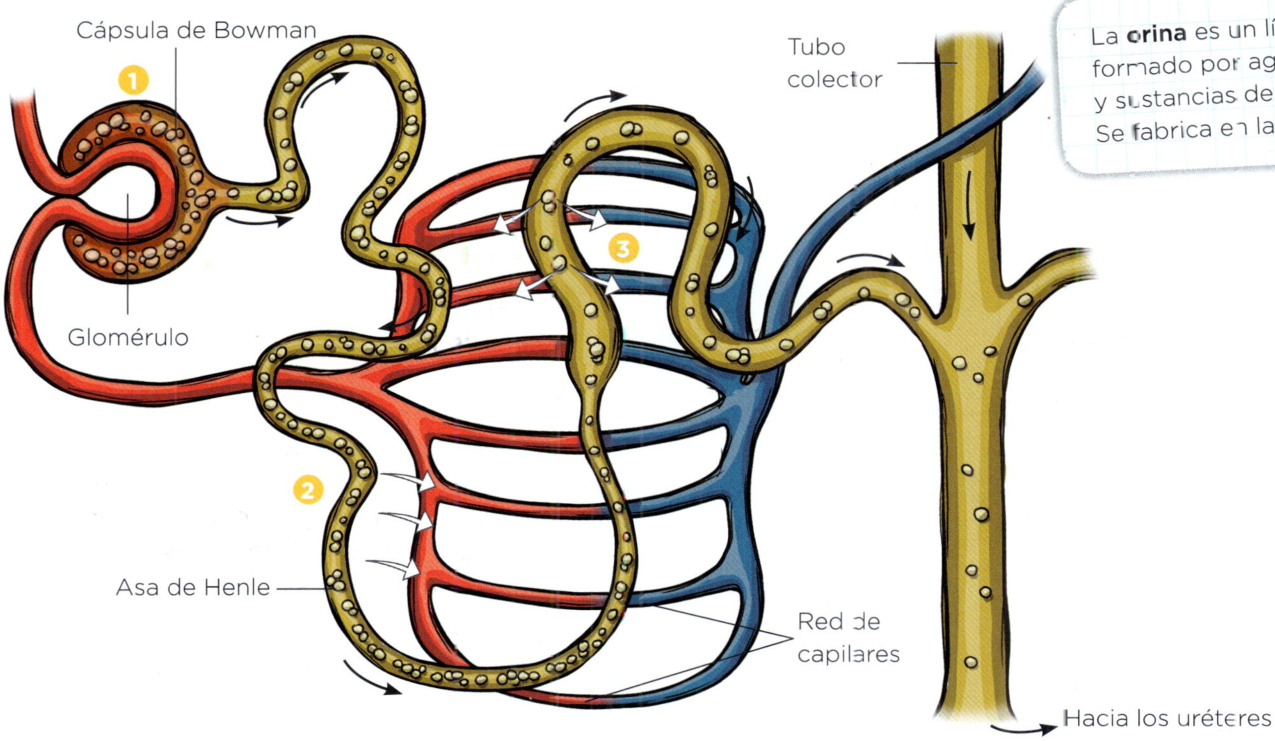

La **orina** es un líquido formado por agua y sustancias de desecho. Se fabrica en las nefronas.

1 **La filtración.** Tiene lugar en el glomérulo donde, a través de las paredes de los capilares, se filtran agua y pequeñas moléculas disueltas, como sales minerales, glucosa, aminoácidos o sustancias tóxicas. El filtrado glomerular es recogido en la cápsula de Bowman y empieza a circular por el túbulo renal.

2 **La reabsorción.** A lo largo del túbulo renal, la mayoría de los componentes del filtrado glomerular son reabsorbidos, pasando nuevamente a la sangre. Se reabsorben el 98 % del agua, toda la glucosa y los aminoácidos y gran parte de las sales minerales.

3 **La secreción.** Tiene lugar en la última parte del túbulo renal. Algunas sales pasan desde los capilares al interior del túbulo, formando la orina, que es vertida al tubo colector.

La orina formada pasa de las nefronas a la pelvis renal y de ahí al uréter, que la conduce hasta la vejiga, donde permanece hasta su expulsión.

7.3 Los órganos excretores

En el proceso de excreción participan otros órganos como:

- **Los pulmones,** que expulsan al exterior el dióxido de carbono producido durante la respiración celular.
- **Las glándulas sudoríparas** que, distribuidas por toda la piel, excretan el sudor a través de los poros. El sudor es un líquido semejante a la orina diluida, que se produce por filtración de la sangre de los capilares cercanos a la glándula. Además de ser un producto de excreción, tiene función termorreguladora, ya que al evaporarse sobre la piel absorbe calor y disminuye la temperatura corporal.
- **El hígado.** Además de intervenir en la digestión y otros procesos metabólicos, actúa como órgano de excreción de algunas sustancias, como los pigmentos biliares que proceden de la degradación de los eritrocitos, o determinados fármacos, que se excretan con la bilis.

Comprende, piensa, investiga...

1 Enumera las partes del aparato excretor.

2 Dibuja un esquema de un riñón y señala en él la corteza, la médula y la pelvis renal.

3 Define *orina* y explica cómo es su proceso de formación.

4 **Piensa y comparte en pareja.** Discute si la idea de que sudar adelgaza tiene sentido biológico o es falsa. Puedes aprender a usar esta estrategia de pensamiento en **anayaeducacion.es.**

Los riesgos del tabaco

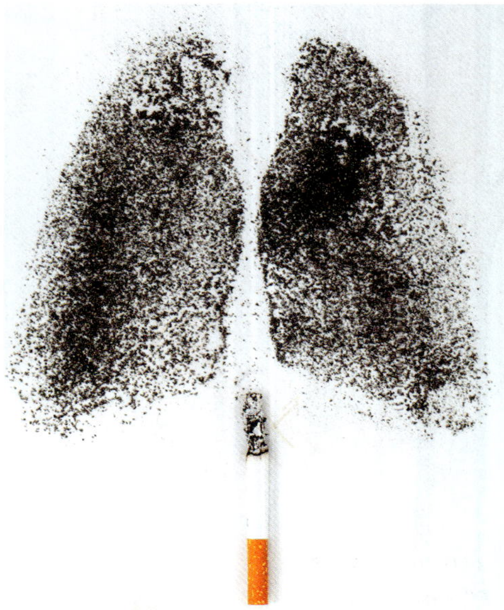

Trabaja con la imagen

Según datos de la Organización Mundial de la Salud, ocho millones de personas al año mueren como consecuencia del tabaco y aproximadamente la mitad de las personas que fuman morirán a causa del tabaquismo.

¿Qué crees que representa esta imagen? Usando esta imagen como inspiración diseñad una campaña de información sobre los riesgos del tabaco para la salud.

8.1 Enfermedades relacionadas con el aparato digestivo

Los órganos que componen el aparato digestivo son muy diversos, por lo que también lo son las enfermedades que se producen en ellos. Algunas de las más comunes son:

- **La caries dental** es un proceso de destrucción de los dientes debido a la actividad de bacterias.
- **La gastroenteritis** es una inflamación de la mucosa gástrica y del intestino delgado, debido a virus, bacterias y otros parásitos.
- **La apendicitis** es la inflamación del apéndice debido a una infección bacteriana.
- **La hepatitis** es la inflamación del hígado debida a una infección vírica o a sustancias tóxicas, como el alcohol o algunos fármacos.
- **La pancreatitis** es la inflamación del páncreas. Puede estar causada por la formación de cálculos biliares o piedras en la vesícula, que bloquean los conductos biliares, o por el alcoholismo.

8.2 Enfermedades relacionadas con el aparato respiratorio

Las vías respiratorias y los pulmones están continuamente expuestos a microorganismos, a contaminantes ambientales, a agentes alergénicos y a cambios de temperatura que, con frecuencia, causan las enfermedades. Algunas de estas enfermedades son:

- El **resfriado** y la **gripe** afectan a las vías respiratorias superiores. Suelen ser leves y de corta duración.
- La **neumonía** afecta a los alvéolos pulmonares, produciendo en ellos una inflamación. Puede llegar a ser muy grave.
- El **asma** es la **obstrucción** de las vías respiratorias, debida al estrechamiento causado por una excesiva contracción de la musculatura de los bronquios. En la mayoría de los casos, es una enfermedad producida por alergias al polen, al polvo, etc. En otros casos, se debe al **tabaco,** a la contaminación o al aire frío.
- La **bronquitis crónica** es la **inflamación** de los bronquios y la **obstrucción** de las vías respiratorias cuando la mucosa está dañada. La mayoría de las bronquitis están causadas por el humo del tabaco.

Comprende, piensa, investiga...

1 Escribe cuáles de las enfermedades respiratorias y digestivas de este apartado pueden ser causadas por virus o bacterias.

2 Actualmente, hay definidos varios tipos de hepatitis; busca cuáles son y cuáles son sus causas.

3 Razona por qué algunas personas con asma o alergias graves tienen que usar mascarillas y gafas protectoras.

anayaeducacion.es Consulta el recurso «Los perjuicios del tabaco» en tu banco de recursos.

8.3 Enfermedades relacionadas con el aparato circulatorio

Estas enfermedades pueden afectar a la sangre o a las vías sanguíneas y al corazón. Estas dos últimas se conocen con el nombre de enfermedades cardiovasculares.

Las enfermedades que afectan a la sangre

Son enfermedades que generalmente tienen su origen en un mal funcionamiento de la médula ósea roja, que es la responsable de la formación de las células sanguíneas. Algunas de estas enfermedades son:

- **La leucemia** se caracteriza por una producción y **acumulación** incontrolada de **leucocitos,** que invaden los tejidos formando tumores. Los leucocitos no son maduros, por lo que no ejercen su función defensiva, y aparecen infecciones.
- **La anemia** se produce por un **déficit** de **glóbulos rojos,** por lo que el transporte de oxígeno por la sangre se ve disminuido. Se asocia con fatiga, palidez o vértigos al realizar movimientos bruscos. Puede deberse a la alteración o destrucción elevada de eritrocitos.
- **La hemofilia** es una enfermedad hereditaria, que se debe al **déficit** de **factores de coagulación,** por lo que se producen hemorragias espontáneas o debidas a pequeños traumatismos.

Las enfermedades cardiovasculares

Algunas de estas enfermedades pueden ser hereditarias, pero la mayoría están relacionadas con hábitos no saludables. Algunas de estas enfermedades son:

- **La trombosis** es el **taponamiento** de un **vaso sanguíneo,** por un coágulo o **trombo.** Puede ser más o menos importante según el vaso sanguíneo afectado.
- La **angina de pecho** se debe a una **insuficiencia** en el suministro de **oxígeno** al **corazón,** generalmente a causa de un trombo. Se manifiesta por un dolor fuerte en el pecho, al realizar un esfuerzo, y suele durar pocos minutos.
- **El infarto de miocardio** se debe a un trombo en las arterias coronarias. El **tejido cardiaco** se queda sin oxígeno y **muere.** Se manifiesta como una angina de pecho pero de varias horas de duración y con dolor en el brazo izquierdo.
- **La arteriosclerosis** se produce por el **depósito** de placas de **colesterol** en las paredes internas de las **arterias.** Esto dificulta la circulación y favorece la formación de coágulos o trombos.

El infarto de miocardio

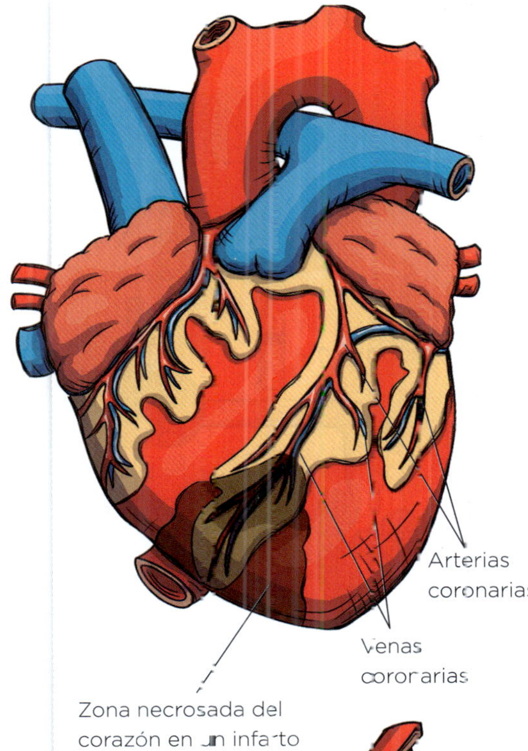

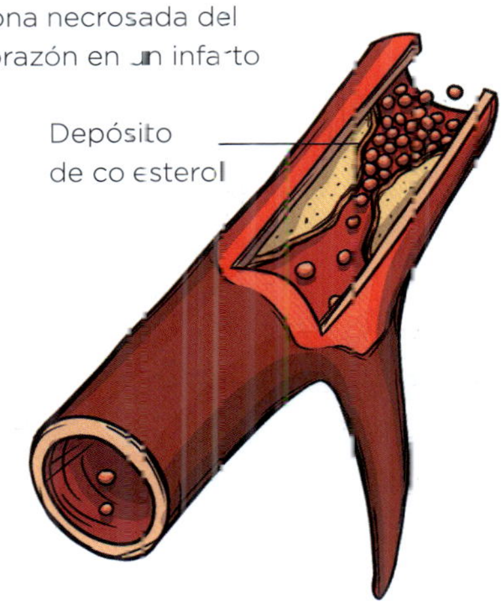

El depósito de colesterol en las paredes internas de las arterias dificulta la circulación sanguínea y facilita la formación de trombos. Si un trombo llega al corazón puede producir un infarto de miocardio.

Comprende, piensa, investiga...

4 **Rueda lógica.** Elige entre la leucemia, la anemia y la hemofilia y usa esta estrategia de pensamiento para explicar cuáles son las posibles causas de estas enfermedades, cómo se desarrollan y sus tratamientos. Aprende a usar esta estrategia de pensamiento en anayaeducacion.es.

La hemodiálisis

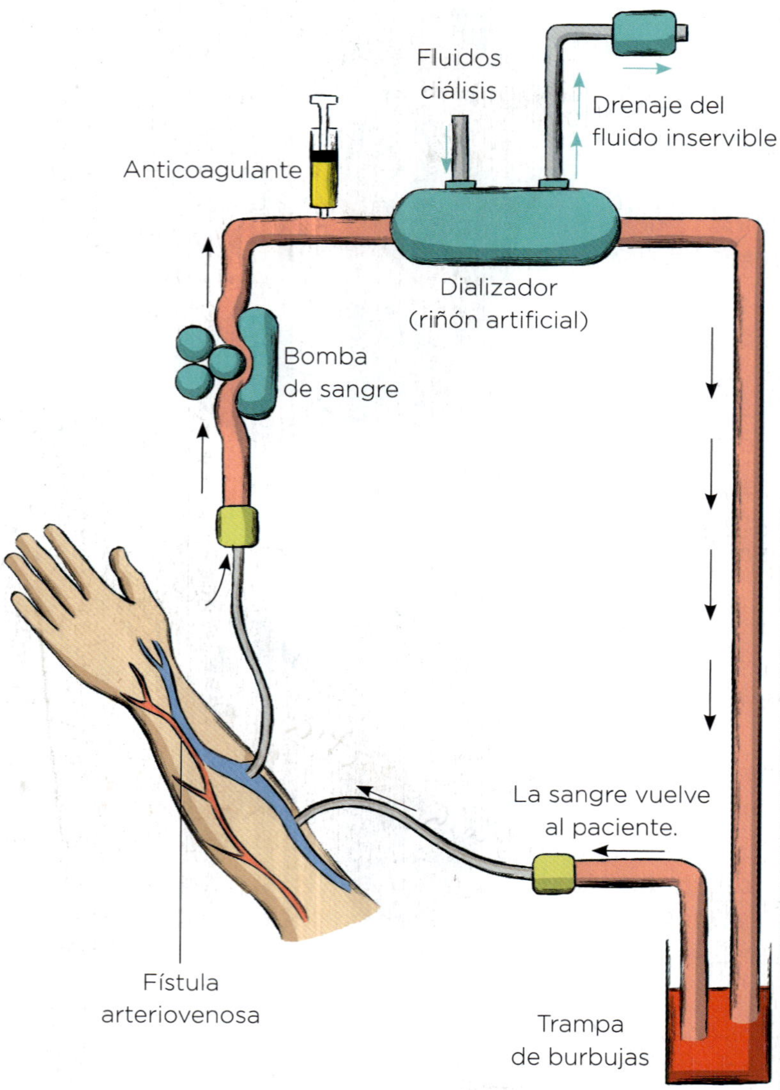

Algunas personas que padecen insuficiencia renal deben someterse a un proceso de hemodiálisis. En este proceso se hace pasar la sangre del paciente a través de un filtro artificial que depura la sangre y normaliza su composición para que pueda volver al organismo.

Para poder realizar la hemodiálisis en pacientes con insuficiencia renal crónica, es necesaria la creación quirúrjica de una fístula arteriovenosa. En este procedimiento se unen una arteria y una vena con el fin de ensanchar el lugar donde se pincharán las agujas de diálisis y favorecer el flujo sanguíneo.

Estos pacientes suelen necesitar tres sesiones de diálisis a la semana cuya duración es de entre tres y cuatro horas por sesión.

8.4 Enfermedades relacionadas con el sistema linfático

Estas enfermedades afectan a los ganglios y a los vasos linfáticos. Su origen es diverso y pueden ser graves. Algunas de estas enfermedades son:

- **Las adenopatías,** en general, son inflamaciones de uno o más ganglios linfáticos y aparecen después de la infección de una zona cercana.
- **La linfagitis** aguda es una inflamación de los vasos linfáticos, producida por bacterias.

8.5 Enfermedades relacionadas con el aparato excretor

Las principales enfermedades ligadas al aparato excretor son:

- **La formación de cálculos renales o piedras** se produce por **precipitación** de algunas **sales** en la orina, generalmente por ingerir una cantidad insuficiente de agua en la dieta. Cuando los cálculos salen por los uréteres, rozan sus paredes y producen un dolor repentino de gran intensidad conocido como cólico nefrítico.
- **La cistitis** es una **inflamación** de las paredes de la **vejiga urinaria,** provocada por una infección bacteriana, un agente químico o una lesión. Suele provocar dolor o escozor al orinar, cuya necesidad es muy frecuente, incluso después de haber vaciado la vejiga.
- **La insuficiencia renal** es una disminución o una interrupción de la función filtradora del riñón, lo que da lugar a un aumento de la cantidad de urea en la sangre. Se produce el envenenamiento sanguíneo, con síntomas de intoxicación, alteraciones nerviosas y cardiovasculares. El enfermo con insuficiencia renal debe ser tratado con hemodiálisis, en una máquina que actúa como un riñón artificial. Cuando la insuficiencia es crónica se procede a un trasplante de riñón.

Comprende, piensa, investiga...

5 Bajo ciertas circunstancias, la vejiga urinaria puede llegar a almacenar tres litros de orina o tan solo poder contener 50 mL, averigua qué alteraciones pueden causar estos efectos.

6 Describe cómo crees que será la vida de una persona con insuficiencia renal crónica. ¿Crees que podrá trabajar o ir de vacaciones normalmente? ¿Cómo se sentirá?

8.6 Hábitos saludables

Muchas de las enfermedades que afectan a los aparatos que intervienen en la nutrición pueden prevenirse siguiendo una serie de hábitos saludables relacionados con el estilo de vida.

Hábitos saludables relacionados con el aparato digestivo

Para proteger y cuidar nuestro aparato digestivo, debemos:

- Llevar una dieta equilibrada y evitar los excesos.
- Moderar el consumo de sal, café, té, chocolate y salsas picantes.
- Evitar el alcohol y el tabaco.
- Comer despacio, masticando bien los alimentos y distribuir la ingesta en cuatro o cinco comidas, preferentemente a las mismas horas.
- Evitar el sedentarismo y el estrés.
- Mantener una buena higiene dental.
- Lavarse las manos para manipular los alimentos y antes de comer.

Hábitos saludables relacionados con el aparato respiratorio

Para proteger y cuidar nuestro aparato respiratorio, se recomienda:

- No fumar. El consumo de tabaco se relaciona con muchas enfermedades, entre ellas el cáncer de pulmón, la primera causa de mortalidad por cáncer en los varones y la tercera en las mujeres.
- Evitar ambientes contaminados.
- Respirar por la nariz y proteger del frío las vías respiratorias.
- Taparse la boca y la nariz durante el estornudo o la tos.

Hábitos saludables relacionados con el aparato circulatorio

Para proteger y cuidar nuestro aparato circulatorio, debemos:

- Realizar ejercicio físico.
- Llevar una dieta sana y equilibrada.
- Evitar ambientes con humo de tabaco.
- Intentar llevar una vida sin estrés.

Hábitos saludables relacionados con el aparato excretor

Para proteger y cuidar nuestro aparato excretor, es necesario:

- Beber abundante líquido, preferiblemente agua, para evitar la concentración de la orina y la formación de cálculos.
- Llevar una dieta equilibrada, sin abusar de alimentos salados.
- Evitar el consumo de alcohol y otras sustancias tóxicas, que son depuradas por el hígado, cuya función excesiva puede dañarlo.
- Mantener la higiene de las vías urinarias.
- Orinar con frecuencia, evitando mantener durante mucho tiempo la vejiga llena.

anayaeducacion.es Consulta el recurso «Los efectos del alcohol» en tu banco de recursos.

Una de las recomendaciones para prevenir enfermedades relacionadas con el aparato digestivo es evitar el sedentarismo.

Una de las recomendaciones para prevenir enfermedades relacionadas con el aparato respiratorio es proteger del frío las vías respiratorias.

Una de las recomendaciones para prevenir enfermedades relacionadas con el aparato excretor es beber al menos un litro y medio de agua al día.

INVESTIGAMOS LOS HÁBITOS SALUDABLES DEL CORAZÓN

RECORDAD QUE...

En este proyecto de ciencias estáis realizando un estudio sobre la salud del corazón y los factores de riesgo cardiovascular.

Interpretad los datos experimentales que habéis obtenido en el paso anterior y extraed las conclusiones de la investigación. Por último, comprobad si apoyan o no vuestras hipótesis de trabajo y comunicad vuestra investigación realizando una presentación.

PASO 3

ANÁLISIS DE LOS DATOS EXPERIMENTALES Y COMUNICACIÓN DE LAS CONCLUSIONES

Tabla 1

IMC	peso
< 18	Insuficiente
18-25	Peso normal
> 25	Sobrepeso

Tabla 3

		Puntuación
Edad	Insuficiente	0
	20-25 años	5
	> 50 años	10
Sexo	Hombre	0
	Mujer	- 5
Fuma	Sí	10
	No	- 5
Ejercicio físico	Sí	- 5
	No	10
Sobrepeso	Sí	10
	No	- 5

Tabla 3

Puntuación	Riesgo de padecer enfermedad cardiovascular
< 5	Muy bajo
5-10	Bajo
10-20	Moderado
> 20	Alto

Análisis de los datos experimentales

Analizad e interpretad los datos experimentales obtenidos durante el desarrollo de la investigación. Construid tablas de datos y gráficas, que os ayudarán a interpretar con mayor facilidad los resultados y a extraer las conclusiones de ellos.

Determinad si las personas sobre las que habéis realizado el estudio se encuentran o no en una situación de sobrepeso, comparando el IMC calculado con los valores de la tabla 1.

Utilizad los baremos de la tabla 2 para obtener una puntuación para cada uno de los casos estudiados, teniendo en cuenta sus características fisiológicas y sus estilos de vida. A través de esta puntuación estableceremos cuál es el riesgo cardiovascular de cada persona, que catalogaremos como muy bajo, bajo, moderado y alto (tabla 3).

Poned en común los datos experimentales y las conclusiones obtenidas por cada grupo, comparando los resultados obtenidos por cada uno de ellos.

Conclusiones de la investigación y comprobación de la hipótesis

Extraed las conclusiones de la investigación:

- Estableced qué personas son las que presentan mayor riesgo de padecer una enfermedad cardiovascular.
- A partir de las características fisiológicas y el estilo de vida de estas personas, determinad cuáles son los principales factores de riesgo.
- Realizad una pequeña estadística sobre los casos estudiados. Para ello podéis calcular los porcentajes de cada uno de los grupos en los que habéis clasificado el riesgo (muy bajo, bajo, moderado y alto).
- Comprobad si las conclusiones que habéis obtenido en vuestra investigación corroboran las hipótesis que habíais propuesto.

Comunicación de los resultados

Elaborad una presentación para exponer y explicar el trabajo de investigación que habéis realizado a vuestros compañeros y compañeras de clase. Podéis seguir los pasos siguientes para elaborar vuestra presentación.

Investigamos los hábitos saludables del corazón

Objetivos

✔ Estudiar el riesgo cardiovascular de un grupo de personas con diferentes características fisiológicas y estilos de vida.

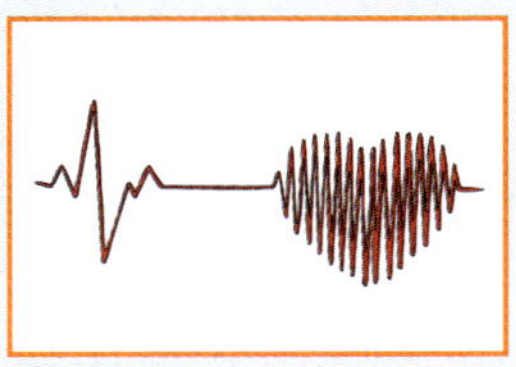

✔ Identificar los principales factores de riesgo cardiovascular.

Investigamos los hábitos saludables del corazón

Resultados

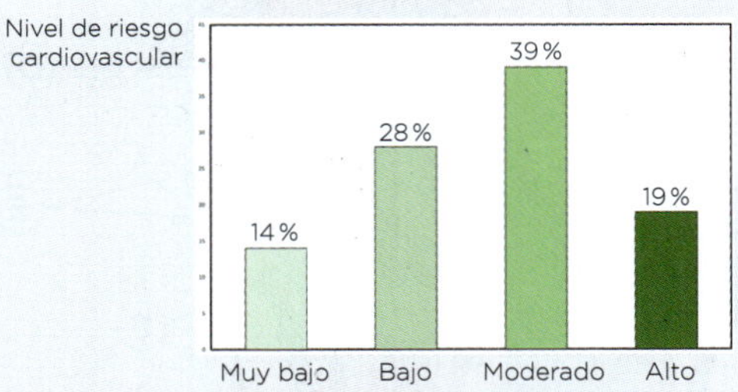

Investigamos los hábitos saludables del corazón

Conclusiones

✔ El riesgo cardiovascular aumenta con la edad.

✔ La obesidad es uno de los principales factores de riesgo.

✔ Los hábitos de alimentación saludables previenen las enfermedades cardiovasculares.

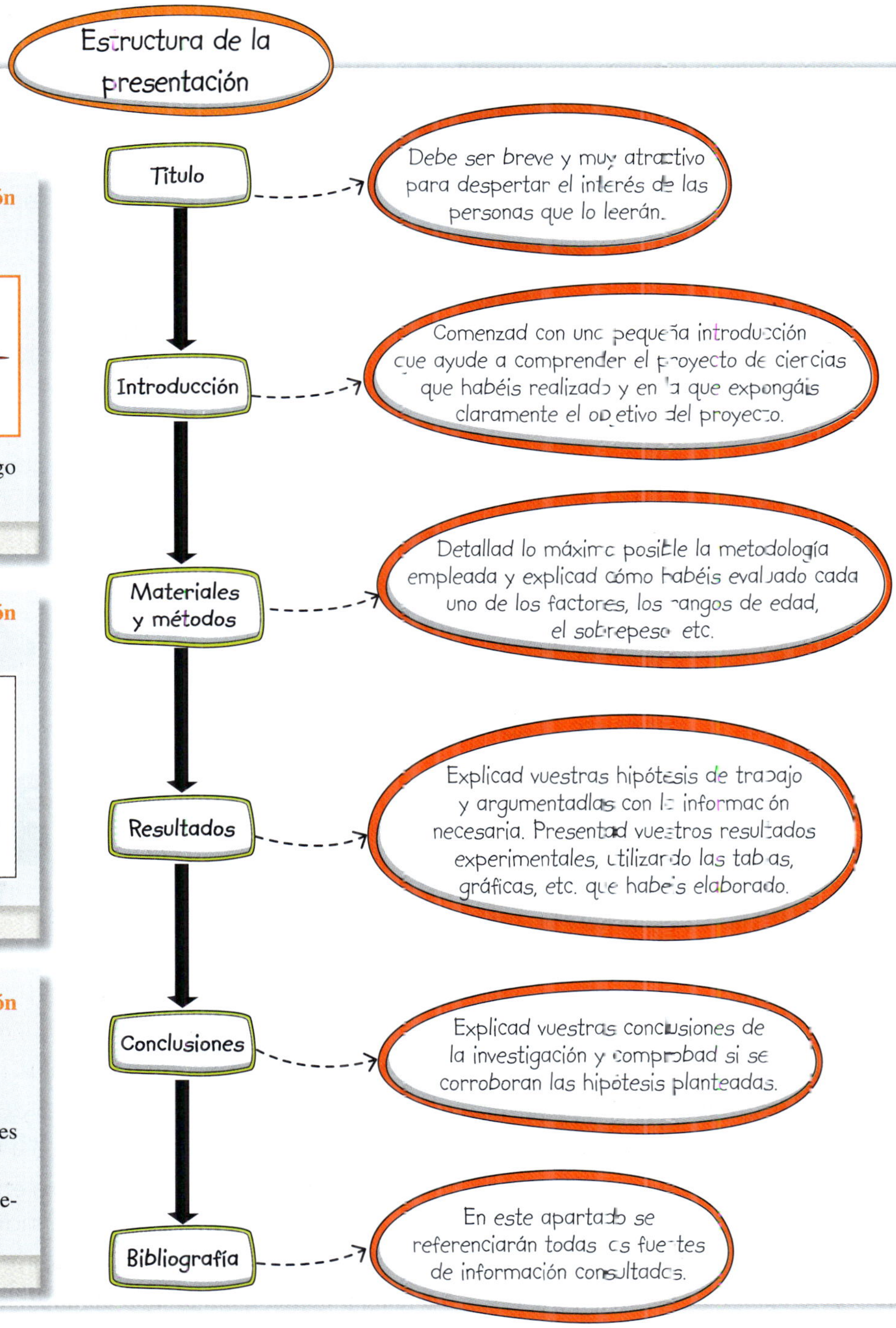

Recuerda seleccionar el material de trabajo de esta unidad para tu **portfolio.**

TRABAJA CON LO APRENDIDO

Organiza las ideas

1 **Diagrama de Venn.** Completa en tu cuaderno los espacios vacíos del siguiente diagrama de Venn sobre los hábitos saludables para los aparatos digestivo, respiratorio y circulatorio. Puedes aprender a hacerlos con el recurso disponible en **anayaeducacion.es**.

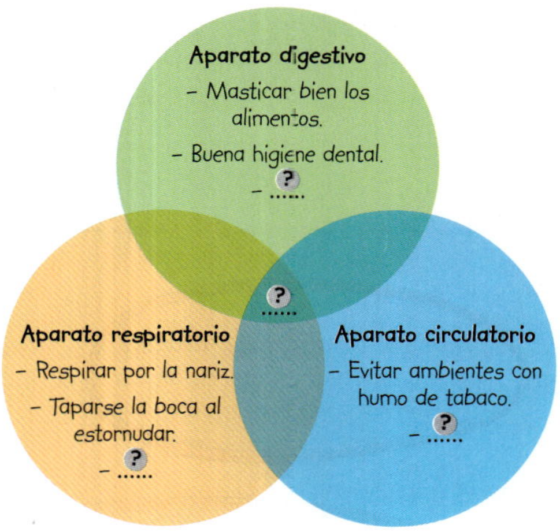

Haz un resumen

2 Elabora tu propio resumen de la unidad siguiendo este guion:

- Nombra los aparatos implicados en la función de nutrición e indica de qué se encarga cada uno.
- Describe la anatomía del tubo digestivo y nombra las glándulas que vierten a él su jugo.
- Explica en qué consiste la digestión, y diferencia entre la digestión química y la mecánica.
- Explica en qué consiste la absorción y la defecación.
- Describe la anatomía del aparato respiratorio.
- Explica cómo y dónde se produce el intercambio de gases.
- Indica los componentes y las funciones de la sangre.
- Describe la anatomía del corazón y explica el ciclo cardiaco.
- Nombra los tipos de vasos sanguíneos y cómo se lleva a cabo la circulación mayor y menor.
- Explica qué es y cómo funciona el sistema linfático.
- Describe la anatomía del aparato excretor y explica dónde y cómo se forma la orina.
- Comenta las principales enfermedades relacionadas con los aparatos y sistemas de la función de nutrición.

Interpreta imágenes

3 Observa y contesta:

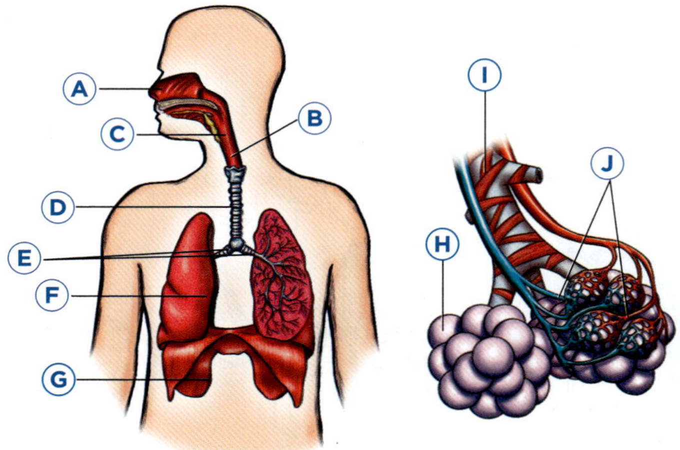

a) ¿Qué aparato del cuerpo humano se representa en la imagen?

b) Indica cada una de las partes señaladas y explica brevemente su función.

c) ¿Son todos los órganos que aparecen en las imágenes del mismo aparato o sistema? Justifica tu respuesta.

4 Copia y completa en tu cuaderno el siguiente esquema del corazón humano. Después, contesta a las preguntas.

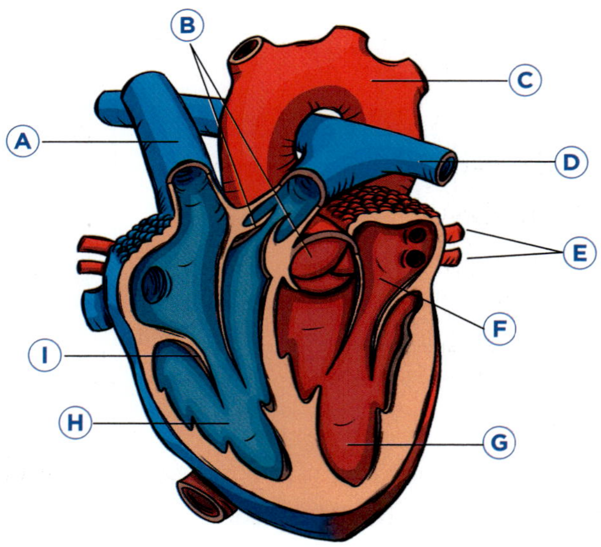

a) Anota qué tejido constituye fundamentalmente este órgano y cuáles son sus características.

b) Señala en el dibujo por dónde entra y sale la sangre e indica cada una de las partes señaladas.

c) ¿Por qué se representa en azul una parte del corazón y la otra en rojo?

anayaeducacion.es Consulta en el banco de recursos el taller de ciencias «Cómo actúa la bilis».

Recuerda que dispones, en tu banco de recursos:

- de diversos talleres para gestionar tus emociones y de una diana para evaluarlas.
- de fichas para mejorar tu ciudadanía digital.

Aplica

5 Explica por qué es importante la microbiota intestinal.

6 Establece las diferencias entre:

a) Ingestión y digestión.

b) Inspiración y espiración.

c) Sístole y diástole.

d) Linfa y sangre.

e) Riñón y nefrona.

7 ¿Por qué es necesario que los alvéolos pulmonares estén húmedos? ¿Sale vapor de agua por tu boca al exhalar aire?

8 Establece las diferencias entre arterias, venas y capilares sanguíneos.

9 Describe el recorrido de una molécula de oxígeno desde que entra por las fosas nasales hasta que llega al corazón.

10 Describe ahora el recorrido de esa misma molécula de oxígeno hasta que llega a un riñón.

11 Explica los procesos que ocurren en una nefrona para formar la orina.

12 Copia las siguientes oraciones y asócialas al aparato y órgano al que hacen referencia:

a) En él se absorben los nutrientes, llegando de esta forma a la sangre.

b) Bombea la sangre.

c) Se ve afectado por una pulmonía.

d) Depura la sangre filtrándola.

e) Una de las enfermedades relacionadas con este órgano es la apendicitis.

f) En ella se almacena una sustancia que contribuye a la digestión emulsionando las grasas.

13 Escribe al menos tres hábitos saludables para evitar un infarto de miocardio y otros tres para prevenir el cáncer de pulmón.

14 Explica por qué es importante:

a) Lavarse las manos antes de manipular los alimentos.

b) Comer despacio masticando bien los alimentos.

c) Ingerir una buena cantidad de agua a lo largo del día.

anayaeducacion.es Consulta los apartados «Conceptos ficha2» y «Aprende jugando» en el banco de recursos.

Avanza

15 El pan está elaborado con harina (glúcidos complejos y proteínas), aceite y agua. Describe el recorrido de un trozo de pan desde la boca hasta que es totalmente digerido y sus nutrientes son absorbidos. Indica qué ocurre en cada sección del tubo digestivo.

16 Analiza la tabla sobre la composición de la sangre y la orina, contestando a las siguientes preguntas:

	Orina %	Plasma sanguíneo %
Agua	95	90
Urea	2	0,03
Ácido úrico	0,05	0,004
Glucosa	0	0,1
Proteínas	0	8
Sales	1,5	0,72
Otras sustancias	1,45	1,15

a) ¿Qué sustancias se encuentran en mayor proporción en el plasma sanguíneo que en la orina y al revés?

b) ¿A qué se deben estas diferencias?

c) Investiga sobre alguna enfermedad que provoque la aparición de glucosa en la orina.

Objetivos de Desarrollo Sostenible ODS

17 El objetivo 12 del desarrollo sostenible «Producción y consumo responsables» establece como la **meta 12.3** reducir a la mitad el desperdicio de alimentos en el mercado minorista y el de los propios consumidores, y reducir las pérdidas de alimentos en las grandes cadenas de producción y de suministro. Cada año se desperdician, a nivel mundial, 1300 millones de toneladas de alimentos, mientras cientos de millones de personas no tienen suficientes o están desnutridas. Investiga sobre esta meta en **anayaeducación.es**.

a) Razona cómo la comida que se desperdicia en casa puede afectar a personas que viven a miles de kilómetros de nosotros.

b) En grupos, elaborad un informe sobre esta problemática a nivel mundial. Proponed medidas que podéis tomar en vuestra vida diaria para contribuir al alcance de este objetivo.

Suma Piezas es un proyecto educativo de Anaya para Educación Secundaria.

En la realización de esta obra han intervenido:

EQUIPO DE EDICIÓN: Departamento de Ciencias Naturales (Almudena Alcón, Esther Fernández, Mª Isabel García, Marco Sánchez, Mercedes Sacristán y Jorge Torres).

DISEÑO, GRÁFICOS Y CARTOGRAFÍA: Patricia G. Serrano, Juan Carlos Quignon, Miguel Á. Castillejo, Miguel Á. Díaz-Rullo y Miriam Arribas.

ILUSTRACIÓN: Sara Mateos, Celia López Bacete, Alicia Posada, Mª Carmen Fuente, David Menéndez, Santi Martín y Carlos Moreno.

MAQUETACIÓN: Mª Nieves Merino.

CORRECCIÓN: Sergio Borbolla.

EDICIÓN GRÁFICA: Olga Sayans.

FOTOGRAFÍA: Age Fotostock (ARCO/Muehlmann, K., BILDAGENTUR-ONLINE/MCPHOTO-SCHULZ, DENNIS KUNKEL MICROSCOPY, Jennifer Waters, Jens Meyer, Leung Cho Pan, Mary Evans Picture Library, Science Photo Library, ViewStock, Wellcome Images), Alamy/Cordon Press (Daria Artemenko, Juan Vilata, Moviestore Collection Ltd), Archivo Anaya (Alcón, A. y Santos, V.E.; CSIC/Abrisqueta, J.; Candel, C.; Canto, M.; CNB/Ruiz Castón, J.; Cosano, P.; CSIC/Abrisqueta, J.; Dpto. Histología y Anatomía Universidad de Navarra; Grajera, R. & Muñiz, E.; Gómez-Miguel, V.; Martín, J. A.; Martínez, C.; Moreno, C.; Muñoz, J.C.; Ortega, Á.; Padura, S.; Quintas, D.; Rico, J.J.; Rivera Jove, V.; Ruiz Pastor, L.; Ruiz, J.B.; Sánchez, J.; Steel, M.; Velasco, P. - Fototeca de España; Villaboy, N.), Cordon Press (Everett), Dreamstime (Baibaz), GettyImages (Don Mason, Hero Images, Hugh Whitaker, Jason Edwards, Micro Discovery, Miguel Sotomayor, Milos Bicanski, Seksak Kerdkanno / EyeEm, simonkr, Slonov), iStock/Gettyimages (ajt, Akchamczuk, alekseystemmer, AlexRaths, AlinaMD, alisa24, AntonioGuillem, arachi07, areeya_ann, avstraliavasin, BanyanRanchStudios, brianeasley, Cloudtail_the_Snow_Leopard, Cylonphoto, daniilphotos, dankadanka, dmbaker, Dr_Microbe, EcoPic, ElenaSeychelles, Elenathewise, Elizabeth M. Ruggiero, empire331, FotoDuets, Fotonen, GlobalP, Gyuszko, Harry Collins, hartmanc10, Helmut Feil, jez_bennett, Jillian Cooper, kappaphoto, karlumbriaco, ktsimage, lakshmiprasad S., lekcej, Lenorlux, Marcin Wojciechowski, mel-nik, Michelle de Villiers, mihtiander, MikeLane45, miroslav_1, MMilda, okugawa, Olezzo, PLG, pum_eva, ricul, RomoloTavani, seb_ra, stevelenzphoto, Tinieder, tonda, Tramper2, Usercce650b4_975, VictorTyakht, zokru), Nature Picture Library/CordonPress (Andy Rouse, Chris & Monique Fallows, David Shale, Tony Wu), 123rf (ahasoft2000, alexmit, archnoi1, jovannig, Katarzyna Białasiewicz, Manit Larpluechai, natika, Paras Soni, Przemyslaw Koch, rido, Teodoro Ortiz Tarrascusa, Thomas Photiou, Vadym Zaitsev, vilainecrevette, Wavebreak Media Ltd, Yakov Oskanov, yurakp).

Fundación Bertelsmann *Por el empleo juvenil*

ORIENTACIÓN ACADÉMICA Y PROFESIONAL: elaborada con el asesoramiento de la Fundación Bertelsmann. Coordinación: Juan José Juárez Calvo. Colaboración como expertas: Sara Lozano Santiago, Belén Pérez Castro y Pilar Vázquez Hernández.

Agradecimiento especial a Ana Codeseda por la realización de las biografías de las científicas de este libro.

COMPROMISO ODS

Nuestras publicaciones mantienen el rigor en el uso y en la selección de los contenidos, en las imágenes y en el lenguaje, para cumplir con la **no discriminación** por razón de género, cultura u opinión.

Grupo Anaya considera la **responsabilidad social** y **medioambiental** uno de sus valores fundamentales. Por ello, se compromete a:

- mejorar nuestros resultados en materia de medio ambiente,
- reducir nuestras emisiones de carbono,
- hacer uso de los recursos naturales de manera responsable y
- eliminar cualquier impacto negativo de nuestra actividad en los bosques en peligro.

Dichos compromisos, entre otros, hacen que **el 100 % del papel utilizado** en nuestros libros tenga el sello **PEFC.**

Importante:

Las **actividades** propuestas en este libro deben ser realizadas en cuadernos u hojas sueltas; nunca en el propio libro.

Los **enlaces** a las páginas web que aparecen en este libro han sido revisados en la fecha de su impresión. La editorial no se hace responsable de las modificaciones o las anulaciones que se produzcan en ellos con posterioridad a dicha fecha.

ISBN: 978-84-698-6151-6 - Depósito Legal: M-5404-2020 - Printed in Spain.

ET035267/1E1I - 8440678

…e Doppelseiten, in denen neue Bildungsplan-…halte eingeführt werden, haben diesen Aufbau

…er nach welchen Gesetzmä-

…ein bestimmtes und eindeuti-…ten werden, damit die …Einsatzort eignet sich ein

…nk- oder Telefonverbindung
…iner bestimmten Person

…dafür, Blinden zu helfen, der …n, wenn keine Funk- oder

…tzmöglichkeiten, bei denen …s.

…et. Flaggen werden von …eigen. Diese werden dann …chaften auch aus großer …übermittelt werden. Damit …den. Nachfolgend sind

…h lade, lösche …der befördere …fährliche Güter.

Halten Sie sich von mir frei; ich bin beim Gespann fischen

…t, ist ein sogenannter …? können alle Großbuchsta-…*, ~) abgebildet werden. …m Beispiel bei Etiketten, …

Jedem Zeichen des Alphabets wird ein Barcode aus fünf Strichen und vier Zwischenräumen zugeordnet. Es gibt zwei verschiedene Balken- und Lückenbreiten. Die verschiedenen Codes werden einfach hintereinander angeordnet. Mit einem Barcodeleser lässt sich die codierte Nachricht wieder in die ursprünglichen Buchstaben übersetzen. Stimmen die Abstände der Balken oder die Lückenbreiten nicht, kann der Code nicht mehr richtig gelesen werden.

Beispiel: I N F O R M A T I K

Beispiel eines Mitarbeiterausweises mit Strichcode

MERKE

Ein **Code** ist eine **genaue Vorschrift**, die jedem Abbild ein bestimmtes und eindeutiges Zeichen zuordnet. Diese Vorschrift muss beim **Codieren** und **Decodieren** einer Nachricht eingehalten werden, um eine Nachricht fehlerfrei zu übermitteln.

AUFGABEN

1 Codes
a) Erkläre den Begriff „Code".
b) Was musst du beachten, damit eine codierte Nachricht fehlerfrei beim Empfänger ankommt? Beschreibe.

2 Flaggensignale
a) Recherchiere im Internet nach weiteren Flaggensymbolen in der Schifffahrt.
b) Auch im Rennsport gibt es Flaggensymbole. Finde heraus, welche Flaggen dort verwendet werden und was sie bedeuten.

3 Barcode des Namens
Erstelle mit Hilfe eines CODE 39-Generators einen Strichcode mit deinem Namen. Drucke den Code aus und lies den Code mit einer Barcode-App aus.

4 Bewertung des Morsecodes
a) Elisa meint: „Der Morsecode ist das beste Kommunikationsmittel, da man sogar bei Stromausfall über die Ferne kommunizieren kann."
Stimmst du Elisa zu? Beschreibe, welche Vor- und Nachteile die Kommunikation durch Morsen mit sich bringt. Du kannst dazu die hinterlegte Tabelle verwenden.
b) Notiere Ideen, wie man die Nachteile umgehen könnte.
c) Entwickle ein eigenes Verfahren, mit welchem du dich ohne Worte mit der Person neben dir austauschen kannst und probiert das Verfahren anschließend zu zweit aus.

38141-06
Tabelle zu Aufgabe 4

5 Codierungen und deren Einsatz
a) Nenne Beispiele für den Einsatz verschiedener Codierungen.
b) Erkläre den Nutzen folgender Codierungen: Blindenschrift, Morsecode, Code 39, Flaggensymbole.

Merke
Das Wichtigste in Kürze

Übungsaufgaben
- Leichte und anspruchsvolle Aufgaben zu den Inhalten dieser Doppelseite
- Symbole kennzeichnen Computer-, Partner- und Gruppenarbeiten.
- (Teil-)aufgaben mit einem QR-Code daneben können interaktiv bearbeitet werden oder es stehen weitere Materialien online zur Verfügung.

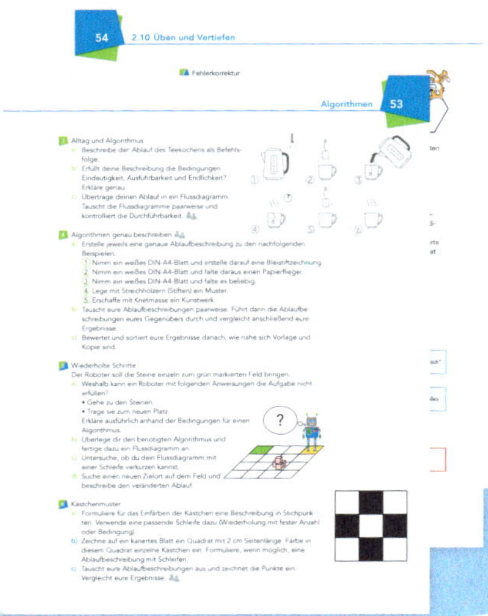

Checkerseite
- Spannendes und Kniffliges, das über das bisher Gelernte hinausgeht.
- Herausforderungen für angehende Informatiker

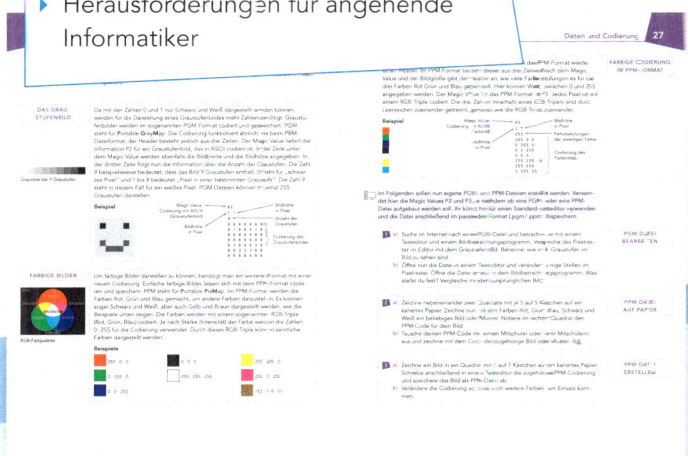

7

Aufbaukurs Informatik

Bearbeitet von
Erich Beer
Stefan Köhnlein
Michael Regner
Daniel Truppel

C.C.Buchner

Aufbaukurs 7

Informatik
Differenzierende Ausgabe Baden-Württemberg

Bearbeitet von Erich Beer, Stefan Köhnlein, Michael Regner und Daniel Truppel

Zu diesem Lehrwerk sind erhältlich:
Digitales Lehrermaterial click & teach Einzellizenz, Bestell-Nr. 381421
Digitales Lehrermaterial click & teach Box (Karte mit Freischaltcode), ISBN 978-3-661-38142-8
Weitere Materialien finden Sie unter www.ccbuchner.de.

Dieser Titel ist auch als digitale Ausgabe click & study unter www.ccbuchner.de erhältlich.

1. Auflage, 1. Druck 2022
Alle Drucke dieser Auflage sind, weil untereinander unverändert, nebeneinander benutzbar.

Dieses Werk folgt der reformierten Rechtschreibung und Zeichensetzung. Ausnahmen bilden Texte, bei denen künstlerische, philologische oder lizenzrechtliche Gründe einer Änderung entgegenstehen.

Redaktion: Manuel Salfer und Jonas Michel
Layout und Satz: Artbox Grafik und Satz GmbH, Bremen
Umschlag: Wildner + Designer GmbH, Fürth
Druck und Bindung: Firmengruppe Appl, aprinta Druck, Wemding

www.ccbuchner.de

ISBN 978-3-661-**38141**-1

Liebe Schülerinnen und Schüler,

das Unterrichtsfach Informatik erwartet euch ab diesem Schuljahr. In den letzten Jahren wurde das Fach Informatik an vielen Schulen noch ohne ein Schulbuch unterrichtet, was unser Team zum Anlass genommen hat, ein brandneues Buch für euch zu schreiben.

Das Autorenteam hat viel darüber gesprochen, wie euer digitaler Alltag bereits heute aussieht, mit welchen Themen ihr euch beschäftigt und wie wir dies mit dem vorgegebenen Bildungsplan unter einen Hut bringen können. Gerade bei dem Thema Informatik mussten wir uns oft eingestehen, dass ihr uns bei manchen Themen sogar voraus seid - schließlich seid ihr in eurem Leben gewissermaßen von Beginn an digital aufgewachsen. Nach langer Arbeit sind wir davon überzeugt, dass ein gutes Schulbuch für euch entstanden ist. Außerdem haben wir umfangreiches digitales Material für euch hinterlegt, damit ihr gleich loslegen könnt.

Das Autorenteam wünscht viel Freude und Erfolg im Fach Informatik und bei der Arbeit mit diesem Buch. Wir freuen uns, wenn ihr auch über den Schulalltag hinaus spannende Berufsfelder der Informatik entdeckt.

Inhaltsverzeichnis

Rechner und Netze
3

Informationsgesellschaft und Datensicherheit
4

Anhang

So unterschiedliche Computer es gibt, so verschieden sind ihre Tastaturen.
Aber einige wichtige Tasten haben sie dennoch alle gemeinsam:

> Scanne den QR-Code oder gib die Nummer auf www.ccbuchner.de in die Suche ein.
>
> *38141-01*
> *die Tastatur*

Escape-Taste zum Beenden eines Befehls

Feststelltaste zum dauerhaften Großschreiben

Umschalttaste (auch Shift genannt) zum Schreiben von Großbuchstaben

Funktionstasten (siehe Information am Seitenende)

Rücklöschtaste (auch Backspacetaste genannt) löscht letzte Zeichen oder Markiertes

Return-Taste (auch Enter- oder Eingabetaste genannt) zum Bestätigen eines Befehls

Steuerungstaste aktiviert gemeinsam mit einer anderen Taste eine Zusatzfunktion

Alternate-Taste aktiviert gemeinsam mit einer anderen Taste eine Zusatzfunktion

Umschalttaste (auch Shift genannt) zum Schreiben von Großbuchstaben

Entfernentaste löscht einzelne Zeichen rechts des Cursors oder Markiertes

Zusatzinformation: Die **Funktionstasten** (F-Tasten) sind sehr nützlich und erfüllen häufig mehrere Funktionen, wenn sie gemeinsam mit Zusatztasten, wie der **Strg-** oder **Alt-Taste** gedrückt werden. Welche Funktion sich hinter welcher F-Taste verbirgt, ist allerdings nicht bei jeder Tastatur gleich.

Auch bei Computermäusen gibt es die unterschiedlichsten Modelle.
Folgende Funktionen haben aber fast alle Mäuse gemeinsam.

38141-02
die Maus

Kabel oder kein Kabel?
Es gibt Mäuse, die über ein Kabel und einen USB-Anschluss mit dem Computer verbunden sind. Heutzutage sind viele Mäuse kabellos (z. B. über Bluetooth) mit dem Rechner verbunden.

Linke Maustaste zum Ausführen eines „normalen Klicks“.
Beispiele: Auswahl eines Icons auf dem Desktop, Platzierung des Cursors in einem Textverarbeitungsprogramm oder auf einen Link klicken.

Linke Maustaste zweimal schnell hintereinander zum Ausführen eines „Doppelklicks“.
Beispiele: Starten eines Programms auf dem Desktop oder Öffnen einer Datei im Dateimanager.

Bewegen der Maus auf dem Schreibtisch zum Bewegen des Cursors über den Bildschirm. Bewegt man die Maus auf dem Tisch nach vorne, hinten, links oder rechts, so bewegt sich dadurch der Cursor nach oben, unten, links oder rechts auf dem Bildschirm.

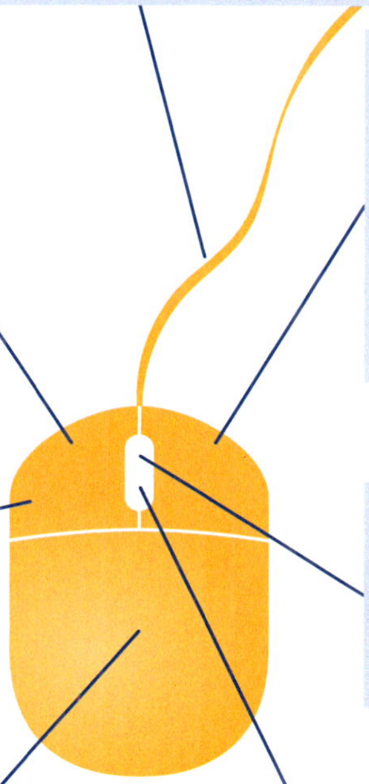

Rechte Maustaste zum Ausführen eines „Rechtsklicks“.
Öffnet das sogenannte Kontextmenü – eine Auswahlliste erscheint. Diese sieht, je nachdem an welcher Stelle man klickt, unterschiedlich aus. Per Linksklick kann man aus diesem Kontextmenü auswählen.

Mausrad drehen zum „Scrollen“.
Dreht man das Rad hinauf, so wird nach oben gescrollt. Entsprechend nach unten durch Drehung in die andere Richtung.

Mausrad klicken zum Ausführen eines „Mittelklicks“.
Danach kann man nach oben und unten, teilweise auch nach links und rechts scrollen, indem man die Maus in die jeweilige Richtung bewegt.

Zusätzliche Tasten (meist an der Seite der Maus) haben oft unterschiedliche Funktionen, die sogar selbst in den Einstellungen gewählt werden können. Nützlich Funktionen sind z. B. „vor“ und „zurück“ im Browser.

Auf der hinterlegten Webseite kannst du den Umgang mit der Maus trainieren.

38141-03
Maustrainer

Das EVA-Prinzip im Alltag

Der Hund Oskar „arbeitet" nach dem EVA-Prinzip:

Eingabe: Oskar erhält die **Anweisung** „Sitz".

Verarbeitung: Oskar denkt kurz über die Anweisung nach.

Ausgabe: Oskar führt die Anweisung aus, er setzt sich.

Diese Dreiteilung findet man in vielen Bereichen wieder.

Eingabe *(engl.: input)*

Verarbeitung *(engl.: process)*

Ausgabe *(engl.: output)*

Anweisung: Kommando, Befehl

Auch der Computer arbeitet nach dem EVA-Prinzip

So verschieden Notebook, Netbook, Tablet-PC, Desktop-Computer, Wearable oder Smartphone äußerlich erscheinen, sind sie doch alle nach demselben Grundprinzip zur **elektronischen Datenverarbeitung** aufgebaut: dem **EVA-Prinzip**.

EDV: Elektronische Datenverarbeitung

Die einzelnen Schritte der elektronischen Datenverarbeitung

Eingabe

Durch **Eingabegeräte** können Anweisungen, Daten oder Informationen von außen in den Computer gelangen.

- Beispiele: Computermaus (Befehlsbutton anklicken), Tastatur (Text eingeben)

„Durch Eingabegeräte kann ich Anweisungen in den Computer eingeben."

Verarbeitung

Der Computer rechnet mit Daten, deshalb kann man auch **Rechner** zu ihm sagen. Der Rechenvorgang wird als **Verarbeitung** bezeichnet. Die Verarbeitung findet in der **Zentraleinheit** im Inneren des Rechners statt. Diese enthält die wichtigsten Bestandteile eines Computers: **Prozessor** und **Arbeitsspeicher**.

to compute (engl.): berechnen

Ein Prozessor
(CPU = central processing unit)

Ein Arbeitsspeicher
(RAM = random access memory)

Da der Prozessor ununterbrochen rechnet, heizt er sich sehr auf. Ein Lüfter verhindert, dass der Prozessor Schaden nimmt.

Ausgabe

Ausgabegeräte machen sichtbar, wie der Computer eingegebene Anweisungen oder Informationen verarbeitet.

- Beispiel: Monitor (zeigt den Mauszeiger an)

Ein- und Ausgabegeräte fasst man unter dem Begriff **Peripheriegeräte** zusammen.

Peripheriegerät: an die Zentraleinheit angeschlossenes Gerät

MERKE

Das **EVA-Prinzip** ist das Grundprinzip der elektronischen Datenverarbeitung. Es setzt sich aus **Eingabe**, **Verarbeitung** und **Ausgabe** zusammen. Um Anweisungen einzugeben, zu verarbeiten und sichtbar zu machen, benötigt man **Eingabegeräte**, **Zentraleinheit** und **Ausgabegeräte**.

AUFGABEN

1 Abläufe aus dem Alltag beschreiben
a) Erkläre am Beispiel eines Toasters das EVA-Prinzip.
b) Finde weitere Beispiele aus deinem Alltag, die ebenfalls nach dem EVA-Prinzip ablaufen. Beschreibe jeweils die einzelnen Schritte.

2 EDV und EVA – Zusammenhänge erkennen
Erkläre den abgebildeten Ablauf.

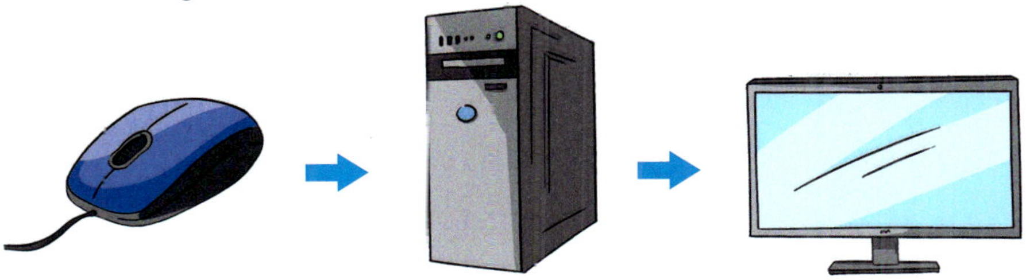

3 Peripheriegeräte zuordnen
Ordne folgende Peripheriegeräte nach Ein- und Ausgabegeräten. Du kannst diese Aufgabe auch interaktiv bearbeiten. Öffne dazu die hinterlegte Datei.

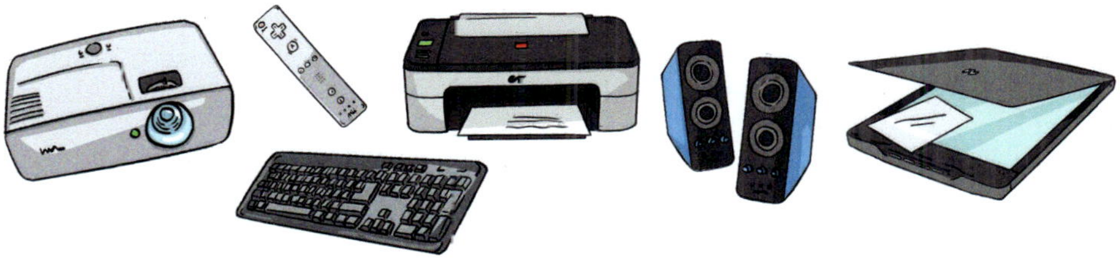

38141-04 interaktive Datei zu Aufgabe 3

4 Die Tabelle enthält Geräte und mögliche Anweisungen, die durch Geräte ein- oder ausgegeben werden können. Leider ist die Tabelle noch nicht vollständig.

Gerät	Touchpad	3D-Brille ...	...	Touchpen
Funktion	...	... Spracheingabe	Ausgabe von 3D-Objekten	...

a) Ergänze jeweils ein mögliches Gerät bzw. eine mögliche Anweisung. Du kannst dazu die hinterlegte Tabelle nutzen.
b) Ordne die Geräte nach Ein- und Ausgabegeräten.

38141-05 interaktive Datei zu Aufgabe 4

Damit alle Schülerinnen und Schüler deiner Schule einen funktionsfähigen Computerraum zur Verfügung haben und das Lernen und Arbeiten darin Spaß machen kann, ist es wichtig, dass sich alle Nutzer an einige grundlegende Regeln halten.

Betrachte die Bilder genau und bespreche sie mit einem Partner oder einer Partnerin.

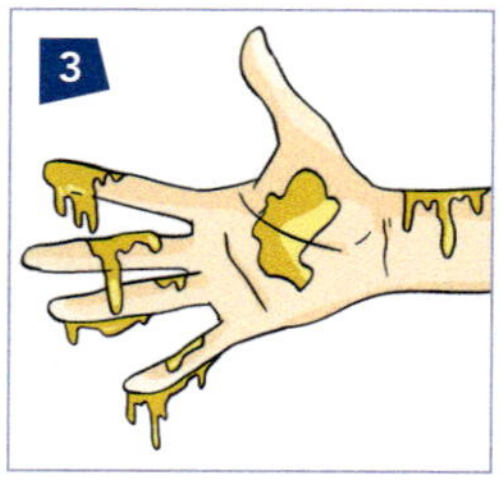

Daten und Codierung

1

Am Ende dieses Kapitels hast du gelernt, …

- wo Codierungen im Alltag verwendet werden.
- Datenmengen mit Hilfe der Einheiten Bit, Byte, etc. zu beschreiben.
- Zahlen im Binärsystem zu schreiben.
- Texte und Bilder in Bitfolgen zu codieren.

EINSTIEG

Nebenstehend siehst du das Bedienfeld eines Geldautomaten. Rechts neben den Ziffern befinden sich in den Tasten fühlbare Punkte.

- Beschreibe die Bedeutung der Zeichen.
- Nenne weitere Beispiele dieser Art aus deiner Umgebung.

INFORMATION

Vermittlung von Informationen

Täglich werden Informationen aufgenommen, gespeichert, verarbeitet und weitergegeben. Wir kommunizieren zum großen Teil über Sprache. Sprache kann im weitesten Sinne als ein **Code** bezeichnet werden. Eine Nachricht wird vom **Sender** in einen Code umgewandelt (Sprache) und vom **Empfänger** nach demselben Code empfangen. Die Umwandlung durch den Sender wird **Codieren** genannt, die Umwandlung durch den Empfänger wird **Decodieren** genannt. Dies funktioniert allerdings nur, wenn beide Personen (Sender und Empfänger) denselben Code benutzen. Einfach ausgedrückt müssen sie dieselbe Sprache sprechen.
Mit Erfindung der Schrift konnten sprachliche Informationen dauerhaft gespeichert werden.

Codes im Alltag

Menschliche Kommunikation ist nicht die einzige Gegebenheit, bei der ein Code vorkommt. Im Alltag begegnen wir oft Codes, ohne diese bewusst wahrzunehmen.

Beispiel 1: Toilettenschloss

Eine sehr einfache Codierung ist zum Beispiel das Drehschloss einer Toilettentür. Dieses Drehschloss schließt normalerweise mit einer 90°-Drehung die Tür der Toilette ab. Auf der Außenseite der Toilettentür zeigt das Schloss an, ob es verschlossen oder offen ist. Dies wird häufig durch die Farben Grün und Rot gekennzeichnet, also codiert. Grün steht hierbei für „offen" und Rot steht für „geschlossen". Dies ist eine sehr einfache Codierung, die nur zwei Zustände zeigen kann.

Beispiel 2: Raumnummer

Weitere bekannte Codes sind zum Beispiel die Raumnummern in einem Gebäude. Anhand dieser Nummern ist jeder Raum codiert und kann somit zugeordnet werden. Im Bild ist ein Beispiel für eine solche Raumnummer abgebildet. Der Buchstabe J steht hier für das Gebäude, 3 für die 3. Etage und 09 für die Raumnummer auf der Etage. Die Strichfigur zeigt, dass es sich um eine Toilette handelt.

Beispiel 3:
Der Morsecode wurde früher als Funksignal verwendet. Vor allem in der Schifffahrt kam er häufig zum Einsatz. Mit Hilfe des Morsecodes können Buchstaben einer Sprache mit kurzen oder langen Lichtblitzen oder Tönen übermittelt werden.
Im Bild ist der internationale Morsecode abgebildet. Das Wort „Hallo“ wäre im Morsecode übersetzt folgendes Signal:

.... ._ ._.. ._.. _ _ _
H A L L O

MERKE

Ein **Code** ist eine Vorschrift für eine eindeutige Zuordnung. Ein Code kann ein oder mehrere Zeichen umfassen. **Sender** und **Empfänger** einer Nachricht müssen den Code kennen, um die Informationen der Nachricht entnehmen zu können.

AUFGABEN

1 Codierungen im Alltag
Nenne drei Codierungen, die du aus deinem Alltag kennst und erkläre kurz, welche Information hinter der jeweiligen Nachricht steckt.

2 Codieren mit Morse
a) Überlege dir einen kurzen Satz. Codiere (übersetze) ihn in das Morsealphabet.
b) Übermittelt euch mit Hilfe einer Taschenlampe paarweise eure Sätze. Decodiert (entschlüsselt) gegenseitig eure Nachrichten wieder.

3 Blindenschrift (Brailleschrift)
a) Informiere dich über das Codierungsverfahren der Blindenschrift.
b) Notiere eine kurze Nachricht und codiere diese mit Hilfe der Blindenschrift.
c) Tauscht in Zweiergruppen die codierten Nachrichten und decodiert sie. Versucht zunächst, die Nachricht mit geschlossenen Augen zu decodieren.
d) Recherchiere im Internet nach weiteren Codierungen. Erkläre die jeweilige Codierung und ihr Prinzip.

Tipp: Verwende hierzu dickes Papier und eine Nadel.

4 QR-Codes
a) Suche im Internet einen QR-Code-Generator und erstelle mit dessen Hilfe einen QR-Code. Lies den QR-Code anschließend mit einem QR-Code-Scanner aus.
b) Recherchiere im Internet nach der Funktionsweise eines QR-Codes. Welche Bereiche des QR-Codes enthalten tatsächlich eine Nachricht? Welche Bereiche des Codes braucht der QR-Code-Leser, um den Code orten zu können?

EINSTIEG

In der Kommunikation mit Handy-Messengern werden oft sogenannte Emoticons verwendet.

- Weißt du was die verschiedenen Emoticons bedeuten?
- Zu welchen Problemen kann es beim Einsatz von Emoticons beim Empfänger kommen?

INFORMATION

Der Code und seine Codierungsvorschriften

Mit Codes können Nachrichten übermittelt werden. Aber nach welchen Gesetzmäßigkeiten werden diese Nachrichten codiert?

Ein **Code** ist eine **genaue Vorschrift**, die jedem Abbild ein bestimmtes und eindeutiges Zeichen zuordnet. Diese Zuordnung muss eingehalten werden, damit die Nachricht korrekt weitergegeben werden kann. Je nach Einsatzort eignet sich ein anderer Code.

Code	Einsatz und Funktion des Codes
Blindenschrift	Hilfe für Blinde
Morsecode	Übermittlung von Nachrichten ohne Funk- oder Telefonverbindung
Kennzeichen eines Autos	Eindeutige Zuordnung eines Autos zu einer bestimmten Person

Der Code der Blindenschrift eignet sich beispielsweise dafür, Blinden zu helfen, der Morsecode bietet sich an, um Nachrichten zu vermitteln, wenn keine Funk- oder Telefonverbindung besteht.

Die folgenden beiden Codes zeigen zwei weitere Einsatzmöglichkeiten, bei denen eine exakte Codierung und Decodierung erfolgen muss.

Flaggensignale

Signalflaggen bei einem Schiff

In der Schifffahrt wird oft mit Flaggensignalen gearbeitet. Flaggen werden von einem Schiff gehisst, um bestimmte Nachrichten anzuzeigen. Diese werden dann von anderen Schiffen erkannt. So können einfache Botschaften auch aus großer Entfernung und ohne die gleiche Sprache zu sprechen übermittelt werden. Damit können Unfälle vermieden und Gefahren angezeigt werden. Nachfolgend sind Beispiele von Signalflaggen abgebildet.

Ich habe Taucher unter mir

Mann über Bord

Ich bin manövrierunfähig; nehmen Sie Verbindung mit mir auf.

Ich lade, lösche oder befördere gefährliche Güter.

Halten Sie sich von mir frei; ich bin beim Gespann fischen

Der Code 39

Die Codierung **Code 39**, auch „Drei aus Neun" genannt, ist ein sogenannter Barcode, der beliebig lang sein kann. Mit dem Code 39 können alle Großbuchstaben, Ziffern sowie Sonderzeichen (zum Beispiel: #, +, -, *, ~) abgebildet werden. Code 39 - Strichcodes werden oft in großen Firmen, zum Beispiel bei Etiketten, Namensschildern bzw. Mitarbeiterausweisen verwendet.

A B C D E F G H I J K L M N O P Q R

S T U V W X Y Z 0 1 2 3 4 5 6 7 8 9

Jedem Zeichen des Alphabets wird ein Barcode aus fünf Strichen und vier Zwischenräumen zugeordnet. Es gibt zwei verschiedene Balken- und Lückenbreiten. Die verschiedenen Codes werden einfach hintereinander angeordnet. Mit einem Barcodeleser lässt sich die codierte Nachricht wieder in die ursprünglichen Buchstaben übersetzen. Stimmen die Abstände der Balken oder die Lückenbreiten nicht, kann der Code nicht mehr richtig gelesen werden.

Beispiel: I N F O R M A T I K

Beispiel eines Mitarbeiterausweises mit Strichcode

MERKE

Ein **Code** ist eine **genaue Vorschrift**, die jedem Abbild ein bestimmtes und eindeutiges Zeichen zuordnet. Diese Vorschrift muss beim **Codieren** und **Decodieren** einer Nachricht eingehalten werden, um eine Nachricht fehlerfrei zu übermitteln.

AUFGABEN

1 Codes

a) Erkläre den Begriff „Code".

b) Was musst du beachten, damit eine codierte Nachricht fehlerfrei beim Empfänger ankommt? Beschreibe.

2 Flaggensignale

a) Recherchiere im Internet nach weiteren Flaggensymbolen in der Schifffahrt.

b) Auch im Rennsport gibt es Flaggensymbole. Finde heraus, welche Flaggen dort verwendet werden und was sie bedeuten.

3 Barcode des Namens

Erstelle mit Hilfe eines CODE 39-Generators einen Strichcode mit deinem Namen. Drucke den Code aus und lies den Code mit einer Barcode-App aus.

4 Bewertung des Morsecodes

a) Elisa meint: „Der Morsecode ist das beste Kommunikationsmittel, da man sogar bei Stromausfall über die Ferne kommunizieren kann."
Stimmst du Elisa zu? Beschreibe, welche Vor- und Nachteile die Kommunikation durch Morsen mit sich bringt. Du kannst dazu die hinterlegte Tabelle verwenden.

b) Notiere Ideen, wie man die Nachteile umgehen könnte.

c) Entwickle ein eigenes Verfahren, mit welchem du dich ohne Worte mit der Person neben dir austauschen kannst und probiert das Verfahren anschließend zu zweit aus.

38141-06
Tabelle zu Aufgabe 4

5 Codierungen und deren Einsatz

a) Nenne Beispiele für den Einsatz verschiedener Codierungen.

b) Erkläre den Nutzen folgender Codierungen: Blindenschrift, Morsecode, Code 39, Flaggensymbole.

EINSTIEG

Im Jahr 2020 gibt es weltweit über 7000 Sprachen, die aktiv gesprochen werden. Im Gegensatz zu den Menschen kommunizieren Computer miteinander in einer eigenen Sprache.

- Beschreibe das Bild.
- Was ist hier dargestellt?

INFORMATION

Der Code des Computers

Computer verarbeiten ausschließlich Daten. Diese Daten müssen codiert und decodiert werden. Der Computer verwendet als Code das sogenannte **binary digit – Binärziffer** oder auch **Bit** genannt.
Mit einem Bit können zwei Zustände ausgedrückt werden: „**AN**" oder „**AUS**". Dies ist vergleichbar mit einem Lichtschalter.

Schaltermodell für Bits

AN | AUS

Um die beiden Zustände „AN" und „AUS" ganz einfach darstellen zu können, verwendet der Computer die Ziffern **0** und **1**.
Die Null steht dabei für „AUS" und die Eins steht für „AN".

Zustand	Darstellung am Computer
„AN"	1
„AUS"	0

Die Beschreibung eines Zustands mit 0 oder 1 wird „**1 Bit**" genannt.

Folge von Bits

Computer können natürlich nicht nur ein einziges Bit darstellen. Werden mehrere Zustände dargestellt, spricht man von einer **Bitfolge**.

Beispiel: Am Computer ist die Bitfolge „10010" gespeichert.
Übersetzt wären das die Zustände:

1	0	0	1	0
AN	AUS	AUS	AN	AUS

Das Byte

Wird die Bitfolge so lange verlängert bis 8 Bits hintereinander hängen, erhält man 1 Byte.

einzelne Bits

1	0	1	1	0	1	0	1

8 Bits = 1 Byte

Der Computer arbeitet also mit einer Aneinanderreihung von Nullen und Einsen, die auch als Bitmuster bezeichnet werden. Die Bitmuster werden bei der Darstellung am Monitor in lesbare Zeichen, zum Beispiel Buchstaben, umgewandelt. Die Umwandlung einer Nachricht in Bits ist somit der Code des Computers.

Übersetzung der Sprache des Computers in unsere Sprache

Byte als Speichereinheit

Der Begriff Byte wird neben der Folge von Bits auch als Maßeinheit für den Speicher eines Computers genutzt. Byte kann in folgenden Einheiten angegeben werden:

1024 Bytes = 1 Kilobyte (KB)
1024 Kilobytes = 1 Megabyte (MB)
1024 Megabyte = 1 Gigabyte (GB)
1024 Gigabyte = 1 Terrabyte (TB)

MERKE

Wenn ein Computer Daten verarbeitet, arbeitet er mit **Bits**. Ein Bit kann den Zustand **„AUS"** oder **„AN"** beschreiben.
Werden **8 Bits** aneinandergereiht, spricht man von einem **Byte**.

AUFGABEN

1 Bits
a) Erkläre den Begriff „Bit".
b) Was kann mit einem Bit dargestellt werden? Beschreibe.

2 Bitfolgen
a) Gib die Zustände an, die mit der Bitfolge 110010 dargestellt werden.
b) Notiere alle Möglichkeiten einer Zwei-Bit-Folge.
c) Notiere alle Möglichkeiten einer Drei-Bit-Folge.
d) Beschreibe, wie viele Zustände sich mit einer Folge von n-Bits darstellen lassen.

38141-07
Interaktive Datei zu Aufgabe 2 und 4

3 Bytes
a) Erkläre den Begriff „Byte".
b) Wie viele Zustände lassen sich mit einem Byte darstellen? Beschreibe.

4 Rechnen mit Datenmengen
a) Berechne die Anzahl an Bytes, …
① … aus denen ein Dokument mit der Größe von 100 Megabyte besteht.
② … die auf einen USB-Stick mit vier Gigabyte passen.
b) Gib den Speicherplatz einer Festplatte mit einer Größe von 2 Terrabyte in Gigabyte an.
c) Eine Musik-CD hat einen Speicher von 650 Megabyte. Wie viele Musik-CDs können auf eine Festplatte mit 250 Gigabyte gespeichert werden? Schätze zunächst und berechne dann.
d) Eine Festplatte hat einen Speicherplatz von 60 Gigabyte. Wandle in die Einheit Byte um.

5 Datenträger aus der Vergangenheit
Recherchiere, welche Datenträger im Lauf der Geschichte zum Speichern auf externen Medien genutzt wurden und gib den Bereich der ungefähren Speicherkapazität dieser Datenträger an.

Die Lochkarte als einer der ersten externen Datenträger aus dem 19. Jahrhundert.

1.4 Zahlensysteme: 10 = 2?

EINSTIEG

An der Tafel stehen einige ungewöhnliche Aussagen.

- Warum sind die Aussagen dennoch richtig?

INFORMATION

Das Binärsystem

Im uns bekannten Zahlensystem, dem sogenannten **Dezimalsystem (10er-System)**, stellen wir Zahlen mit den Ziffern 0 bis 9 dar. Sämtliche bekannte Zahlen können mit diesen Ziffern dargestellt werden.
Neben dem Dezimalsystem gibt es noch weitere Zahlensysteme, wie zum Beispiel das Hexadezimalsystem (16er-System) oder das Binärsystem (2er-System).
Computer arbeiten mit dem **Binärsystem**. Beim Binärsystem können alle Zahlen mit den Ziffern 0 und 1 dargestellt werden. Die 0 und 1 entsprechen hierbei wieder den beiden Zuständen, mit denen ein Computer arbeiten kann (→ 1.3).

Darstellung von Zahlen im Binärsystem

In jedem Zahlensystem können Zahlen in einer sogenannten Stellenwerttafel dargestellt werden. Die Zahl 2538 lässt sich beispielsweise im Dezimalsystem mit der Stellenwerttafel darstellen.

· 10 · 10 · 10

Tausender	Hunderter	Zehner	Einer
2	5	3	8

Im Gegensatz zum Dezimalsystem werden die Stellenwerte im Binärsystem nicht in Einer, Zehner, Hunderter usw., sondern mit 1, 2, 4 usw. bezeichnet.
Zahlen im Binärsystem werden Dualzahlen genannt und werden mit einer tiefgestellten 2 am Ende gekennzeichnet. Die Dualzahl 10011_2 wird als „Eins Null Null Eins Eins im Zweiersystem" gesprochen.

Beispiel:
Darstellung der Binärzahl 10011_2 in einer binären Stellenwerttafel

· 2 · 2 · 2 · 2 · 2

32	16	8	4	2	1
	1	0	0	1	1

Umrechnen von Binärzahlen in eine Dezimalzahl

Alle Zahlen eines Zahlensystems können in ein anderes Zahlensystem umgerechnet werden. Hierzu muss die Ziffer mit dem Stellenwert multipliziert und anschließend addiert werden.

$$1 \cdot 16 + 0 \cdot 8 + 0 \cdot 4 + 1 \cdot 2 + 1 \cdot 1 = 19$$

Somit ist die Binärzahl 10011_2 die Zahl 19 im Dezimalsystem.

Umrechnen von Dezimalzahlen in Binärzahlen

Eine Dezimalzahl kann natürlich auch als Binärzahl dargestellt werden. Hierzu muss die Dezimalzahl in mehreren Schritten durch die Zahl 2 dividiert werden. Die „Reste" bilden dann die Zahl im Binärsystem.

Beispiel: Umrechnung der Zahl 67 ins Binärsystem

67 : 2 = 33	Rest 1
33 : 2 = 16	Rest 1
16 : 2 = 8	Rest 0
8 : 2 = 4	Rest 0
4 : 2 = 2	Rest 0
2 : 2 = 1	Rest 0
1 : 2 = 0	Rest 1

Die Dualzahl ergibt sich durch die Reste in der Reihenfolge von unten nach oben:

1000011_2

Binärzahlen als Bitfolgen darstellen

Wie bereits bekannt, werden mit einem Bit die Zustände 0 („AUS") und 1 („AN") beschrieben. Mit einer Folge von acht Bits, also einem Byte, lassen sich also die Dezimalzahlen von 0 bis 255 darstellen.

Beispiele:

Dezimalzahl	0	100	200	255
Dualzahl	0	1100100	11001000	11111111

MERKE

Computer arbeiten im **Binärsystem**. Zahlen des Dezimalsystems lassen sich in Binärzahlen **umrechnen** und umgekehrt.
Die Dezimalzahlen 0 – 255 lassen sich mit 8 Bit also einem Byte darstellen.

AUFGABEN

1 Zählen im Binärsystem

Du kannst diese Aufgabe auch interaktiv bearbeiten.

a) Zähle von 0_{10} bis 15_{10} im Binärsystem.

b) Gib die minimale Anzahl an Stellen an, die hier für eine Zahl benötigt wird.

2 Umrechnungen im Binär- und Dezimalsystem

Du kannst diese Aufgabe auch interaktiv bearbeiten.

a) Wandle folgende Zahlen vom Dezimalsystem in das Binärsystem um:

① 2 ② 8 ③ 9 ④ 15 ⑤ 89 ⑥ 138 ⑦ 1024 ⑧ 2489

b) Wandle folgende Zahlen vom Binärsystem in das Dezimalsystem um:

① 11_2 ② 1001_2 ③ 10001_2 ④ 1000101_2 ⑤ 11111110_2 ⑥ 11010011001_2 ⑦ 11001111001010_2

38141-08
Interaktive Datei zu Aufgabe 1, 2 und 3

3 Bitfolgen darstellen und umrechnen

Du kannst diese Aufgabe auch interaktiv bearbeiten.

a) Stelle die Bitfolgen 10001101 und 11111101 als Dezimalzahl dar.

b) Stelle die Dezimalzahlen 66, 169 und 249 als Bitfolge dar.

EINSTIEG

In Texten werden oft auch Sonderzeichen benötigt. Nicht alle Sonderzeichen sind auf der Tastatur zu finden.

- Wie können diese Sonderzeichen schnell eingegeben werden?

INFORMATION

Codierung von Texten

Computer arbeiten und rechnen im sogenannten Binärsystem. Computer können jedoch nicht nur Zahlen darstellen, sondern auch Texte. Der Computer benötigt dazu eine Codierungsvorschrift.

ASCII:
American Standard Code for Information Interchange (engl.): Amerikanischer Standard-Code für den Informationsaustausch

Der ASCII-Code

In den Anfängen des Computerzeitalters entwickelte sich der sogenannte **ASCII-Code**. Dies ist ein Code für Schriftzeichen und lässt sich in Gruppen aufteilen.

Gruppe	Nummer	Erklärung
Steuerzeichen	0 bis 31 und 127	Kommandos, wie zum Beispiel ein Tabulator oder ein Zeilenumbruch, auf die ein Computer reagiert.
Sonderzeichen	32 bis 47, 58 bis 64, 91 bis 96 und 123 bis 126	Unter Sonderzeichen versteht man Zeichen wie - Satzzeichen (zum Beispiel ! oder ?) - Rechenzeichen (zum Beispiel +, – oder ·) - Relationszeichen (<, > oder =)
Ziffern	48 bis 57	Die Dezimalzahlen 0 bis 9 werden hier dargestellt.
Buchstaben	65 bis 90 und 97 bis 122	Die Buchstaben sind einmal als Kleinbuchstaben und einmal als Großbuchstaben dargestellt. Die Umlaute ä, ö und ü sowie das scharfe S fehlen bei den Buchstaben im ASCII-Code.

Insgesamt besteht der ASCII-Code aus 128 Zeichen und lässt sich mit 7 Bits codieren. Der Buchstabe A ist zum Beispiel an Stelle 65 des ASCII-Codes und lässt sich durch die Bitfolge bzw. Dualzahl 1000001_2 darstellen.

Auszug aus der erweiterten ACSII-Tabelle:

33	00100001	!	51	00110011	3	72	01001000	H	87	01010111	W	108	01101100	l
34	00100010	"	52	00110100	4	73	01001001	I	88	01011000	X	109	01101101	m
37	00100101	%	53	00110101	5	74	01001010	J	89	01011001	Y	110	01101110	n
39	00100111	'	54	00110110	6	75	01001011	K	90	01011010	Z	111	01101111	o
40	00101000	(	55	00110111	7	76	01001100	L	97	01100001	a	112	01110000	p
41	00101001	)	56	00111000	8	77	01001101	M	98	01100010	b	113	01110001	q
42	00101010	*	57	00111001	9	78	01001110	N	99	01100011	c	114	01110010	r
43	00101011	+	58	00111010	:	79	01001111	O	100	01100100	d	115	01110011	s
44	00101100	,	65	01000001	A	80	01010000	P	101	01100101	e	116	01110100	t
45	00101101	-	66	01000010	B	81	01010001	Q	102	01100110	f	117	01110101	u
46	00101110	.	67	01000011	C	82	01010010	R	103	01100111	g	118	01110110	v
47	00101111	/	68	01000100	D	83	01010011	S	104	01101000	h	119	01110111	w
48	00110000	0	69	01000101	E	84	01010100	T	105	01101001	i	120	01111000	x
49	00110001	1	70	01000110	F	85	01010101	U	106	01101010	j	121	01111001	y
50	00110010	2	71	01000111	G	86	01010110	V	107	01101011	k	122	01111010	z

Codierung von Texten mit Hilfe einer ASCII-Tabelle.

Mit Hilfe der Tabelle auf der linken Seite lässt sich das Wort „Code“ in eine Bitfolge übersetzen:

C	o	d	e
01000011	01101111	01100100	01100101

In den 70er- und 80er-Jahren wurden sogenannte ASCII-Terminals gebaut. Es waren Geräte zum Eingeben und Anzeigen von Daten. Eine graphische Darstellung der Daten gab es nicht, dafür Text in zum Beispiel 24 Zeilen.

ASCII in der Anwendung

In einem Textverarbeitungsprogramm lassen sich über den ASCII-Code Zeichen durch Tastenkombinationen einfügen. Hierzu muss die „ALT“-Taste gedrückt werden und dann die entsprechende Zahl eingebeben werden. Auf manchen Tastaturen fehlen Umlaute und das scharfe S. Mit dem entsprechenden ASCII-Code lassen sich diese Zeichen dennoch eingeben.

Beispiel:
Ein Fragezeichen lässt sich mit gedrückter „ALT“-Taste und der Zahlenkombination „63“ einfügen.

Der ANSI-Code

Da die 128 Zeichen des ASCII-Codes nicht ausreichen, um auch andere Sprachen mit einem Computer darstellen zu können, wurde der ASCII-Code um ein Bit erweitert. Mit 8 Bits können nun 256 Zeichen codiert werden, was den ASCII-Code um die Stellen 128 – 255 erweitert. Dieser erweiterte Zeichensatz ist der sogenannte ANSI-Code, der in den einzelnen Ländern unterschiedlich ist.

MERKE

Computer können nur mit Dualzahlen arbeiten. Um Buchstaben und Zeichen verarbeiten zu können, müssen diese codiert werden. Mit dem sogenannten **ASCII-Code** lassen sich Buchstaben, Zahlen, Sonderzeichen und Befehlszeichen mit Dualzahlen codieren.

AUFGABEN

1 Codieren mit dem ASCII-Code

a) Codiere mit Hilfe der erweiterten ASCII-Codetabelle den Namen deiner Schule und schreibe die Bitfolge auf.

b) Codiere ein beliebiges Wort mit Hilfe der ASCII-Tabelle. Tausche dein codiertes Wort mit einem Mitschüler oder einer Mitschülerin und decodiere es wieder in Buchstaben.

c) Finde Gründe, warum für jedes Zeichen die gleiche Anzahl an Stellen im ASCII-Code vorhanden ist.

Binärcode für die Leertaste: 00100000

2 Codieren mit dem ANSI-Code

a) Gib die rechts dargestellten Tastenkombinationen in ein Textverarbeitungsprogramm ein und notiere, welches Sonderzeichen sich dahinter verbirgt.

b) Recherchiere im Internet nach einer ANSI-Tabelle und notiere die Codes für folgende Sonderzeichen.

① € (Euro-Zeichen) ② Ø (Durchschnitt)
③ ® (eingetragenes Markenzeichen) ④ © (Copyright)

① ALT – 0140
② ALT + 0153
③ ALT – 0196
④ ALT + 0215
⑤ ALT + 0190
⑥ ALT + 0183

EINSTIEG

Auf dem rechten Bild sieht man einen Ausschnitt des linken Bildes in sehr starker Vergrößerung.

- Beschreibe das rechte Bild möglichst genau.

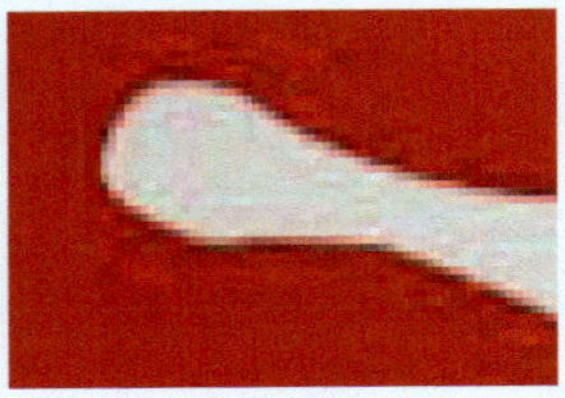

Codierung von Bildern

Computer können nicht nur Zahlen und Buchstaben darstellen, sondern auch Bilder und Grafiken.

Der Computer stellt Bilder und Grafiken unter Verwendung von ganz vielen kleinen Bildpunkten dar. Diese kleinen Bildpunkte nennt man in der Fachsprache **Pixel**. Wenn man einen Computermonitor von ganz Nahem betrachtet, kann man dieses kleine Raster sogar erkennen. Je mehr Pixel ein Bild enthält, desto höher ist die **Auflösung** des Bildes.

Pixelgrafik aus den 1990er Jahren: deutlich größere Pixel und eine viel schlechtere Auflösung

Jeder einzelne Pixel ist codiert. Bei einem Schwarz-Weiß-Bild sind beispielsweise alle weißen Pixel mit 0 und alle schwarzen Pixel mit 1 codiert. Hinter jeder Bilddatei steckt also ein binärer Code, damit ein Computer diese Dateien anzeigen und verarbeiten kann. Mit Hilfe eines Editors kann man sich den Code jedes Bildes anzeigen lassen.

Auflösung von 1980 x 1080 Pixeln entspricht einer Full HD Auflösung

HD steht für High Definition (engl.): hohe Auflösung

Darstellung und Codierung eines Schwarz-Weiß-Bildes

Um genau verstehen zu können, wie der Computer ein Schwarz-Weiß-Bild darstellt, muss man das Bild stark vergrößert betrachten. Mit einem **Pixelraster**, kann man den codierten Zustand jedes einzelnen Pixels anzeigen.

Beispiel:

Untenstehend ist ein Raster mit 7 auf 7 Pixeln, also 49 Pixeln dargestellt. Von diesen 49 Pixeln sind 7 schwarz gefärbt und 42 weiß.

Das linke Bild wird auf dem Monitor dargestellt. Das rechte Bild hingegen ist der Code im Hintergrund, mit dem der Computer arbeitet. **0** bedeutet **„weißes Pixel"** und **1** bedeutet **„schwarzes Pixel"**.

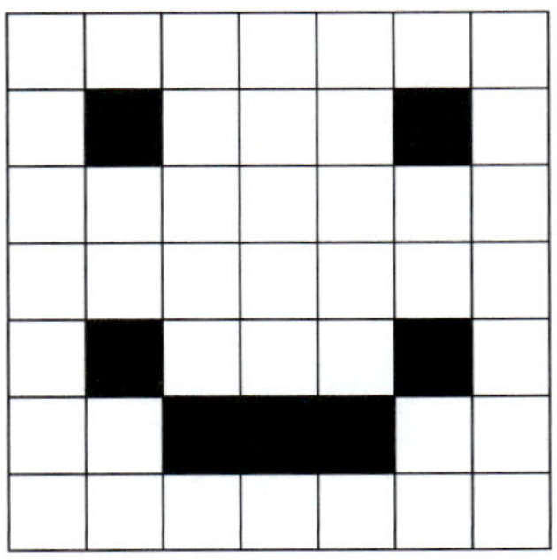

Schwarz-Weiß-Pixelgrafik (wird am Bildschirm angezeigt)

0	0	0	0	0	0	0
0	1	0	0	0	1	0
0	0	0	0	0	0	0
0	0	0	0	0	0	0
0	1	0	0	0	1	0
0	0	1	1	1	0	0
0	0	0	0	0	0	0

Code der Grafik (im Hintergrund am PC gespeichert)

Das PBM-Format

Reine Schwarz-Weiß-Bilder werden von Computern im sogenannten PBM-Format (**P**ortable **B**it**M**ap) gespeichert. Der Code jeder PBM-Datei kann mit Hilfe eines Texteditors codiert und decodiert werden. Bei der Darstellung einer PBM-Datei mit einem Texteditor wird über dem Pixelraster noch ein sogenannter Header (eine Art Überschrift) angezeigt. Sie sagt dem Computer gleich zu Beginn, welches Dateiformat dargestellt werden soll. Die erste Zeile des Headers wird Magic Value genannt. P1 als Magic Value bedeutet beispielsweise, dass die Informationen im ASCII-Code codiert sind. In der zweiten Zeile des Headers werden Breite und Höhe des Bildes in Pixeln angegeben. Die beiden Werte sind durch ein Leerzeichen getrennt. Danach folgt das Pixelraster, in dem jeder einzelne Pixel durch eine 0 oder eine 1 dargestellt ist.

Beispiel: Das Bild 2 im PBM-Format codiert

```
P1
7 7
0 0 0 0 0 0 0
0 1 0 0 0 1 0
0 0 0 0 0 0 0
0 0 0 0 0 0 0
0 1 0 0 0 1 0
0 0 1 1 1 0 0
0 0 0 0 0 0 0
```

Bildhöhe → 7 (erste Zahl)
Bildbreite → 7 (zweite Zahl)
Magic Value: Codierung mit ASCII → P1
Codierung des Schwarz-Weiß-Bildes → Pixelraster

MERKE

Computer können nicht nur Zahlen und Texte darstellen und verarbeiten, sondern auch Bilder. Schwarz-Weiß-Bilder werden mit Hilfe eines **Pixelrasters** codiert. Eine **0** im Code steht immer für ein **weißes Pixel**, eine **1** im Code steht für ein **schwarzes Pixel**.

AUFGABEN

1 Erstellen von einfachen Emoticons

a) Zeichne nebeneinander zwei Quadrate mit je 10 auf 10 Kästchen auf ein kariertes Papier. Zeichne nun in das linke Quadrat einen Smiley. Dazu färbst du einzelne Kästchen schwarz.

b) Notiere nun, wie im Beispiel links, im rechten Quadrat die Binär-Codierung für deinen Smiley.

c) Erstelle mit einem Texteditor aus der Rastergrafik für deinen Smiley eine PBM-Datei und speichere die Datei mit der Endung **.pbm**. Öffne anschließend die Datei mit einem Bildbetrachtungsprogramm.

2 PBM-Dateien verändern

a) Suche im Internet nach einer PBM-Datei und betrachte sie in einem Bildbetrachtungsprogramm.

b) Öffne nun die Datei in einem Texteditor und verändere einige Stellen im Pixelraster (0 zu 1 oder 1 zu 0).

c) Öffne die Datei erneut in dem Bildbetrachtungsprogramm. Erkläre, was sich im Vergleich zum ursprünglichen Bild verändert hat.

EINSTIEG

Viele Menschen sperren ihre Kellerabteile oder Gartenschuppen mit Vorhängeschlössern ab.
- Welches der beiden Schlösser ist sicherer? Begründe.
- Wie könnte man solche Schlösser noch sicherer machen?

Codelänge und Zeichenvorrat

Codes können sich in ihrem Umfang der Zeichen sowie ihrer Länge an Stellen stark unterscheiden. Ein vierstelliger Zugangscode (Pincode) für ein Handy beispielsweise besteht aus den Zahlen 0-9. Somit kann jede Stelle des Codes mit den Zahlen 0-9 belegt sein.

1. Stelle	2. Stelle	3. Stelle	4. Stelle
0	0	0	0
1	1	1	1
2	2	2	2
3	3	3	3
4	4	4	4
5	5	5	5
6	6	6	6
7	7	7	7
8	8	8	8
9	9	9	9

10 Möglichkeiten pro Stelle

An jeder Stelle des Codes können somit insgesamt 10 Zahlen dargestellt werden, nämlich die Zahlen 0 bis 9.

Oft reicht diese beschränkte Anzahl an möglichen Kombinationen jedoch nicht aus und der Code muss erweitert werden, um sicherer zu werden. Soll die Anzahl der möglichen Kombinationen erweitert werden, gibt es zwei Möglichkeiten:

① Der Code wird um eine Stelle erweitert. Der Code hat dann nicht mehr nur vier Stellen, sondern fünf Stellen.
Nun würde es $\underbrace{10 \cdot 10 \cdot 10 \cdot 10 \cdot 10}_{\text{5 Stellen mit 10 Möglichkeiten}} = 100\,000$ Kombinationsmöglichkeiten geben.

② Die Anzahl der Zeichen wird erweitert. Man könnte für den vierstelligen Code die Zahlen 0 bis 9 um die drei Großbuchstaben A, B und C erweitern.
Nun würde es $\underbrace{13 \cdot 13 \cdot 13 \cdot 13}_{\text{4 Stellen mit 13 Möglichkeiten}} = 28\,561$ Möglichkeiten geben.

Möglichkeit ① und ② lassen sich natürlich auch Kombinieren:
Erweitert man obigen Handycode also um eine fünfte Stelle und die Großbuchstaben A, B und C, so ergeben sich $\underbrace{13 \cdot 13 \cdot 13 \cdot 13 \cdot 13}_{\text{5 Stellen mit 13 Möglichkeiten}} = 371\,293$ Möglichkeiten

MERKE

Ein Code kann immer nur eine bestimmte **Anzahl an Möglichkeiten** darstellen. Wenn die Anzahl dieser Möglichkeiten nicht mehr ausreicht, muss der Code **erweitert** werden. Dazu gibt es zwei Möglichkeiten:

1. Erweiterung um weitere Stellen des Codes
2. Erweiterung der Anzahl der Zeichen pro Stelle im Code

AUFGABEN

1 Kombinationen eines Codes

Erkläre in eigenen Worten, wie du die Anzahl der Kombinationen eines Codes verändern kannst.

2 Sicherheit eines Schlosses

Du hast ein elektronisches Schloss mit einem dreistelligen Code. Bei jeder Stelle im Code kannst du die Zahlen 1 bis 5 eingeben.

a) Beschreibe, wie du das Schloss sicherer machen kannst.
b) Du möchtest den Code des Schlosses vereinfachen. Erkläre, was du an dem Code ändern würdest.
c) Wieviel Kombinationsmöglichkeiten gibt es bei dem oben genannten Schloss? Berechne.

3 Kfz-Kennzeichen

Kfz-Kennzeichen sind in Deutschland mit einer Kennzeichnung des Landkreises, einem Buchstabenfeld und einem Zahlenfeld aufgebaut. Erkläre, warum die Kennzeichen nicht nur ein D für Deutschland und eine Nummer enthalten.

4 IP-Adressen

In einem Netzwerk und im Internet werden allen internetfähigen Geräten sogenannte IP-Adressen gegeben. Ohne diese Adresse können diese Geräte sich nicht mit einem Netzwerk oder Internet verbinden. Eine sogenannte IPV4 IP-Adresse reicht von 0.0.0.0 bis 255.255.255.255. Welches Problem kann sich ergeben, wenn immer mehr Menschen mit digitalen Geräten das Internet nutzen möchten? Erkläre.

5 Handy-Zugangscode

Du hast die Möglichkeit, für dein Handy einen eigenen Zugangscode zu entwickeln. Du darfst dabei entscheiden, wie viele Stellen und Zeichen der Zugangscode umfasst.

a) Erstelle einen Zugangscode, der sicher und leicht zu merken ist.
b) Erkläre genau, warum du dich für diesen Zugangscode entschieden hast.
c) Bewerte, welche Vor- und Nachteile dein Zugangscode hat.

6 Kredit- und EC-Kartencodes

Kreditkarten und EC-Karten sind meist durch einen vierstelligen Code gesichert, der die Zahlen von 0 bis 9 enthält.

a) Warum werden dies Karten gesperrt, wenn der Code beim Geldabheben dreimal falsch eingegeben wurde? Gib mögliche Gründe an.
b) Bewerte diese Vorgehensweise hinsichtlich ihrer Sicherheit.

Graustufen- und Farbbilder

Computer können neben reinen Schwarz-Weiß-Bildern natürlich Graustufen und Farbbilder darstellen. Auch diese Bilder werden in einem Pixelraster codiert in Pixeln dargestellt.

DAS GRAUSTUFENBILD

Grautöne bei 9 Graustufen

Da mit den Zahlen 0 und 1 nur Schwarz und Weiß dargestellt werden können, werden für die Darstellung eines Graustufenbildes mehr Zahlen benötigt. Graustufenbilder werden im sogenannten PGM-Format codiert und gespeichert. PGM steht für **P**ortable **G**ray**M**ap. Die Codierung funktioniert ähnlich wie beim PBM-Dateiformat, der Header besteht jedoch aus drei Zeilen. Der Magic Value liefert die Information P2 für ein Graustufenbild, das in ASCII codiert ist. In der Zeile unter dem Magic Value werden ebenfalls die Bildbreite und die Bildhöhe angegeben. In der dritten Zeile folgt nun die Information über die Anzahl der Graustufen. Die Zahl 9 beispielsweise bedeutet, dass das Bild 9 Graustufen enthält. 0 steht für „schwarzes Pixel" und 1 bis 8 bedeutet „Pixel in einer bestimmten Graustufe". Die Zahl 9 steht in diesem Fall für ein weißes Pixel. PGM-Dateien können maximal 255 Graustufen darstellen.

Beispiel

Magic Value: Codierung mit ASCII (Graustufenbild) → P2

Bildhöhe in Pixel → 7 7 ← Bildhöhe in Pixel

Anzahl der Graustufen → 9

```
P2
7 7
9
8 8 8 8 8 8 8
8 1 8 8 8 1 8
8 8 8 8 8 8 8
8 8 8 8 8 8 8
8 3 8 8 8 3 8
8 8 3 3 3 8 8
8 8 8 8 8 8 8
```

Codierung des Graustufenbildes

FARBIGE BILDER

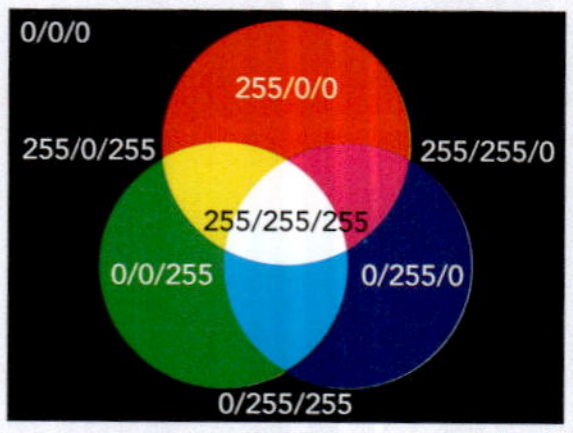

RGB-Farbpalette

Um farbige Bilder darstellen zu können, benötigt man ein weiteres Format mit einer neuen Codierung. Einfache farbige Bilder lassen sich mit dem PPM-Format codieren und speichern. PPM steht für **P**ortable **P**ix**M**ap. Im PPM-Format werden die Farben Rot, Grün und Blau gemischt, um andere Farben darzustellen. Es können sogar Schwarz und Weiß, aber auch Gelb und Braun dargestellt werden, wie die Beispiele unten zeigen. Die Farben werden mit einem sogenannten RGB-Triple (Rot, Grün, Blau) codiert. Je nach Stärke (Intensität) der Farbe werden die Zahlen 0-255 für die Codierung verwendet. Durch dieses RGB-Triple können sämtliche Farben dargestellt werden.

Beispiele

255 0 0	0 0 0	255 255 0
0 255 0	255 255 255	255 0 255
0 0 255		153 102 51

FARBIGE CODIERUNG IM PPM-FORMAT

Wie auch in den Formaten PBM und PGM enthält auch das PPM-Format wieder einen Header. Im PPM-Format besteht dieser aus drei Zeilen. Nach dem Magic Value und der Bildgröße gibt der Header an, wie viele Farbabstufungen es für die drei Farben Rot Grün und Blau geben soll. Hier können Werte zwischen 0 und 255 angegeben werden. Der Magic Value für das PPM-Format ist P3. Jedes Pixel ist mit einem RGB-Triple codiert. Die drei Zahlen innerhalb eines RGB-Tripels sind durch Leerzeichen zueinander getrennt, genauso wie die RGB-Tripel zueinander.

Beispiel

Magic Value: Codierung mit ASCII (Farbbild) → P3

Bildhöhe in Pixel → 1 7 ← Bildhöhe in Pixel

255 ← Farbabstufungen der jeweiligen Farbe

```
P3
1 7
255
255 0 0
0 255 0
0 0 255
0 0 0
255 255 255
255 255 0
0 255 255
```

Codierung des Farbbildes (Zeilen 255 0 0 bis 0 255 255)

Im Folgenden sollen nun eigene PGM- und PPM-Dateien erstellet werden. Verwendet hier die Magic Values P2 und P3, je nachdem ob eine PGM- oder eine PPM-Datei aufgebaut werden soll. Ihr könnt hierfür einen Standard-Texteditor verwenden und die Datei anschließend im passenden Format (.pgm / .ppm) abspeichern.

PGM-DATEI BEARBEITEN

1 a) Suche im Internet nach einer PGM-Datei und betrachte sie mit einem Texteditor und einem Bildbetrachtungsprogramm. Vergleiche das Pixelraster im Editor mit dem Graustufenbild. Benenne, wie viele Graustufen im Bild zu sehen sind.

b) Öffne nun die Datei in einem Texteditor und verändere einige Stellen im Pixelraster. Öffne die Datei erneut in dem Bildbetrachtungsprogramm. Was stellst du fest? Vergleiche mit dem ursprünglichen Bild.

PPM-DATEI AUF PAPIER

2 a) Zeichne nebeneinander zwei Quadrate mit je 5 auf 5 Kästchen auf ein kariertes Papier. Zeichne nun mit den Farben Rot, Grün, Blau, Schwarz und Weiß ein beliebiges Bild oder Muster. Notiere im rechten Quadrat den PPM-Code für dein Bild.

b) Tausche deinen PPM-Code mit einem Mitschüler oder einer Mitschülerin aus und zeichne mit dem Code das zugehörige Bild oder Muster.

PPM-DATEI ERSTELLEN

3 a) Zeichne ein Bild in ein Quadrat mit 7 auf 7 Kästchen auf ein kariertes Papier. Schreibe anschließend in einem Texteditor die zugehörige PPM-Codierung und speichere das Bild als PPM-Datei ab.

b) Verändere die Codierung so, dass auch weitere Farben zum Einsatz kommen.

1.9 Üben und Vertiefen

1 Daten und Codierung

Von einem Computer wurde der Code 1000001 übermittelt.

a) Beschreibe den Vorgang der Übermittlung einer Nachricht vom Sender zum Empfänger. Verwende dazu die Begriffe Code, Codieren und Decodieren.
b) Überlege, welche Information hinter dem Code stecken könnte.
c) Vergleiche den Morsecode mit der Codierung des Computers. Nenne Vor- und Nachteile dieser Codierungen.

a) Erkläre wie ein Computer den Buchstaben F an einen anderen Computer übermittelt. Codiere den Buchstaben.
b) Nenne zwei mögliche Beispiele, die hinter dem übermittelten Code stecken können.
c) Vergleiche den Code des Computers mit dem QR-Code und nenne Vor- und Nachteile dieser Codierungen.

38141-09 Interaktive Datei zu Aufgabe 2 und 3

2 Zahlensysteme

Wandle folgende Zahlen in das angegebene Zahlensystem um.

① 1010_2	(Dezimalsystem)
② 10001_2	(Dezimalsystem)
③ 20_{10}	(Binärsystem)
④ 112_{10}	(Binärsystem)

① 10011_2	(Dezimalsystem)
② 110101101_2	(Dezimalsystem)
③ 169_{10}	(Binärsystem)
④ 4081_{10}	(Binärsystem)

3 Wahr oder falsch?

Gib jeweils an, ob die Aussage richtig oder falsch ist. Begründe deine Entscheidung.

a) Ein typischer USB-Stick mit 64 GB kann weniger Daten speichern, als eine Festplatte mit einem Speicher von 1,5 TB.
b) Mit dem Code 39 können Buchstaben abgebildet werden.
c) Die Bitfolge 01101 steht für die Zustände AUS AN AUS AN AN.
d) Für einen 3-stelligen PIN-Code mit den Ziffern 0-9 gibt es 40 verschiedene Kombinationen.

a) Ein USB-Stick mit 128 GB Speicher kann weniger Daten speichern als ein Speichermedium mit 1 000 000 000 Bytes.
b) Beim Code 39 wird jedem Zeichen ein Barcode aus vier Strichen und fünf Zwischenräumen zugeordnet.
c) Werden alle Möglichkeiten einer Drei-Bit-Folge aufgeschrieben, ergeben sich 9 Möglichkeiten.
d) Für ein dreistelliges Passwort, welches aus den Kleinbuchstaben a-z und den Zahlen 0-9 besteht, gibt es 130 Möglichkeiten.

4 Pixelgrafiken codieren

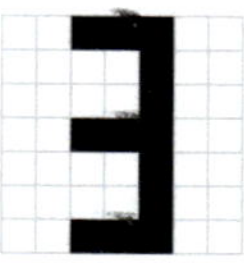

a) Erstelle für das nebenstehende Bild die korrekte Darstellung im PBM-Format.
b) Analysiere, aus wie vielen einzelnen Bits das Bild besteht.

a) Erstelle für das nebenstehende Bild die korrekte Darstellung im PBM-Format.
b) Analysiere, wie viel Speicherplatz das Bild in Byte einnimmt.

5 Vereinfachungen im Binärsystem

Im Binärsystem gibt es Zahlen, die leicht erkennbar sind.

a) Beschreibe, woran man gerade Zahlen im Binärsystem einfach und schnell erkennen kann.

b) Erkläre die Gemeinsamkeiten, die alle Zweierpotenzen im Binärsystem miteinander teilen.

c) Schreibe die Dezimalzahlen 1-16 und die zugehörigen Binärzahlen untereinander auf. Findest du mit Hilfe dieser Zahlenreihe eine Regel, mit der alle Binärzahlen verdoppelt werden können? Analysiere die Zahlenreihe und beschreibe die Regel. Tipp: Schau dir die Binärzahlen von 2, 4, 8, 16 genau an.

6 Symbole codieren und decodieren

Es gilt folgende Codierungsvorschrift für eine Grafik

00	Quadrat □	10	Dreieck △
01	Kreuz ✚	11	Kreis ○

a) Decodiere (zeichne) die folgenden Bitfolgen:
0110110000001101101
1111011111000100
000001001111100000

b) Bestimme den Speicherplatz der folgenden Codierung 00110111.

c) Gib den Speicherplatz der Codierungen aus a) in Bit und Byte an.

d) Denke dir eine eigene Codierungsvorschrift für vier Symbole aus. Codiere eine Grafik aus 8 Symbolen. Eine Mitschülerin oder ein Mitschüler soll diese Grafik mit Hilfe deiner Codierungsvorschrift decodieren (zeichnen).

e) Die Codierungsvorschrift in der Tabelle soll nun durch die Symbole Herz ♡, Stern ☆ und Kreuz ✕ erweitert werden. Gib eine mögliche Codierungsvorschrift für alle sieben Symbole an. Stelle dein Ergebnis in einer Tabelle dar.

f) Warum benötigt die Codierungsvorschrift aus Aufgabe e) mehr Speicherplatz als die Codierungsvorschrift in der Tabelle? Begründe.

7 Zählen im Binärsystem

Mit den Fingern kannst du im Binärsystem weiter als 10 zählen. Das geht so: Jeder Finger hat einen anderen Wert. Der Daumen hat den Wert 1, der Zeigefinger das Doppelte also 2, der Mittelfinger wieder das doppelte, also 4 usw.

a) Benenne, welchen Wert der Ringfinger hat und welchen der kleine Finger.

b) Nenne die Finger, die du brauchst um den Wert 3 darzustellen.

c) Nenne die Finger, die du brauchst um den Wert 9 darzustellen.

d) Fahre mit der zweiten Hand genauso fort. Jeder weitere Finger zählt immer das Doppelte des vorherigen Fingers. Berechne, welchen Wert der zehnte Finger hat.

e) Stelle mit einer Hand alle Werte von 0-10 dar.

f) Stelle mit einer Hand einen Wert dar. Ein Mitschüler oder eine Mitschülerin bestimmt den angezeigten Wert.

g) Stelle mit beiden Händen einen Wert dar. Eine Mitschülerin oder ein Mitschüler bestimmt den angezeigten Wert.

Darstellung des Wertes 6

38141-10
Interaktive Datei zu Aufgabe 8 bis 11 b)

8 Speichergrößen
Ordne die verschiedenen Speichergrößen. Beginne mit der kleinsten und sortiere zur größten.

1 Byte	2 TB	3 Kilobyte	6 Gigabyte
40 Kb	1 Bit	5 MB	512 Bit

9 Zuordnungen
Ordne die Speichergrößen den Beispielen für typische Fälle zu.

① 128 GB	② 4,7 GB	Ⓒ Festplatte	Ⓓ USB-Stick
Ⓐ eine Zahl	Ⓑ DVD	③ 1 Byte	④ 1 Terabyte

10 Umrechnungen
Rechne folgende Speichergrößen in die nächstkleinere Einheit um:
① 1 Gigabyte
② 2 Terrabyte
③ 5 Bytes
④ 20 Kilobyte

11 ASCII-Code
a) Decodiere folgenden ASCII-Code in Text:
`83 117 112 101 114 44 32 100 117 32 104 97 115 116 32 100 105 101 32 65 117 102 103 97 98 101 32 103 101 108 111 101 115 116 46`
Verwende dazu die Tabelle im Buch auf der Seite 21.
b) Codiere folgenden Satz im ASCII-Code: „Informatik ist spitze".
c) Der ASCII-Code benötigt viel Speicherplatz. Überlege dir eine eigene einfachere Textcodierung. Der Text enthält Großbuchstaben und Leerzeichen. Stelle deine Codierung in einer Tabelle dar.
d) Schreibe mit deiner eigenen Textcodierung eine kleine Nachricht. Tauscht paarweise eure Nachrichten und decodiert sie gegenseitig mit Hilfe der Tabelle.

12 Zahlensysteme
Das Dreiersystem besteht aus den Ziffern 0, 1, und 2.
a) Beschreibe, wie viele verschiedene Zahlen mit 10 Ziffern im Dreiersystem dargestellt werden können.
b) Übertrage die Tabelle der Zahlensysteme in dein Heft und ergänze die fehlenden Angaben.

Zahlensystem	Ziffern	Anzahl mit 10 Ziffern
Binärsystem	0, 1	1024
Dreiersystem	0, 1, 2	
Vierersystem		
Oktalsystem (Achtersystem)		

DAS GROSSE INFO-QUIZ!

Hier sprechen Begriffe, die du in diesem Kapitel gelernt hast, über sich selbst. Die Zahlen in Klammern geben den Buchstaben im erratenen Begriff an, den du für das Lösungswort brauchst.

1. Ich bin Grundlage für viele heutige Textcodierungen (Abkürzung). (3)
2. Ich bin ein Code, der aus Strichen und Zwischenräumen besteht. . . . . (2)
3. Mich brauchen alle Geräte, um in einem Netzwerk miteinander kommunizieren zu können . . (5)
4. Ich bin die kleinste digitale Informationseinheit. . . . . (2)
5. Ich wurde früher als Funksignal, vor allem in der Schifffahrt, verwendet. . . . . (5)
6. Mit mir kann man Rastergrafiken speichern. . . . . (3)
7. Ich wurde als Hilfe für blinde Menschen erfunden. . . . . (7)
8. Ich bin das Zahlensystem mit der Basis 2. . . . . (3)

1 Welche Begriffe sind Beispiele für Codierungen im Alltag? Benenne sie.

Morsealphabet	Monitor	Kfz-Kennzeichen	Festplatte
Tastatur	Postleitzahl	Blindenschrift	Raumnummer
DVD	ASCII	Klingel	QR-Code

38141-11
Interaktive Datei zu dieser Seite

2 Welche Datengrößen sind von der Größe identisch? Ordne die Größen zu.

Dokument mit 100 KB	1 000 000 MB
Festplatte mit 1 Terabyte	0,1 MB
USB-Stick mit 1 GB	1 000 MB
Bilddatei mit 10 MB	0,1 GB
MP3-Datei mit 100 MB	10 000 KB

3 Ein Vorhängeschloss hat drei Zahlenräder mit den Ziffern 0-9. Benenne, wie viele verschiedene Möglichkeiten es für einen Code gibt.

4 Rechne folgende Zahlen vom Dezimalsystem ins Binärsystem um.
① 5 ② 94 ③ 156 ④ 1 700

5 Rechne folgende Zahlen vom Binärsystem ins Dezimalsystem um.
① 110_2 ② 1110_2 ③ 1000100_2 ④ 1000000100_2

6 Zeichne ein Raster mit 5 auf 5 Feldern und zeichne das Bild, das im PBM-Format codiert ist.
Zeile 1: 00100 Zeile 2: 00100 Zeile 3: 1111 Zeile 4: 00100 Zeile 5: 00100

Ich kann …	In Aufgabe	Hilfe
Beispiele für Codierungen im Alltag erkennen.	1	1.1; 1.2
Datenmengen in verschiedene Einheiten umrechnen (Bit, Byte, Megabyte, Terabyte).	2	1.3
die Anzahl der verschiedenen Möglichkeiten eines dreistelligen Codes berechnen.	3	1.8
Zahlen aus dem Dezimalsystem ins Binärsystem umrechnen.	4	1.4
Zahlen aus dem Binärsystem ins Dezimalsystem umrechnen.	5	1.4
eine einfache codierte Rastergrafik zeichnen.	6	1.6

Die Welt basiert auf Codes ➥ 1.1

Codes sind Vorschriften aus Zeichenketten für eindeutige Zuordnungen. Durch Codieren und Decodieren werden Informationen zwischen Sender und Empfänger ausgetauscht.

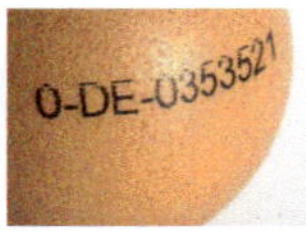

Arten der Codierung ➥ 1.2

Im Alltag werden neben der Sprache auch andere Codes wie zum Beispiel der Morsecode und Flaggensignale verwendet. Die Codierungsvorschrift muss beim Codieren und Decodieren eingehalten werden.

C

C

_ · _ ·
C

Bits und Bytes ➥ 1.3

Computer arbeiten nur mit zwei Zuständen, 0 und 1, die „AUS" und „AN" beschreiben. Durch die Aneinanderreihung dieser Zustände (Bits) können auch sehr große Datenmengen gespeichert werden.

Bit	b oder bit	–
Byte	B	1 B = 8 bit
Kilobyte	kB	1 kB = etwa 1 000 Byte
Megabyte	MB	1 MB = etwa 1 000 kB
Gigabyte	GB	1 GB = etwa 1 000 MB
Terabyte	TB	1 TB = etwa 1 000 GB

Zahlensysteme: Nullen und Einsen ➥ 1.4

Bei Stellenwertsystemen ist die Position einer Ziffer entscheidend. Computer arbeiten im Binärsystem mit der Basis 2. Die Zahlen unseres Dezimalsystems lassen sich in Binärzahlen umrechnen und umgekehrt.

Zahlensysteme im Vergleich				
binär	0	1	10	11
	100	101	110	111
dezimal	0	1	2	3
	4	5	6	7

Text- und Bildcodierung ➥ 1.5, 1.6

Computer können Zahlen, Texte und auch Bilder darstellen. Da Computer nur mit Binärzahlen arbeiten können, müssen Buchstaben und andere Zeichen codiert werden. Bilder werden vom Computer mit Hilfe eines Pixelrasters codiert.

0	0	0	0	0	0	0
0	1	0	0	0	1	0
0	0	0	0	0	0	0
0	0	0	0	0	0	0
0	1	0	0	0	1	0
0	0	1	1	1	0	0
0	0	0	0	0	0	0

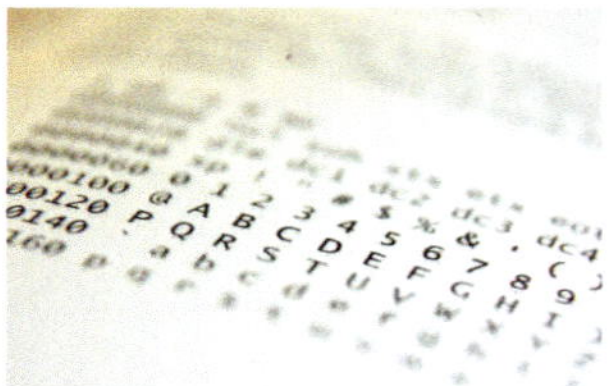

FACHBEGRIFFE

Hier findest du die wichtigsten Begriffe aus diesem Kapitel:

Code	Byte	Pixelraster
Codieren, decodieren	Bitfolge	Rastergrafik
Sender, Empfänger	Binärsystem	Kombinatinationsmöglichkeiten
Morsealphabet	Dezimalsystem	Stellenwertsystem
Codierungsvorschrift	ASCII-Code	QR-Code
Bit	PBM-Datei	ANSI-Code

Algorithmen 2

Am Ende dieses Kapitels hast du gelernt, …

- die algorithmischen Grundbausteine Anweisung, Sequenz, Wiederholung/Schleife, Verzweigung und Bedingung zu erläutern.
- Variablen einzusetzen, um Werte zu speichern und zu verändern.
- Algorithmen zu gegebenen einfachen Problemstellungen zu entwerfen und in grafischer Form (als Flussdiagramm) darzustellen.
- Algorithmen in geeigneten Programmierumgebungen wie Scratch zu implementieren, Codeabschnitte zu untersuchen und deren Wirkung zu interpretieren.

EINSTIEG

Jannik hat Hunger und möchte sich ein Rührei machen. Er hat keine Lust einen langen Text zu lesen und sucht daher nach einem Rezept mit Bildern.

- Welche Informationen müssen im Kochrezept für ein Rührei enthalten sein?
- Welche Anforderungen muss eine solche Vorgangsbeschreibung, zum Beispiel ein Rezept oder eine Anleitung, erfüllen?

INFORMATION

Anweisung → Ablauf/Sequenz

Als Jugendlicher hat man oft noch sehr wenig Erfahrung mit der Zubereitung von Nahrungsmitteln. Deshalb ist es wichtig, in verständlicher Form eine genaue Beschreibung der einzelnen Arbeitsschritte zu erhalten. Einen einzelnen Arbeitsschritt nennt man auch **Anweisung**. Um beispielsweise ein Rührei zuzubereiten, müssen die Anweisungen in der richtigen Reihenfolge durchgeführt werden. Diesen Vorgang nennt man auch **Ablauf** oder **Sequenz**.
Nicht nur bei Rezepten gibt es Ablaufbeschreibungen. Weitere Beispiele sind:

- Bedienungsanleitungen für Geräte
- Montageanleitungen für Möbel
- Mathematische Lösungsverfahren (zum Beispiel schriftliche Division)

Bedingungen für die Beschreibung eines Ablaufs (Sequenz)

Wird ein Ablauf beschrieben, müssen folgende Punkte beachtet werden.

① **Eindeutigkeit**
Es muss klar sein, was gemacht werden muss und in welcher Reihenfolge.
Beispiel: Ein Ei kann nicht in der Schale in die Pfanne gegossen werden.

② **Ausführbarkeit**
Jeder Einzelschritt muss durchgeführt werden können.
Beispiel: Es ist nicht möglich aus einer Kiwi ein Rührei zu machen.

③ **Endlichkeit**
Es besteht ein klares Ende des Ablaufs.
Beispiel: Der Ablauf ist hier beendet, wenn das Rührei auf dem Teller liegt.

Beschreibung von Abläufen

Text	Befehlsfolge	Bild oder Bilderfolge
Stecke die Wäsche in die Trommel. Gib das Waschmittel in das dafür vorgesehene Fach. Stelle dann die Temperatur ein und drücke den Startknopf.	Wiederhole viermal: • Gehe 6 Schritte vorwärts. • Drehe dich um 90° nach rechts.	

MERKE

Einzelne **Anweisungen** in der richtigen Reihenfolge nennt man **Ablauf** oder **Sequenz**. Wir kennen **Abläufe** von Rezepten, Betriebsanleitungen oder auch von anderen Vorgangsbeschreibungen. Sie müssen die Bedingungen **Eindeutigkeit**, **Ausführbarkeit** und **Endlichkeit** erfüllen.

AUFGABEN

1 Wegbeschreibung im Klassenzimmer

a) Leitet euch paarweise mit einer kurzen und genauen Beschreibung im Klassenzimmer zum Waschbecken, Lehrerpult oder zur Tafel. Kommt ihr am Ziel an? Falls nicht, beschreibe, was schiefgegangen ist.

b) Tauscht die Rollen und folgt den Anweisungen mit geschlossenen Augen.

2 Wegbeschreibung durch das Schulhaus

a) Wähle einen Ort in der Schule (zum Beispiel Sekretariat oder Toiletten). Erstelle nun einen Ablauf mit Startpunkt (Klassenzimmer) und Zielpunkt (deinem ausgewählten Ort).

b) Tauscht euren Ablauf in Paaren aus ohne den Zielort zu nennen. Versucht nur anhand der Anweisungen zu erkennen, wohin die Anweisungen lotsen.

c) Probiert aus, ob ihr durch Ausführen der einzelnen Anweisungen am Ziel ankommt.

d) Beschreibe Schwierigkeiten und nenne Verbesserungsvorschläge.

3 Zubereitung eines Pausenbrotes

Du bereitest ein Pausenbrot für die Schule vor.

a) Schreibe einen ausführlichen Text für diesen Ablauf. Verwende dazu folgende Begriffe.

Butter | ein Brötchen | vier dünne Tomatenscheiben
zwei Scheiben Salami | Vesperbox | eine Scheibe Käse

b) Übertrage den ausführlichen Text in eine Befehlsfolge.

c) Werden alle Bedingungen eines Ablaufes erfüllt? Begründe.

38141-12
Interaktive Datei zu Aufgabe 3

Beachte die Bedingungen eines Ablaufs:
- Eindeutigkeit
- Ausführbarkeit
- Endlichkeit

4 Beschreibung von Abläufen

a) Du kennst aus der Tabelle links verschiedene Arten einen Ablauf zu beschreiben. Welche Form würdest du für folgende Beispiele wählen? Begründe.

① Schuhe binden | ② Nudeln abkochen | ③ Anmeldung an einem Schul-PC

b) Finde jeweils ein weiteres Beispiel für die jeweilige Darstellungsform:

① Text | ② Befehlsfolge | ③ Bilderfolge

5 Beispiele für Abläufe im Alltag

a) Nenne drei weitere Beispiele für Abläufe im Alltag.

b) Suche zwei Beispiele für Abläufe, bei denen die Reihenfolge der Anweisungen vertauscht werden kann. Begründe, warum das möglich ist.

c) Suche zwei Beispiele für Abläufe, bei denen die Reihenfolge der Anweisungen dringend eingehalten werden muss. Begründe.

EINSTIEG

Mats hat sich einen Roboter gekauft. Sein kleiner Bruder Vincent setzt sich vor den Roboter und gibt ihm Anweisungen. „Fahr jetzt endlich los…"! Mats erklärt ihm, dass der Roboter unsere Sprache nicht direkt versteht.

- Was muss Vincent tun, damit der Roboter seine Anweisung ausführen kann?
- Welche Sprache versteht ein Roboter?

INFORMATION

Mit dem Computer reden

Ein Roboter oder ein Computer versteht die menschliche Sprache nicht direkt. Sie muss in eine **formalisierte Sprache** (**Programmiersprache**) übersetzt werden. Genaue Handlungsanweisungen, in denen jeder mögliche Fall berücksichtigt ist, werden mit der **Programmiersprache** in ein **Computerprogramm** geschrieben. Mit diesem Computerprogramm können bestimmte Aufgaben mit dem Computer oder Roboter gelöst werden.

Algorithmus

Wird ein Ablauf so präzise beschrieben, dass man ihn ohne Vorkenntnisse genau befolgen kann, so nennt man dies einen **Algorithmus**.
Wie bei einer Ablaufbeschreibung (➡ 2.1) sind auch bei einem Algorithmus folgende Punkte zu beachten.

① **Eindeutigkeit** Er muss in **eindeutiger** Sprache verfasst sein. Die Bedeutung der Wörter und Symbole ist genau festgelegt.	„Nimm die Maus in die Hand." Die Sprache ist nicht eindeutig, da der Computer nicht zwischen einer Feldmaus und einer PC-Maus unterscheiden kann.
② **Ausführbarkeit** Jeder einzelne Schritt muss **ausführbar** sein.	Wird etwa bei einem Algorithmus durch 0 geteilt, zeigt das Programm eine Fehlermeldung an.
③ **Endlichkeit** Der Algorithmus muss **endlich** sein. Das bedeutet, es muss ein klar festgelegtes Ende vorhanden sein.	Lautet eine Anweisung im Programm addiere immer 1 zu deiner Lösung, so endet das Programm nie. $1 + 1 = 2$, $2 + 1 = 3$, $3 + 1 = 4$, $4 + 1 = \ldots$

Darstellung von Algorithmen

Um einen Algorithmus anschaulich darzustellen, gibt es verschiedenen Möglichkeiten. Eine weit verbreitete Variante ist das sogenannte Flussdiagramm.
Beispiel: Telefonieren

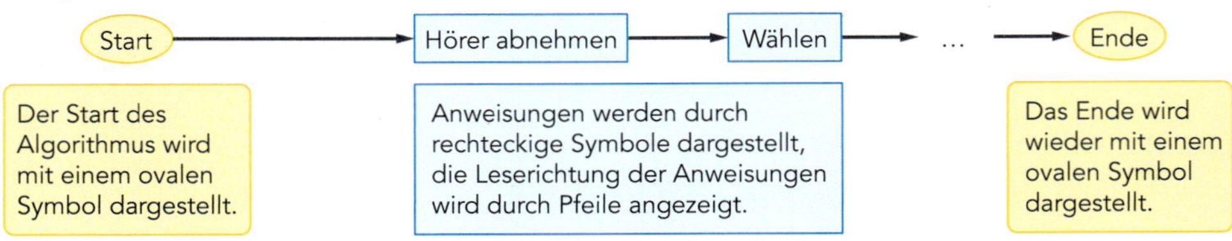

MERKE

Algorithmen sind Handlungsanweisungen, die mit einer **Programmiersprache** in ein **Programm** geschrieben werden. Der Rechner kann dieses Programm durch diese formalisierte Sprache verstehen. Algorithmen müssen die Bedingungen **Eindeutigkeit**, **Ausführbarkeit** und **Endlichkeit** erfüllen. Sie können auf Papier beispielsweise mit einem **Flussdiagramm** dargestellt werden.

AUFGABEN

1 Computersprache
Erkläre folgende Begriffe.
① Algorithmus ② Programmiersprache ③ Programm

2 Korrekte Formulierungen in Algorithmen
Begründe mit den Bedingungen für einen Algorithmus, warum folgende Formulierungen in einem Programm nicht verwendet werden können. Schlage jeweils eine geeignete Formulierung vor.
① „… gib eine Prise Salz in kochendes Wasser …"
② „… pflücke eine Tulpe auf dem Mond …"
③ „… male das Bild aus, bis es schön aussieht …"
④ „… öffne die Schraube mit einem geeigneten Schraubenschlüssel …"
⑤ „… male das Quadrat im Zeichenprogramm mit Blau aus, bis du keine Farbe mehr hast …"

3 Algorithmen im Flussdiagramm
Bringe die Anweisungen in die richtige Reihenfolge und erstelle ein Flussdiagramm. Du kannst diese Aufgabe auch interaktiv bearbeiten.

① Finde den Käse in nebenstehendem Bild.

vorwärts | Drehung nach rechts | Drehung nach links

② Wechsle die Reifen.

Wagenheber in den Kofferraum legen | Schrauben an der Felge aufdrehen | Rad entfernen | Neues Rad aufsetzen | Wagenheber herunterdrehen | Schrauben an die entsprechende Stelle der Felge anschrauben | Wagenheber und Radkreuz aus dem Kofferraum nehmen | Wagenheber am Auto ansetzen und Auto hochdrehen

38141-13
Interaktive Datei zu Aufgabe 3

③ Addiere die Brüche.

Wenn möglich kürzen | Ergebnis 2x unterstreichen | Ergebnis Zähler und Nenner notieren | Hauptnenner suchen | Nenner bleibt stehen | Zähler addieren | Brüche auf Hauptnenner erweitern/kürzen

4 Algorithmen im Alltag
a) Schreibe einen Algorithmus zu folgenden Tätigkeiten. Stelle ihn jeweils in einem Flussdiagramm dar.
① Zähne putzen ② Anmeldung am Schulnetz ③ Papierflieger falten
b) Dein Gegenüber soll jeweils beurteilen, ob der Algorithmus funktioniert.

5 Es gibt auch die Möglichkeit, Algorithmen in einem sogenannten Struktogramm darzustellen. Versuche, das Struktogramm zum Beispiel „Flucht aus dem Labyrinth" zu verstehen. Beschreibe, was in dem Programm passiert.

Ist vor dir eine Wand? Ja	Nein
Dreh dich nach rechts.	Lauf geradeaus.

EINSTIEG

Scratch ist eine frei zugängliche, blockbasierte Programmiersprache, die viele Möglichkeiten bietet. Hier wird ein Überblick zur Anwendung gegeben und im weiteren Kapitel zu Algorithmen gibt es immer wieder praktische Übungen dazu. Die aktuelle Version 3.0 kann online genutzt werden oder steht zum Download zur Verfügung.

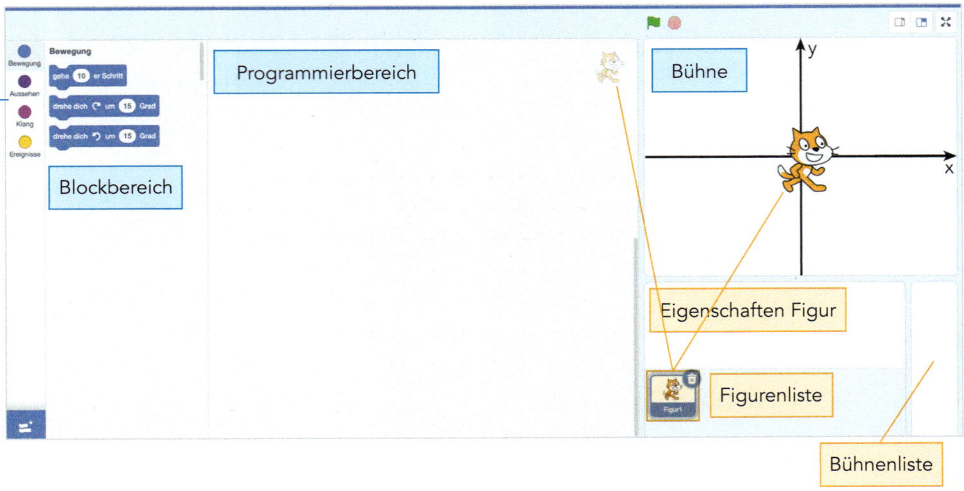

INFORMATION

38141-14
Scratch-Dateien zu dieser Doppelseite

Das erste Programm

Scanne den nebenstehenden QR-Code, um dein erstes Scratch-Programm zu öffnen. In dem Programm erhält die Katze die Anweisung einen 10er Schritt zu gehen und sich dann umzudrehen. Wie läuft das ab?
Um ein Programm zu starten, muss zunächst in der Gruppe der Ereignisse ein **Start** festgelegt werden. Hier ist es beispielsweise möglich eine Taste zu belegen oder das Programm mit Klicken auf die Fahne zu starten.
An diesen Start können die benötigten **Anweisungen** – dargestellt als **Blöcke** – angehängt werden. Das kann zum Beispiel so aussehen: „Wenn angeklickt wird, gehe einen 10er Schritt." Mehrere Anweisungen können in Scratch wie in einem Puzzle zusammengesetzt werden. Das alles geschieht im **Programmierbereich**.
Ähnliche Blöcke haben jeweils die gleiche Farbe und bilden zusammen eine **Gruppe**, zum Beispiel Bewegung für alle Blöcke, die eine Figur bewegen. Du findest alle Blöcke im **Blockbereich**.
Um ein Programm zu stoppen, nutzt du das Stoppschild .

Eigenschaften von Figuren

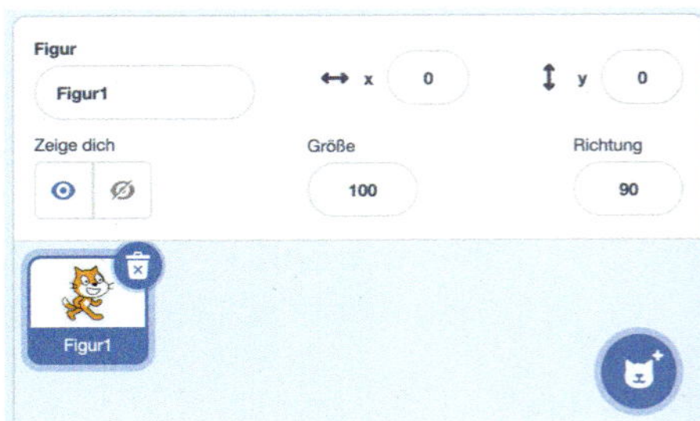

Jede Figur hat besondere **Eigenschaften**: Den Namen, die Position, die Sichtbarkeit, die Größe und die Richtung.
Die Figur bewegt sich auf der **Bühne**.
Ihre Position dort ist in einem Koordinatensystem mit x- und y-Achse festgelegt.
Die Richtung auf 90° bedeutet die Figur steht parallel zum Bühnenboden.
In der **Figurenliste** kannst du zwischen deinen Figuren wählen. Die aktuelle Figur ist blau hervorgehoben.

Figur oder Bühne hinzufügen

Scratch bietet die Möglichkeit aus einer Vielzahl von Figuren und Bühnen zu wählen sowie eigene zu erstellen. Jede Figur und jede Bühne hat einen eigenen Programmierbereich, in dem ihr Anweisungen zugeordnet werden können. Einen Überblick über die Bühnen gibt die **Bühnenliste**.

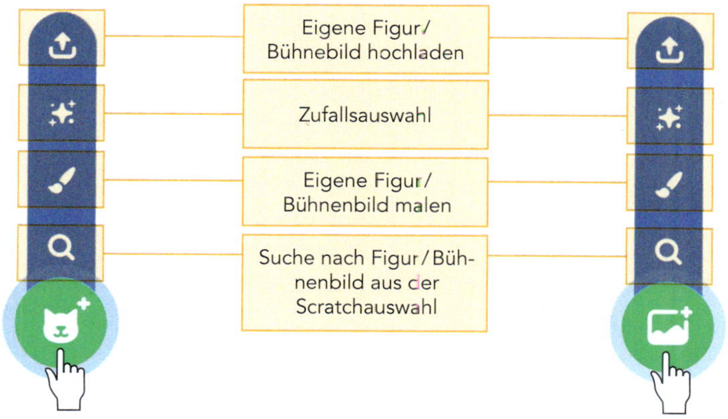

1 Eigenschaften von Figuren ändern

a) Verändere die Werte für Namen, Sichtbarkeit, Position, Größe und Richtung. Beschreibe die Auswirkungen.

b) Klicke auf die Katze auf der Bühne und halte die Taste gedrückt. Ziehe sie an verschiedene Positonen und beobachte die Veränderung der Werte in den Feldern für die Position.

AUFGABEN

2 Ein eigenes Programm

Ziehe folgende Blöcke aus dem Blockbereich in den Programmierbereich und lass die Katze laufen.

Suche in folgenden Gruppen:

a) Füge sie zu einem kleinen Programm zusammen.

b) Bei vielen Blöcken kann die Eingabe angepasst werden. Verändere die Werte der Blöcke, falls dies möglich ist und beobachte was passiert.

c) Versuche die Katze mit den Pfeiltasten steuern zu können.

d) Speichere dein Programm über „Datei" an einem bekannten Ort. So kannst du später daran über den Befehl „Von deinem Computer hochladen" weiterarbeiten.

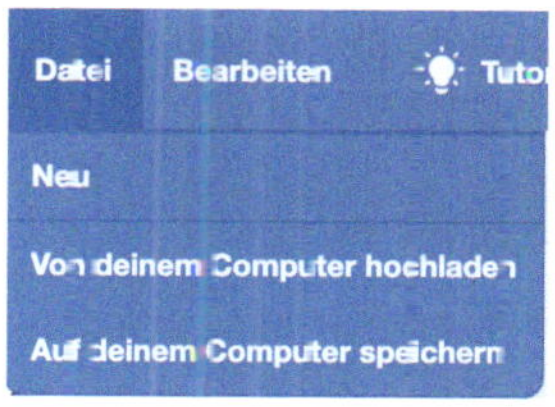

3 Frosch auf Reisen

Es ist möglich mehrere Bühnenbilder und Figuren in ein Programm zu integrieren.

a) Erweitere dein vorhandenes Programm mit der Figur „Frog" und vier verschiedenen Bühnenbildern.

b) Der Frosch soll mit den Tasten W/A/S/D auf der Bühne laufen können. Mit der Taste T soll er „Hallo" sagen.

c) Mit Drücken der Leertaste kehren die Figuren wieder zum Startpunkt zurück und der Hintergrund wechselt zum nächsten Hintergrund.

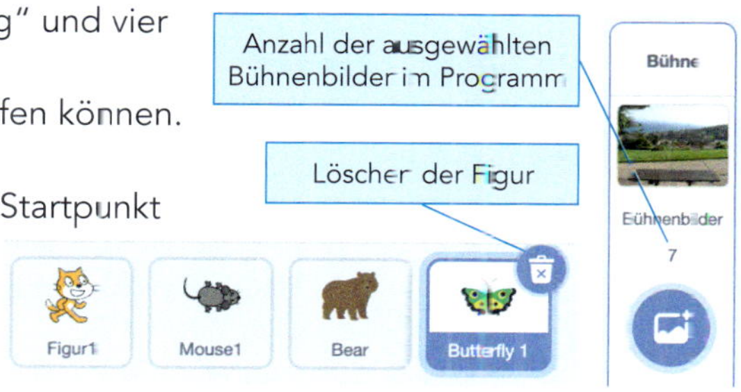

EINSTIEG

Petra möchte die Katze im Programm Scratch ein Quadrat zeichnen lassen.
Sie freut sich sehr, dass sie sofort eine Lösung gefunden hat. „Dein Code ist ziemlich lang, geht das auch kürzer?", fragt ihre Freundin Merle.

- Warum ist Petras Code so lang?
- Wie könnte man ihn kürzer gestalten?

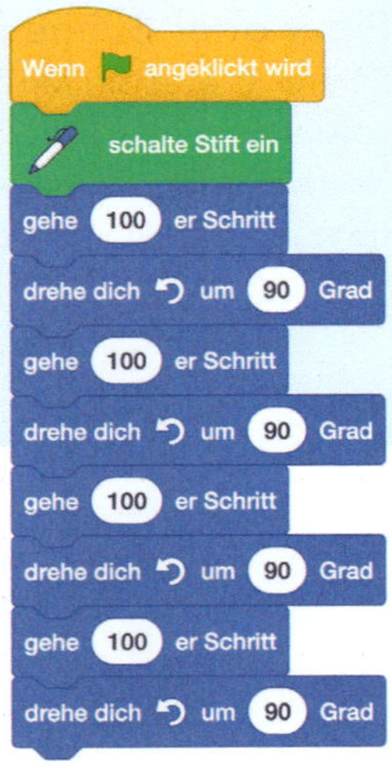

INFORMATION

Schleifen findest du bei Scratch im Bereich Steuerung:

Wiederholung (Schleife)

Schleifen sind wichtige Bestandteile in Programmen. Dabei wird das Programmstück (Sequenz) innerhalb der Schleife von oben nach unten abgearbeitet. Kommt man am Ende des Programmstücks in der Schleife an, springt man zurück und arbeitet die Sequenz wieder von vorne ab. Eine Schleife wiederholt ein Programmstück so lange, bis eine **Bedingung** erfüllt ist oder nicht mehr erfüllt wird. Es ist wichtig, zwei Arten von Schleifen zu unterscheiden.

Wiederholung mit fester Anzahl

Die Sequenz wird so oft wiederholt, wie vorher festgelegt wurde.

Ohne Schleife

Mit Schleife

Wenn die Katze in Scratch viermal einen 100er Schritt laufen soll, kann dieses Programm mit einer Schleife stark verkürzt und übersichtlicher dargestellt werden.

Bedingte Wiederholung

Die Sequenz wird so oft wiederholt bis die Bedingung erfüllt wird oder nicht mehr erfüllt ist.
Beispiel: Wenn die Katze in Scratch bis zum Rand laufen soll, kann dies mit einer Schleife und einer Bedingung geschehen. Wenn die Katze den Rand berührt, ist die Bedingung erfüllt.
Dieses Beispiel kann ohne Schleife mit bedingter Wiederholung nicht genau gelöst werden.

Hier werden folgende Schleifen verwendet:

Wiederholung mit fester Anzahl:

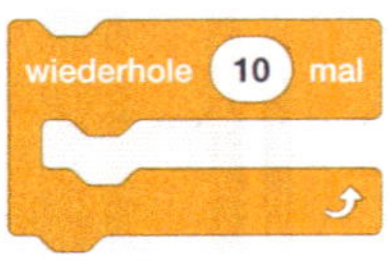

Bedingte Wiederholung:

Endlosschleife:

MERKE

Ein Programm, in dem mehrfach nacheinander die gleiche Sequenz vorkommt, kann durch eine **Wiederholung mit fester Anzahl** vereinfacht werden.
Bei der **Wiederholung mit Bedingung** kann aus zwei Möglichkeiten gewählt werden. Die Sequenz wird wiederholt, solange die **Bedingung noch zutrifft** oder bis sie **nicht mehr zutrifft**.
Schleife ist ein anderer Begriff für **Wiederholung**.

AUFGABEN

1 Einen Roboter lotsen
Robby möchte vom Start zum Ziel kommen, ohne den markierten Weg zu verlassen.
a) Notiere in Stichpunkten, was Robby tun muss.
b) Zeichne ein Flussdiagramm zu deinen Anweisungen.
c) Vergleicht die Anweisungen in Zweiergruppen. Wer kommt mit dem kürzesten Code zum Ziel?

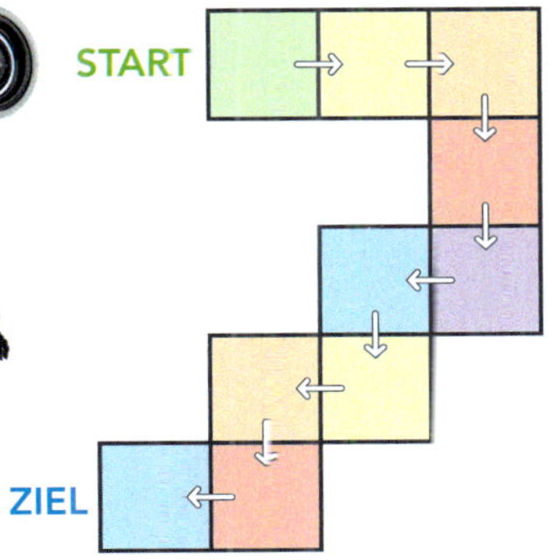

2 Wiederholung mit fester Anzahl oder mit Bedingung
Beantworte die Teilaufgaben für folgende Beispiele.
(1) 50 m Kraul schwimmen
(2) drei Eier in eine Schüssel schlagen
(3) ein Quadrat zeichnen
a) Welche Art der Wiederholung würdest du verwenden? Begründe deine Auswahl.
b) Beschreibe den Ablauf in Stichpunkten.
c) Zeichne zum Ablauf ein kurzes Flussdiagramm.

3 Wege durch das Labyrinth finden
Mit dem hinterlegten Link gelangst du auf die Seite Code.org in die Lektion 2: Labyrinth. Die Bearbeitung ist ähnlich wie in Scratch.
a) Bearbeite die Übungen 1 bis 3, um das Programm kennen zu lernen.
b) Bearbeite die Übungen 4 bis 8. Hier lernst du, die Wiederholungen mit fester Anzahl anzuwenden.
c) Bearbeite die Übungen 9 bis 13. Hier lernst du, die Wiederholung mit Bedingung anzuwenden.

38141-15
Auf der Website code.org gibt es eine große Auswahl an Informatikübungen und Informationen zum Erkunden.

4 Auto und Wassermelone
Das lila Auto soll möglichst nahe an die Wassermelone heranfahren bzw. sie berühren.

a) Öffne dazu die hinterlegte Scratch-Datei und probiere das Programm aus.
b) Jetzt bist du dran. Schreibe im Folgenden den Code um.
(1) Wie oft musst du die Vorgabe „ändere x um 5" wiederholen, um so nahe wie möglich bei der Melone stehen zu bleiben? Verwende eine Wiederholung mit fester Anzahl.
(2) Verwende eine Wiederholung mit Bedingung. Wenn die Wassermelone berührt wird, soll ein Ton erklingen.

38141-16
Scratch-Datei zu Aufgabe 4

ändere x um 5

EINSTIEG

Lasse hat sein Zimmer seit Wochen nicht aufgeräumt. Sein Vater ermahnt ihn: „Wenn du dein Zimmer nicht aufräumst, dann darfst du am Freitag nicht mit deinen Kumpels ins Kino."

- Welche Wahlmöglichkeiten hat Lasse und was passiert jeweils?
- Erstelle daraus ein Flussdiagramm. Kannst du auch eine Schleife integrieren?

INFORMATION

38141-17
Scratch-Dateien zu dieser Doppelseite

Im Alltag müssen wir oft Entscheidungen treffen, die in folgender Form aufgebaut sind: „**Falls/Wenn** etwas passiert, **dann** hat es eine bestimmte Konsequenz." Diese sogenannten **Verzweigungen** sehen im Flussdiagramm folgendermaßen aus.

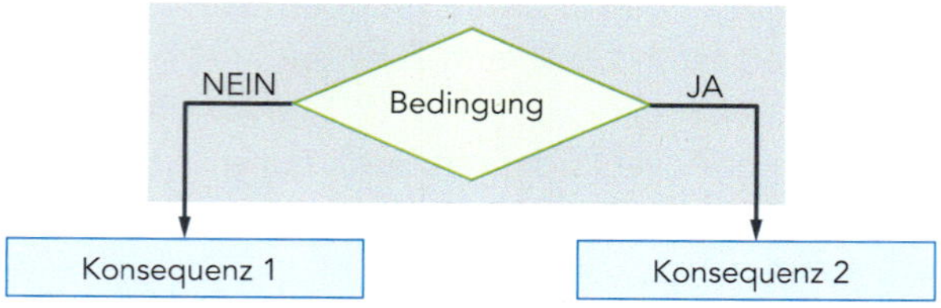

In Scratch muss man bei Verzweigungen grundsätzlich zwei Fälle unterscheiden.

Verzweigungen findest du bei Scratch im Bereich Steuerung:

Einseitig bedingte Anweisung:

Falls die Bedingung erfüllt ist, **dann** mache etwas.
Beispiel:
Falls der Rand berührt wird, **dann** drehe dich um 15 Grad.

Zweiseitig bedingte Anweisung:

Falls die Bedingung erfüllt ist, **dann** mache etwas, **sonst** mache etwas Anderes.
Beispiel:
Es wird eine Zahl bei Scratch eingegeben (diese ist auf Antwort gespeichert).
Falls die Zahl größer als 10 ist, **dann** kommt die Aussage „Die Zahl ist Größer als 10.", **sonst** kommt die Aussage „Die Zahl ist kleiner als 10."

Bei einer **Verzweigung** ist immer eine **Bedingung** notwendig. Eine **einseitig bedingte Anweisung** wird nur dann ausgeführt, wenn die Bedingung erfüllt wird. Bei einer **zweiseitig bedingten Anweisung** wird aufgrund der Bedingung entschieden, ob die eine oder die andere Sequenz ausgeführt wird.

Bedingungen erkennt man in Scratch daran, dass sie spitze Ecken haben und genau in die Lücke einer Verzweigung passen. Man kann mehrere Bedinungen mit „und" oder „oder" verknüpfen. Eine Bedinungen kann auch durch ein „nicht" in ihr Gegenteil verkehrt werden.

MERKE

Eine **Verzweigung** wird benötigt, wenn in einem Programm zwischen mehreren Programmabschnitten aufgrund einer bestimmten **Bedingung** entschieden wird. Verzweigungen können mit **einseitig bedingten Anweisungen** oder mit **zweiseitig bedingten Anweisungen** aufgebaut sein. Durch **und** und **oder** können Bedingungen miteinander verknüpft werden, durch **nicht** können sie verneint werden.

AUFGABEN

1 Einseitig und zweiseitig bedingte Anweisungen
Erkläre was man unter einer…
① … einseitig bedingten Anweisung ② … zweiseitig bedingten Anweisung
versteht und beschreibe beide anhand eines passendes Beispiels aus deinem Alltag.

2 Verzweigung im Flussdiagramm
Erstelle ein Flussdiagramm zum Thema Telefonieren mit dem Handy. Verwende passende Verzweigungen.

3 Happy Birthday

a) Um welche Art von Verzweigung handelt es sich im abgebildeten Scratch-Code? Begründe ausführlich.
b) Teste das Programm und versuche den Code nachzuvollziehen. Verändere verschiedenen Eingaben.
c) Verändere den Code. Sprite, die Katze, soll nun bei jedem Schritt nach vorne das Kostüm wechseln. Du kannst die Anweisung „nächstes Kostüm" dafür verwenden.

4 Fangen spielen
Sprite ist in ihrem Zimmer unterwegs. Du kannst sie mit den Pfeiltasten in alle vier Richtungen steuern. Programmiere nacheinander folgende Zusatzfunktionen.
Wenn du Hilfe benötigst, kannst du die hinterlegten Dateien mit dem Zusatz „Hilfe" im Dateinamen öffnen. Dort findest du die nötigen Blöcke, richtig anordnen musst du sie aber selbst.

a) Wenn Sprite den Weltraumhund berührt, soll eine Sprechblase mit „Hallo" für 2 Sekunden sichtbar werden.
b) Starte das Programm mit der Fahne.
Wenn Sprite den Weltraumhund berührt, soll dieser verschwinden. Mit Klick auf die Leertaste soll Sprite zurück zu ihrer Startposition und der Hund wieder am vorherigen Ort erscheinen.
c) Der Weltraumhund soll fortlaufend sein „Kostüm" wechseln. Sobald er berührt wird soll er verschwinden.

EINSTIEG

Fina und Janne schauen sich ein Basketballspiel an. Auf der Anzeigetafel steht zunächst 0:0. Mit jedem Korb verändert sich die Anzeigetafel. Fina überlegt sich, was da wohl genau im Programm der Tafel passiert.

- Überlege, wie ein Rechner diese Aufgabe bewältigen könnte.

INFORMATION

Variable

Eine Variable ist ein Platzhalter für eine Größe. Variablen sind aus dem Mathematikunterricht bekannt. Sie werden bei Termen und Gleichungen häufig mit x dargestellt. Variablen finden dabei eine Anwendung als unbekannte Zahl.
In der Informatik werden sie zur Verwaltung von Daten verwendet. Sie dienen als „Behälter" für einen **veränderlichen** Inhalt (Wert). Variablen bekommen einen Namen und es werden Werte darin gespeichert, die noch eine Rolle im Programm spielen. Diese Werte können gelesen, verändert oder entfernt und durch einen neuen ersetzt werden.

Nicht nur bei Anzeigetafeln für Sportereignisse werden Variablen verwendet. Weitere Beispiele sind:

- Punktestand bei Computerspielen
- Rundenzähler
- Texteingabe von Personendaten (zum Beispiel Name, Adresse)
- Abfragen (wie männlich (m) oder weiblich (w))

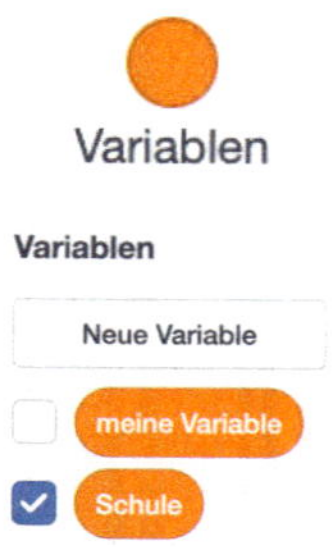

Variablen in Scratch

In der Gruppe Variablen kannst du neue Variablen setzen und definieren.

1. Klicke auf „Neue Variable".
2. Nun kannst du deiner Variablen einen Namen geben (zum Beispiel Schule).
3. Die Variable ist jetzt sichtbar und kann verwendet werden.
4. Sie wird mit ihrem aktuellen Wert auf der Bühne angezeigt. 

In Scratch stehen weitere Optionen für Variablen zur Verfügung.

MERKE

Eine **Variable** wird in der Informatik zur Verwaltung **von bestimmten Werten** verwendet. In einer Variable werden Werte gespeichert, die später wieder benötigt werden können. Die gespeicherten Werte können auch verändert, gelöscht oder komplett ersetzt werden.

AUFGABEN

1 Variablen als wichtige Bausteine in Programmen
Für welchen Zweck werden Variablen in der Informatik verwendet? Nenne und beschreibe drei Beispiele.

2 Untersuche folgende Programme.
a) Beschreibe was im Programm passiert.
b) Werte die Programme aus und gib den Wert der Variablen am Ende des Programms an.
c) Übertrage die Programme in Scratch und überprüfe deine Vermutung.

33141-18 Scratch-Dateien zu Aufgabe 2

(1)

(2)

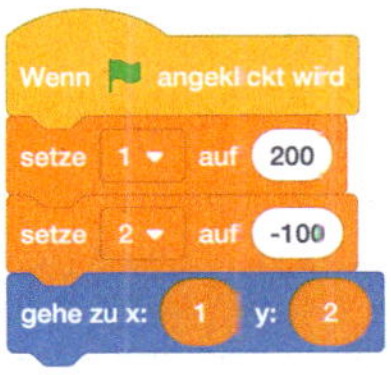

(3)

(4)

3 Speichern von Zahlen in Variablen
Im Folgenden soll ein Programm in Scratch erstellt werden. Sobald auf das Schlagzeug geklickt wird, soll ein Klang erklingen und die Variable „Anzahl Schläge" um eins erhöht werden.
a) Erstelle das Programm und gehe dabei wie folgt vor.
- Setze das Schlagzeug auf die Bühne.
- Erstelle eine Variable „Anzahl Schläge".
- Erstelle anhand des rechts abgebildeten Flussdiagramms ein Programm in Scratch.
- Wenn du die Leertaste drückst, soll die Variable auf null gesetzt werden.

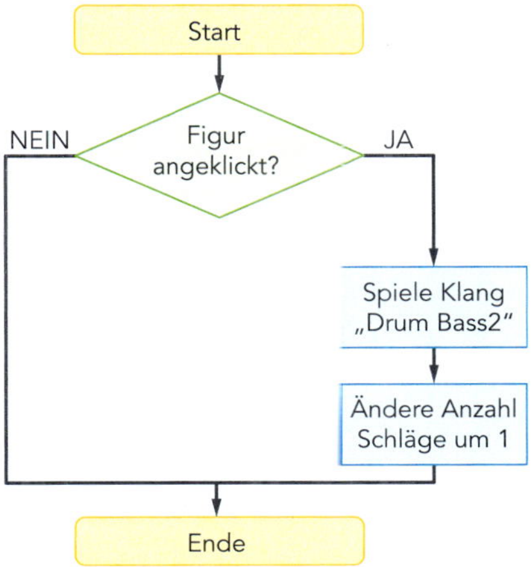

b) Wähle einen passenden Hintergrund und setze weitere Musikinstrumente auf die Bühne. Sie sollen beim Anklicken ebenfalls erklingen. Erstelle für jedes Instrument eine Variable mit einem passenden Namen. Beim Klick wird der Zähler um eins erhöht. Die Leertaste setzt alle Variablen auf null.
c) Auf Internetseiten wird das „Klickverhalten" gespeichert. Was könnte bei deinem Programm für ein Unternehmen interessant sein? Erläutere, weshalb Unternehmen das „Klickverhalten" speichern und auswerten.

EINSTIEG

Im Spiel Tron treten zwei Spieler gegeneinander an. Jeder Spieler hinterlässt eine Spur aus Licht. Ziel des Spiels ist es den Gegner mit der eigenen Linie einzuengen, sodass er diese berührt.

- Erstelle eine Liste, welche Bestandteile für dieses Spiel notwendig sind.

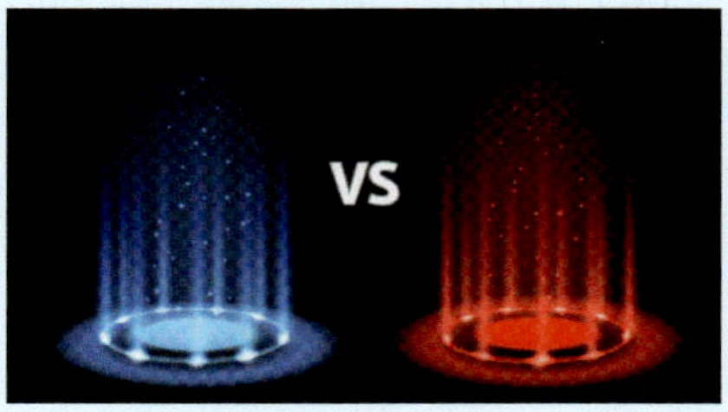

INFORMATION

Projekte planen

Damit ein Projekt gelingen kann, musst du Folgendes beachten:

1. Was ist die Idee?
2. Welche Funktionen soll das Projekt am Ende umfassen?
3. Wie kannst du die Funktionen in einzelne Häppchen unterteilen, damit die Umsetzung des Projekts gelingt? Hierbei erleichtert die Reihenfolge der Häppchen die Umsetzung beginnend mit Grundfunktionen hin zu Extras.
4. Überprüfung der Reihenfolge durch Tests. Es kann sinnvoll sein, dass nicht der Programmierer selbst den Test übernimmt.
5. Am Ende sollte die Überprüfung stehen, ob auch wirklich alle ursprünglich festgelegten Ziele erreicht wurden.

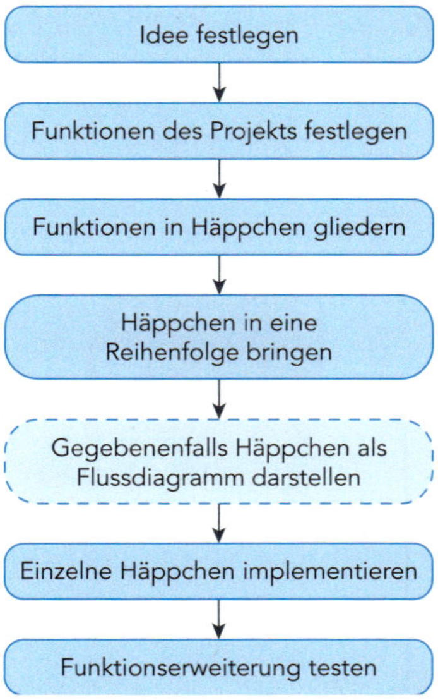

MERKE

Beim **Planen** von **Projekten** kommt es darauf an, das Projekt so in Einzelteile zu zerlegen, dass das Projekt durch die Implementierung einzelner Teile **immer mehr Funktionen** erhält, aber nach jedem Arbeitsschritt **lauffähig** ist und so jeder neue Teil **getestet** werden kann.
Dies erfordert eine **sorgfältige Planung** und eine **logische Reihenfolge**, in der die einzelnen Arbeitsschritte durchgeführt werden müssen.
Oft kann es sinnvoll sein, bei komplexeren Arbeitsschritten zunächst ein **Flussdiagramm** anzufertigen.

Tron

Die folgenden Aufgaben werden das Projekt Tron Schritt für Schritt anleiten.
Dazu werden zwei relativ kleine Figuren benötigt (Empfehlung: Bälle), die auf Wunsch des Spielers Spuren hinterlassen. Sobald ein Spieler die Spur des anderen berührt, hat er verloren. Punktestände werden gezählt und zum Spielende angezeigt.
Das Projekt ist bereits in Häppchen zerlegt und in eine Reihenfolge gebracht. Die Häppchen müssen noch implementiert und getestet werden. Am Ende können auch noch eigen Funktionserweiterungen ergänzt werden.

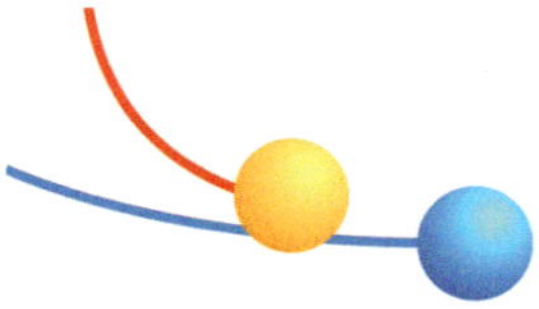

AUFGABEN

1 Steuerung

Setze zwei Bälle (einen gelben und einen blauen) auf die Bühne. Folgendes soll bei den Bällen berücksichtigt werden:

Blauer Ball: Startposition (-100/-50); drehen über Pfeiltasten

Gelber Ball: Startposition (100/-50); drehen über die Tasten A und D

Hinweis:
Figur wählen: Ball auswählen
Kostüme: Farbe verändern

2 Spuren

Folgendes soll bei den Spuren der Bälle berücksichtigt werden:

Blauer Ball: der Ball soll eine blaue Spur hinterlassen, wenn Taste N gedrückt wird, und soll damit aufhören, wenn die Taste M gedrückt wird.

Gelber Ball: der Ball soll eine rote Spur hinterlassen, wenn die Taste S gedrückt wird, und soll damit aufhören, wenn die Taste W gedrückt wird.

Nützliche Blöcke:

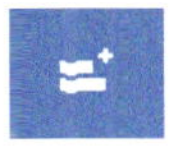

Den Malstift findest du unter Erweiterung hinzufügen im Blockbereich.

3 Verlieren

Erstelle zwei Variablen, PunkteBlau und PunkteGelb, für den Punktestand. Verstecke die Variablen zu Beginn. Wenn eine Figur die Spur des anderen berührt, soll der Ball der berührten Farbe einen Punkt auf sein Punktekonto erhalten.

Beim Verlierer soll eine Sprechblase erscheinen, die sagt „Ich habe verloren". Anschließend soll der Punktestand eingeblendet und das Programm beendet werden.

4 Runden

Führe eine neue Variable Gewinnsätze ein und verberge sie.

a) Zu Beginn soll das Programm fragen, wie viele Punkte erreicht werden müssen. Dieser Wert soll in der Variablen Gewinnsätze gespeichert werden. Du findest die Blöcke im Bereich Fühlen:

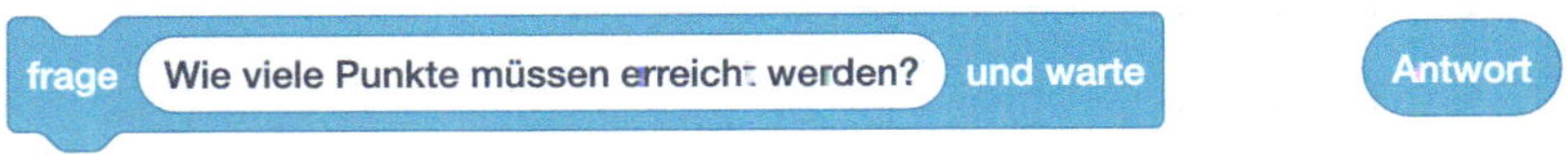

b) Das Programm soll so lange neu gestartet werden, bis ein Spieler die Anzahl der Gewinnsätze erreicht hat.

5 Power-Ups

Erweitere das Spiel mit geeigneten Power-Ups. Hier sind einige Vorschläge. Du kannst auch deine eigenen Ideen einbringen. Zum Starten der Power-Ups kannst du bestimmte Tasten verwenden. Es ist zudem möglich, andere Figuren auf der Bühne zu platzieren und die Power-Ups bei Berührung mit diesen auszulösen.

(1) Beschleunigen	(2) Verlangsamen	(3) Spur verbreitern
(4) Spur verschmälern	(5) Teleportation	(6) Unverwundbarkeit für bestimmte Zeit

EINSTIEG

Im Kochunterricht werden Pfannkuchen zubereitet. Sie schmecken aber nicht wie erwartet. Bella und Paula schauen sich nochmal das Rezept an und machen sich Gedanken darüber, was eventuell falsch gelaufen ist.

- Fasse das Rezept in einem Flussdiagramm zusammen.
- Wo könnten evtl. Fehler entstehen? Diskutiere mit deiner Klasse.

INFORMATION

Codes lesen können

Beim Programmieren ist es sehr wichtig, gegebene Codes zu verstehen. Dadurch ist es möglich, den Code auch ohne Ausführung des Programmes nachzuvollziehen, ihn zu verbessern und auch Fehler zu finden.
Um ein Programm verstehen zu können, müssen der Aufbau und die Grundbegriffe der Programmiersprache bekannt sein. Ein problemloser Ablauf eines Programms kann nur dann gewährleistet werden, wenn in einem Code keine Fehler vorkommen. Mögliche Fehler müssen erkannt und behoben werden können.

Fehlererkennung

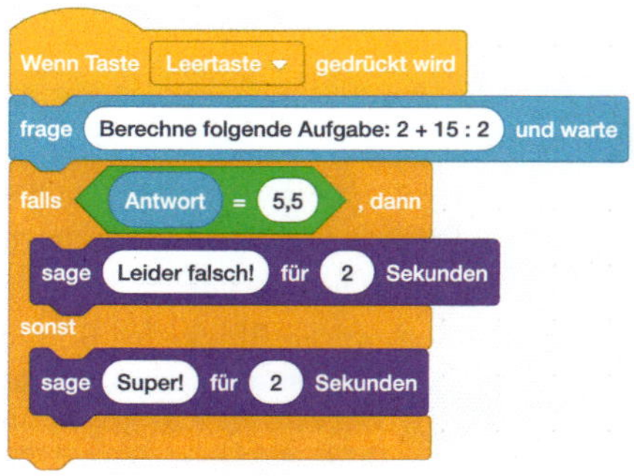

Wenn das gewünschte Ziel des Ablaufs nicht eintritt, handelt es sich um einen Fehler. Der Endzustand wird nicht erreicht.

Um Fehler zu finden ist es wichtig, den Code in einzelne Teile zu zerlegen und ihn Schritt für Schritt auf Korrektheit zu kontrollieren.

Codes kommentieren

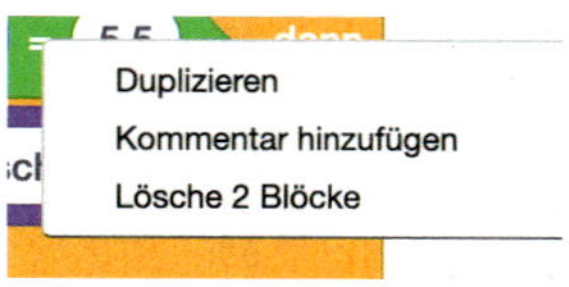

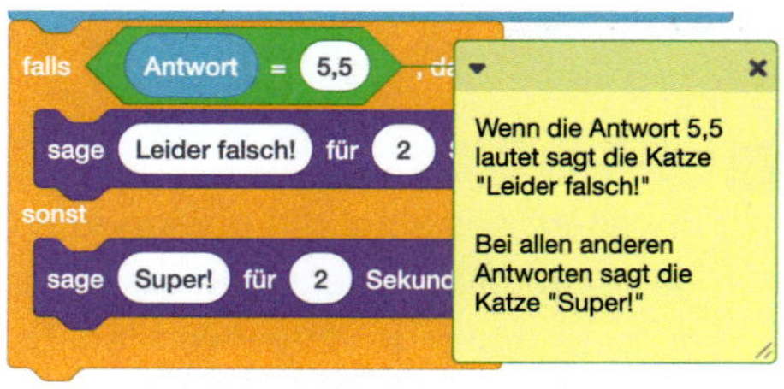

In Scratch ist es möglich, einen Code mit Kommentaren zu versehen. Dazu muss man mit Rechtsklick auf den entsprechenden Block klicken.
Durch Kommentare können die einzelnen Gedanken zu den Codeabschnitten sichtbar gemacht werden. Dadurch kann eine Fehlersuche erleichtert werden. Am besten schreibt man Kommentare nicht nur für sich selbst nachvollziehbar, sondern auch für andere. Das ist vor allem dann wichtig, wenn mehrere Leute an einem großen Programmierprojekt arbeiten.

MERKE

Jeder Code, der in einer Programmiersprache (zum Beispiel Scratch) geschrieben wurde, muss interpretiert werden können. Dadurch ist es möglich, ihn zu **verbessern** (u. a., dass der Code schneller ablaufen kann) und **Fehler** zu **beheben**. Liefert das Programm nicht das gewünschte Ergebnis, enthält es einen oder mehrere Fehler.

AUFGABEN

1 Navigationsprobleme

Die Maus möchte eine Runde um den Block laufen. Leider kommt sie mit keinem Programm am Ziel an.

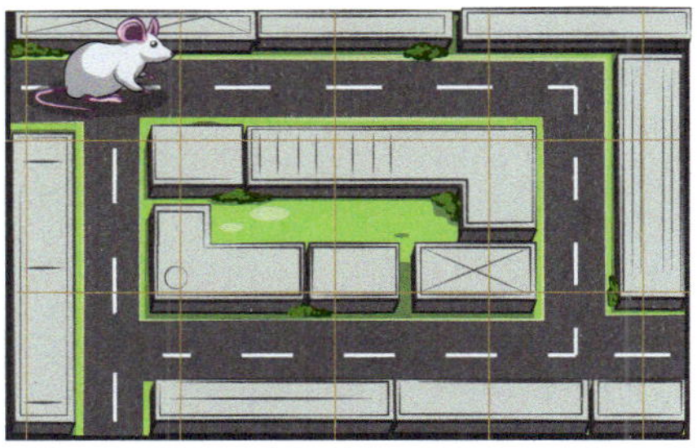

a) Betrachte die Programme und finde den Fehler.

b) Korrigiere jeweils den Fehler, damit das Ziel erreicht werden kann.

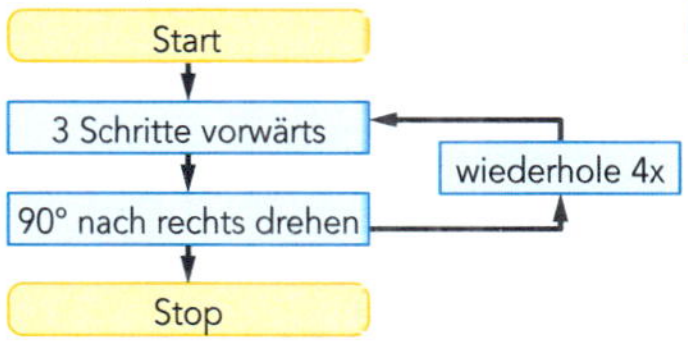

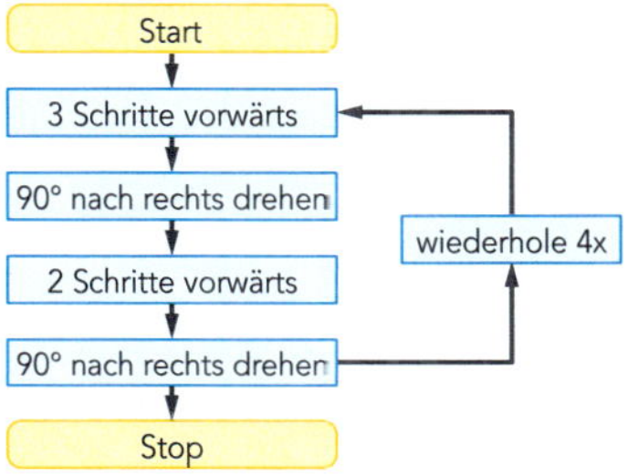

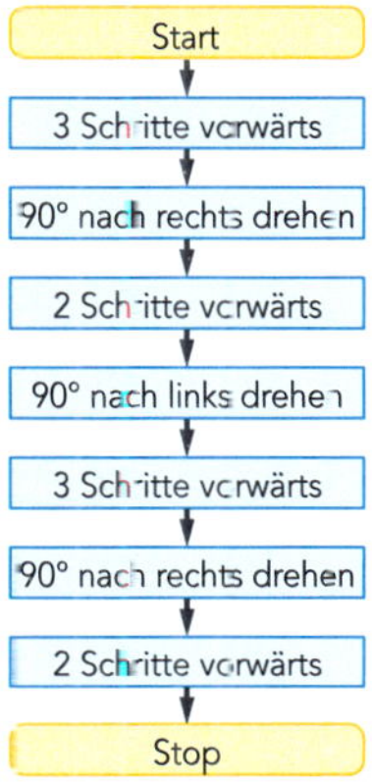

2 Formfehler

a) Beschreibe den Programmablauf der folgenden Programme genau und benenne, was das Ergebnis des Programms ist.

b) Überprüfe im Anschluss deine Vermutung, indem du das Programm implementierst und testest.

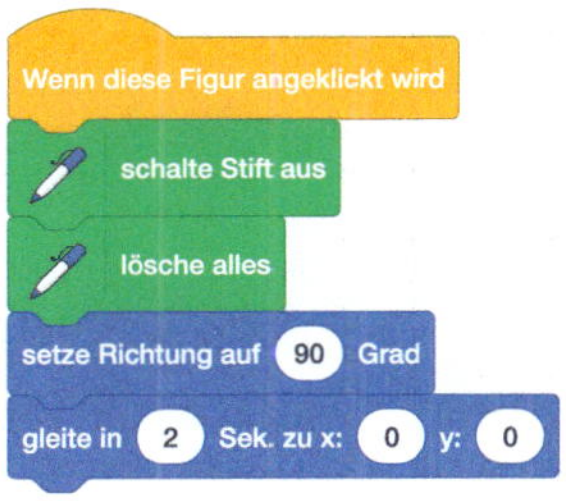

3 Kein Kommentar

a) Öffne die mit dem QR-Code hinterlegte Scratch-Datei. Beschreibe die wichtigsten Anweisungen mit der Kommentarfunktion.

b) Erstelle selbst ein Scratch-Programm und teste es. Tausche das Programm mit einem Mitschüler oder einer Mitschülerin aus. Beschreibt, was im Programm eures Gegenübers passiert und zu welchem Ergebnis es kommt.

c) Kommentiere die wichtigsten Anweisungen deines Programms. Tausche mit jemand Neues das Programm und beschriebt das Programm eures Gegenübers. Vergleicht mit der Beschreibung aus c).

33141-19
Scratch-Datei zu Aufgabe 3

Du bist jetzt mit den Grundlagen in Scratch vertraut. Scratch kann aber noch viel mehr. Für alle Themen gilt: nimm gerne die Anregungen aus den Aufgaben mit, aber experimentiere, ergänze und erweitere sie mit deinen eigenen Ideen.

MEINE BLÖCKE

38141-20 Scratch-Dateien zu dieser Doppelseite

1 In Scratch besteht die Möglichkeit, unter „Meine Blöcke" einen eigenen Block aus mehreren Befehlen zu erstellen. Dieser Block ist dann wie ein (Teil-)Programm und ersetzt dadurch eine erneute Programmierung von häufig verwendeten Abläufen.

a) Der obige Block „Quadrat" lässt deine Figur ein Quadrat laufen. In der Definition gibst du vor, was passieren soll, wenn du den Block später aufrufst. Verändere den Code so, dass er ein Quadrat in der gewünschten Größe zeichnet. Jede Seite soll eine andere Farbe und Liniendicke haben.

b) Erstelle einen eigenen Block „Zurück". Dieser soll deine Figur in ihre Ausgangslage (Position, Richtung, Größe) zurücksetzen.

c) Gliedere dein Spiel „Tron" mit eigenen Blöcken.

KOMMUNIZIEREN

2 Figuren können über folgende Blöcke miteinander kommunizieren und interagieren.

a) Setze eine Rakete und zwei Buttons auf die Bühne. Mit Klick auf den ersten Button startet die Rakete. Es kommt Feuer aus dem Triebwerk. Ein Klick auf den zweiten stoppt die Rakete. Es kommt kein Feuer mehr aus dem Triebwerk.

b) Platziere Pfeile auf der Bühne und steuere die Rakete mit diesen Pfeilen.

c) Durch einen vorbeiziehenden Planeten soll es so wirken, als ob die Rakete fliegt. Wenn die Rakete stoppt, soll natürlich auch der Planet stoppen. Der Code rechts kann dir helfen.

OPERATOREN

3 Die Operatoren in Scratch bieten die Möglichkeit mathematische Funktionen und Textverarbeitung auszuführen.

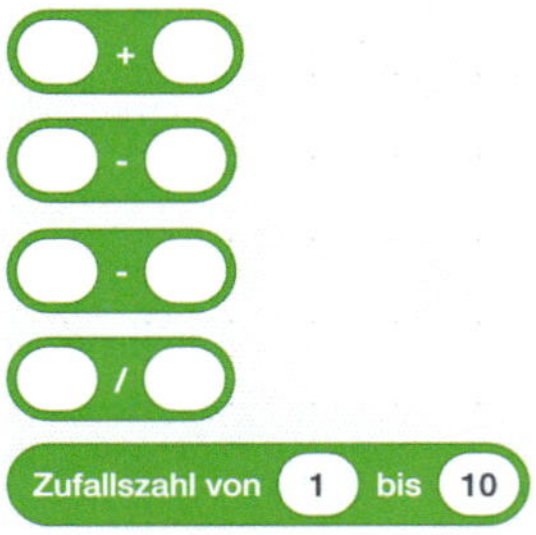

a) Würfeln: Setze einen Knopf auf die Bühne. Mit Drücken des Knopfes soll eine zufällige Zahl zwischen 1 und 6 genannt werden wie bei einem Würfel.

b) Rechnen: Verändere den hinterlegten 1 · 1-Trainer zu einem Übungsprogramm für Kopfrechnen bis maximal 1000 + 1000. Passe alle mathematischen Begriffe an und erstelle einen eigenen Block.

4 Du kannst auch selbst auf die Bühne treten und zwar durch Video-Erfassung in Scratch. Hierfür wird eine Kamera am digitalen Endgerät benötigt.
Folgende Funktionen sind möglich

Erstelle ein Ballon-Antipp-Spiel.
Ziel des Spiels: Über die Video-Bewegung in Scratch werden die Ballons angetippt. Beim Antippen ertönt ein Ton und der Ballon verschwindet. Nach einer Sekunde taucht er an einer anderen Stelle wieder auf.

a) Zerlege diese Spielidee in Teilschritte. Notiere zunächst alle benötigten Bereiche und bringe sie in eine korrekte Reihenfolge.
b) Setze den Ballon auf die Bühne, die Video-Transparenz auf null und schalte das Video in Scratch ein. Programmiere dieses Spiel in Scratch.
c) Ergänze das Spiel:
   - Die angetippten Ballons sollen gezählt und die Anzahl angezeigt werden.
   - Bei zehn angetippten Ballons wird der Ballon größer.
   - Bei 15 angetippten Ballons wird die Transparenz auf 50 gesetzt.
   - Verändere/ergänze das Spiel mit eigenen Ideen.
d) Setze eine eigene Idee mit Planung und Programmierung in Scratch im Bereich Video-Erfassung um.

VIDEO-ERFASSUNG

Die Video-Erfassung findest du unter Erweiterung hinzufügen im Blockbereich.

5 Programmiere ein Pong-Spiel. Der Ball darf die Linie unter dem Schläger nicht berühren. Er bewegt sich ständig und prallt vom Rand und vom Schläger ab. Du benötigst einen passenden Hintergrund, einen Schläger (Balken), einen Ball und eine Linie unter dem Schläger.

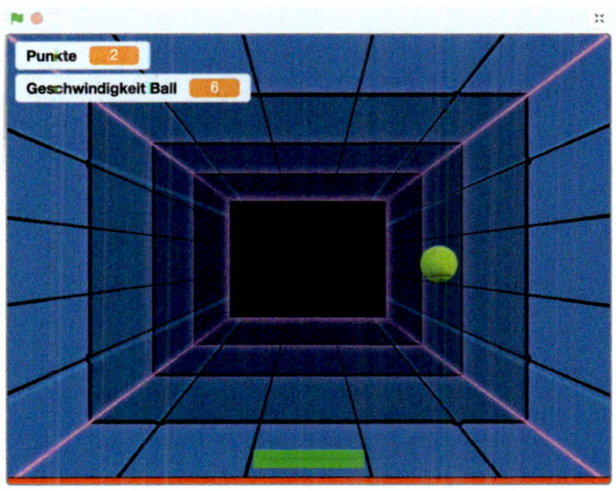

a) Zerlege diese Spielidee in Teilschritte. Notiere zunächst alle benötigten Bereiche und bringe sie in eine korrekte Reihenfolge.
b) Erstelle einen passenden Hintergrund und platziere alle benötigten Figuren auf der Bühne. Programmiere dieses Spiel in Scratch.
c) Programmiere weitere Ergänzungen:
   - Bei jeder Ballberührung soll ein passender Ton erklingen.
   - Bei einem Fehler soll der Ball „Game Over" sagen.
   - Deine Punkte sollen gezählt und angezeigt werden.
   - Nach einer bestimmten Punktezahl wird der Ball schneller.
   - Nach einer bestimmten Punktezahl wird der Ball kleiner.
   - Füge einen zweiten Spieler am oberen Rand hinzu. Einen Punkt bekommt, wer es schafft, dass der Ball die Linie des anderen Spieler berührt.
   - Ergänze das Spiel mit eigenen Ideen.

PONG-SPIEL

1 Mausel soll rechts auf der Matte die Buchstaben eines Wortes einsammeln.

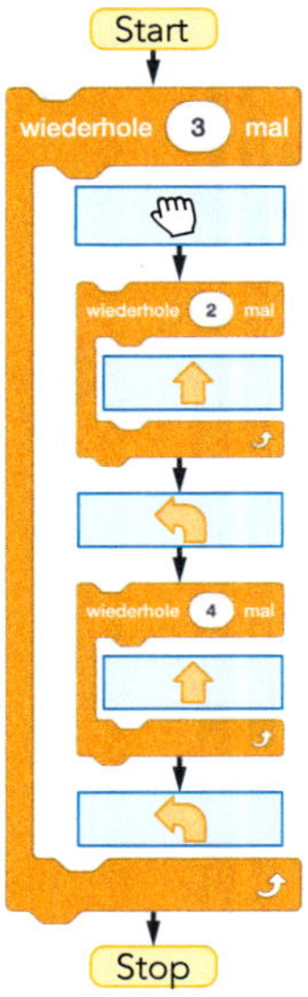

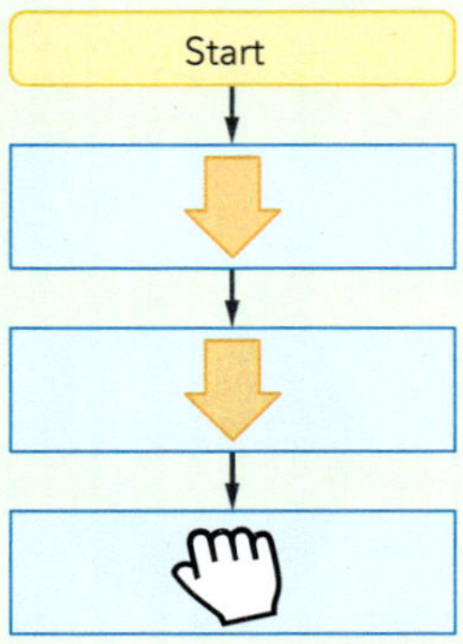

a) Mausel startet von Feld „e" und hat mit dem obigen Algorithmus das „m" eingesammelt. Vervollständige den Code in dieser Form zu „Mausel".

b) Verändere den Algorithmus so, dass dein eigener Name entsteht. Du darfst den Startpunkt und die Startausrichtung von Mausel selbst festlegen. Erstelle ein Flussdiagramm für den veränderten Algorithmus.

a) Mausel startet von Feld „m" mit Blick zu „e" und ist mit dem Algorithmus aus der Randspalte programmiert. Benenne, welches Wort dabei entsteht.

b) Suche eigene Worte, die mit Schleifen geschrieben werden können, und erstelle ein Flussdiagramm dazu.

c) Tauscht die Anweisungen paarweise aus und versucht das Wort eures Gegenübers zu finden.

2 Schreibe jeweils Programme in Scratch, die den Stift die passenden Figuren zeichnen lassen.

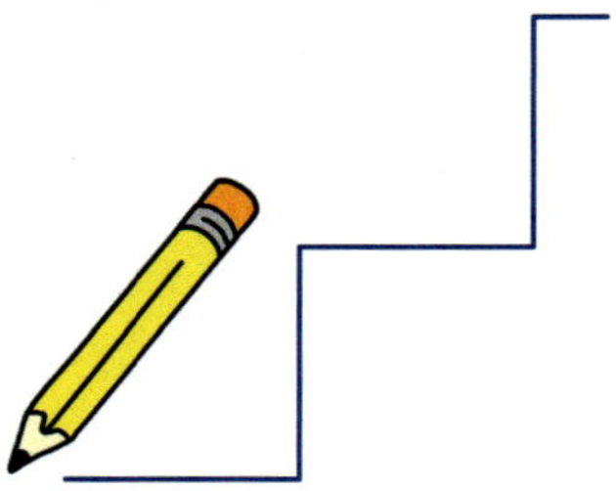

38141-21
Scratch-Dateien zu Üben und Vertiefen

a) Zeichne mit dem Stift eine Treppe mit 5 Stufen. Erstelle zur Planung des Programms ein Flussdiagramm.

b) Übertrage dein Flussdiagramm in ein Scratch-Programm.

c) Vergleiche deinen Programmcode mit dem deines Sitznachbarn oder deiner -nachbarin. Benenne, welche Unterschiede es gibt.

d) Überarbeitet euren Code und versucht gemeinsam, mit so wenigen Blöcken wie möglich zum Ergebnis zu kommen.

a) Zeichne mit dem Stift den Stern mit 5 Zacken. Der Stift soll immer von der Ausgangspositon auf einem weißen Hintergrund starten. Verwende die Bausteine aus der Scratch-Datei 38141_2-10_A2 rechts.sb3.

b) Lass den Stift ein regelmäßiges Fünfeck in Scratch zeichnen.

c) Es gibt noch weitere regelmäßige Vielecke. Recherchiere im Internet, welche Winkel du für weitere Vielecke benötigst. Erstelle Scratch-Programme zum Zeichnen verschiedener regelmäßiger Vielecke.

3 Alltag und Algorithmus

a) Beschreibe den Ablauf des Teekochens als Befehlsfolge.

b) Erfüllt deine Beschreibung die Bedingungen Eindeutigkeit, Ausführbarkeit und Endlichkeit? Erkläre genau.

c) Übertrage deinen Ablauf in ein Flussdiagramm. Tauscht die Flussdiagramme paarweise und kontrolliert die Durchführbarkeit.

4 Algorithmen genau beschreiben

a) Erstelle jeweils eine genaue Ablaufbeschreibung zu den nachfolgenden Beispielen.
   ① Nimm ein weißes DIN-A4-Blatt und erstelle darauf eine Bleistiftzeichnung.
   ② Nimm ein weißes DIN-A4-Blatt und falte daraus einen Papierflieger.
   ③ Nimm ein weißes DIN-A4-Blatt und falte es beliebig.
   ④ Lege mit Streichhölzern (Stiften) ein Muster.
   ⑤ Erschaffe mit Knetmasse ein Kunstwerk.

b) Tauscht eure Ablaufbeschreibungen paarweise. Führt dann die Ablaufbeschreibungen eures Gegenübers durch und vergleicht anschließend eure Ergebnisse.

c) Bewertet und sortiert eure Ergebnisse danach, wie nahe sich Vorlage und Kopie sind.

5 Wiederholte Schritte

Der Roboter soll die Steine einzeln zum grün markierten Feld bringen.

a) Weshalb kann ein Roboter mit folgenden Anweisungen die Aufgabe nicht erfüllen?
   - Gehe zu den Steinen.
   - Trage sie zum neuen Platz.

   Erkläre ausführlich anhand der Bedingungen für einen Algorithmus.

b) Überlege dir den benötigten Algorithmus und fertige dazu ein Flussdiagramm an.

c) Untersuche, ob du dein Flussdiagramm mit einer Schleife verkürzen kannst.

d) Suche einen neuen Zielort auf dem Feld und beschreibe den veränderten Ablauf.

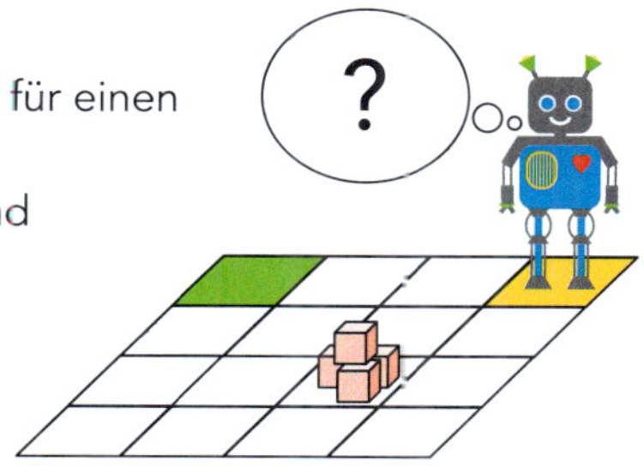

6 Kästchenmuster

a) Formuliere für das Einfärben der Kästchen eine Beschreibung in Stichpunkten. Verwende eine passende Schleife dazu (Wiederholung mit fester Anzahl oder Bedingung).

b) Zeichne auf ein kariertes Blatt ein Quadrat mit 2 cm Seitenlänge. Färbe in diesem Quadrat einzelne Kästchen ein. Formuliere, wenn möglich, eine Ablaufbeschreibung mit Schleifen.

c) Tauscht eure Ablaufbeschreibungen aus und zeichnet die Punkte ein. Vergleicht eure Ergebnisse.

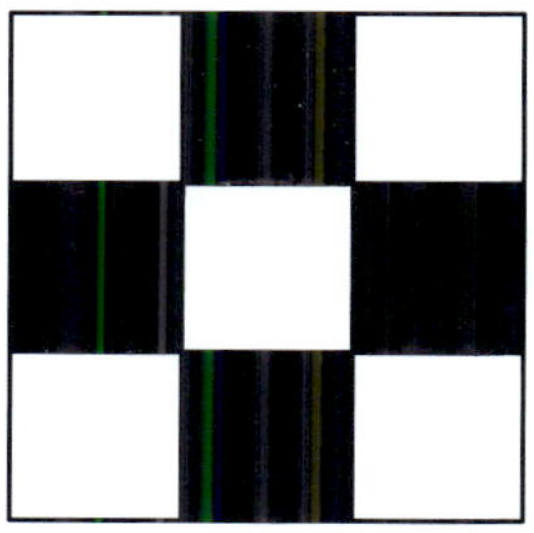

7 Fehlerkorrektur

Peter hat versucht ein gleichseitiges Dreieck mit Scratch zu zeichnen. Sein Ergebnis siehst du im Bild.

a) Versuche den hinterlegten Code so zu verändern, dass ein gleichseitiges Dreieck entsteht.
b) Verkürze den korrigierten Code mit einer Wiederholungsschleife.
c) Die Stiftdicke und Stiftfarbe soll sich bei jeder Teilstrecke verändern.
d) Baue den Code um, sodass ein regelmäßiges Sechseck entsteht (alle Seiten sind gleich lang und alle Winkel sind gleich groß).

8 Zeichnen in Scratch

a) Löse mit einer bedingten Anweisung folgende Aufgabe:
Lasse die Katze immer 10er Schritte laufen, bis sie den Rand berührt.
b) Löse mit einer Schleife:
Zeichne ein Quadrat. Mit Drücken der Leertaste gleitet die Katze zur Ausgangsposition und die Linie wird gelöscht. Probiere verschiedene Liniendicken und Farben aus.
c) Verändere dein Programm und zeichne die Form aus der Randspalte. Starte bei einer Seitenlänge von 100 und verringere diese zum nächsten Quadrat um 10. Variablen und Schleifen werden dir dabei helfen.

9 Fliegen in Scratch

a) Setze die Fledermaus auf die Bühne mit einem passenden Hintergrund.
Die Fledermaus soll dem Mauszeiger fortlaufend folgen und bei Berührung für 2 Sekunden „Autsch" sagen.
b) Erstelle eine Variable „Geschwindigkeit". Verändere das Programm anhand des Flussdiagrammes. In der Scratch-Datei 38141_2-10_A9b.sb3 findest du Hinweise zu den benötigten Blöcken.

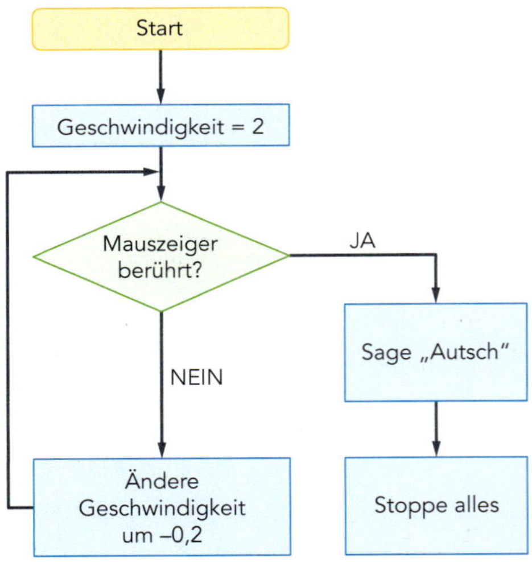

38141-22
Webseite für Flussdiagramme

10 Programmieren in Scratch

Erstelle ein Kreuz mit der Figur und dem Hintergrund deiner Wahl.

a) Erstelle einen Plan, wie du vorgehen möchtest mit den benötigten Blöcken.
b) Fertige ein Flussdiagramm an. Du kannst dies auf einem Blatt Papier notieren oder mit der im QR-Code verlinkten Seite.
c) Übertrage deine Idee in Scratch und teste dein Programm.

DAS GROSSE INFO-QUIZ!

Hier sprechen Begriffe, die du in diesem Kapitel gelernt hast, über sich selbst. Die Zahlen in Klammern geben den Buchstaben im erratenen Begriff an, den du für das Lösungswort brauchst.

1. Mich brauchst du, wenn du mit einem Computer sprechen willst. . . . . (12)
2. Ich habe eine Bühne, auf der du mit meiner grafischen Programmieroberfläche Figuren Befehle geben kannst. . . . . (2)
3. Ich gebe vor, wie der Computer etwas machen soll. . . . . (8)
4. In mir können bei einem Programm Zahlen und Buchstaben gespeichert werden. . . . . . . (7)
5. Bei mir kann man aus mehreren Wegen wählen. . . . . (6)
6. Ich bin ein einzelner Arbeitsschritt in einem Programm. . . . . (5)
7. Mit mir kann man einen Programmablauf übersichtlich darstellen. . . . . (1)
8. Ohne mich ist nicht klar, was gemacht werden muss und in welcher Reihenfolge. . . . . (5)

1 Bella möchte aus Klemmbausteinen eine Deutschlandfahne auf eine Grundplatte stellen. Finna sagt ihr, sie solle sie in Schwarz, dann Rot und zuletzt Gold bauen.
a) Überprüfe Finnas Anweisungen und erstelle ein Flussdiagramm.
b) Beschreibe genau, worin der Fehler in Finnas Anweisung lag. Ändere ihn ab, sodass eine Deutschlandfahne entsteht.
c) Erstelle eine eigene Anweisung für eine Landesfahne. Tauscht euch in Zweierarbeit aus. Erkennt dein Gegenüber das Land? Diskutiert gemeinsam.

38141-23
Interaktive Datei zum großen Info-Quiz

2 Animiere deinen Namen.
a) Füge die Buchstaben deines Namens in Scratch ein.
b) Beim Klicken auf den ersten Buchstaben soll sich die Farbe mehrfach verändern und ein Sound gespielt werden.
c) Beim Klicken auf den zweiten Buchstaben soll der Buchstabe größer werden.
d) Animiere alle Buchstaben beispielsweise durch Drehen des Buchstaben oder Änderung des Hintergrunds. Verwende dabei unterschiedliche Auslöser.

38141-24
Scratch-Datei zu Aufgabe 3

3 a) Teste das Programm.
b) Verändere das Programm, sodass es zwei Zahlen subtrahiert. Am Ende sollen die Variablen wieder auf null gesetzt werden.
c) Du möchtest nur Ergebnisse anzeigen lassen, die über null sind. Bei allen Ergebnissen kleiner als null kommt die Meldung: „Dein Ergebnis ist kleiner als null.“

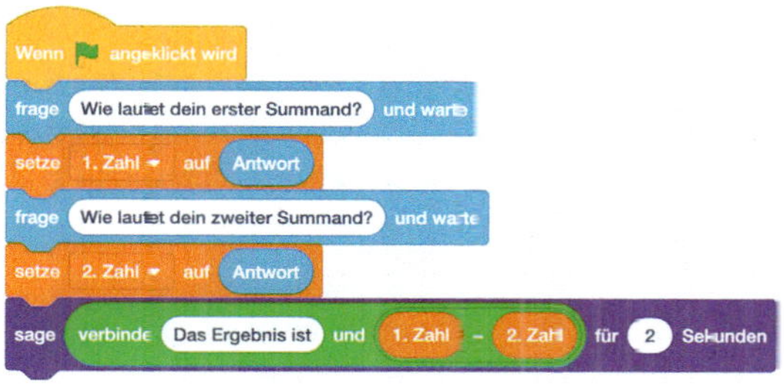

Ich kann ...	In Aufgabe	Hilfe
die algorithmischen Grundbausteine Anweisung, Sequenz, Schleife/Wiederholung, Verzweigung und Bedingung erläutern.	Info-Quiz,	2.1; 2.2; 2.3
Variablen als änderbaren Wertespeicher erläutern und anwenden.	3	2.4
Algorithmen zu gegebenen einfachen Problemstellungen entwerfen und in grafischer Form (als Flussdiagramm) darstellen.	1	2.1; 2.1a
Algorithmen in einer geeigneten Programmierumgebung (z. B. Scratch) implementieren, Codeabschnitte untersuchen und deren Wirkung interpretieren.	2, 3	2.2; 2.3; 2.4; 2.5; 2.6

Algorithmen ➥ 2.1, 2.2

Einzelne Anweisungen in der richtigen Reihenfolge nennt man Sequenz. Algorithmen sind (Handlungs-)Anweisungen, die mit einer Programmiersprache in ein Programm geschrieben werden. Dabei sind Eindeutigkeit, Ausführbarkeit und Endlichkeit wichtig. Flussidagramme werden zur grafischen Darstellung verwendet.

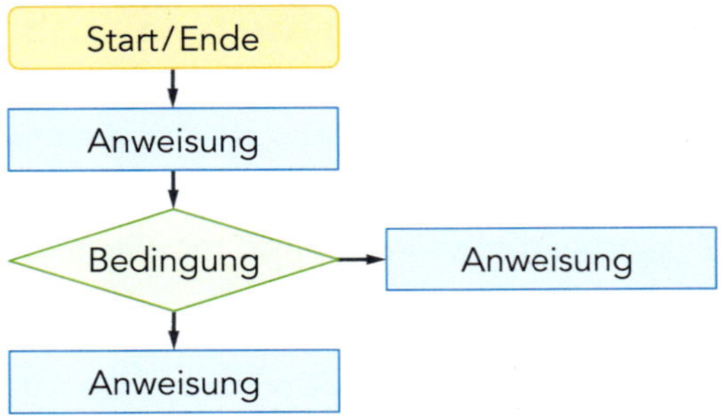

Schleifen/Wiederholungen ➥ 2.4

Eine Schleife wiederholt eine Sequenz so lange, bis eine Bedingung erfüllt wird oder nicht mehr erfüllt wird. Es gibt Schleifen mit fester Anzahl, mit Bedingung und Endlosschleifen.

Verzweigungen ➥ 2.5

Verzweigungen sind an Bedingungen geknüpft. Es gibt verschiedene Arten. Eine einseitig bedingte Anweisung ist in der Form falls – dann aufgebaut, eine zweiseitig bedingte Anweisung in der Form falls – dann – sonst.

Mit **und** und **oder** können Bedingungen verbunden werden, mit **nicht** kann eine Bedingung verneint werden.

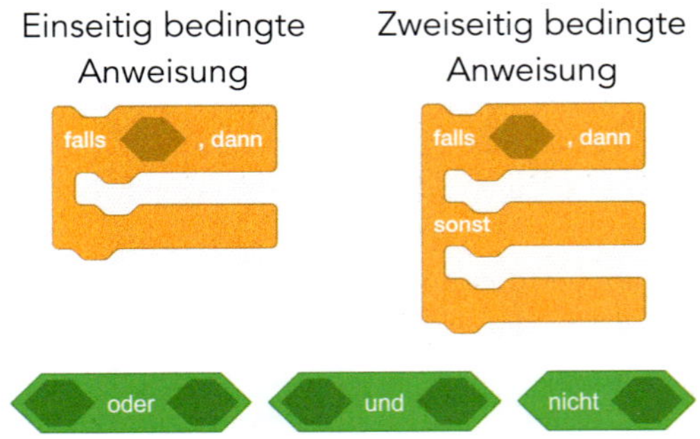

Variablen ➥ 2.6

Variablen werden in der Informatik zur Verwaltung von bestimmten Werten verwendet. In Variablen können beispielsweise Zahlen, Buchstaben oder Wörter gespeichert werden. Es ist möglich diese zu lesen, zu vergleichen oder zu verändern.

FACHBEGRIFFE

Hier findest du die wichtigsten Begriffe aus diesem Kapitel:

Algorithmus
Programmiersprache
Programm
Sequenz
Scratch
Anweisung
Schleife
Verzweigung
Variable
Eindeutigkeit
Ausführbarkeit
Endlichkeit
Einseitig bedingte Anweisung
Zweiseitig bedingte Anweisung
Bedingung
Bedingte Wiederholung
Wiederholung mit fester Anzahl
Flussdiagramm

3 Rechner und Netze

Am Ende dieses Kapitels hast du gelernt, …

- den grundlegenden Aufbau deines Heimnetzwerks zu beschreiben und zu skizzieren.
- die vermaschte und dezentrale Struktur des Internets zu skizzieren und zu erklären.
- die Kommunikation zwischen Client und Server zu erläutern.
- unterschiedliche Möglichkeiten der Datenspeicherung zu beschreiben.
- verschiedene Speichermöglichkeiten hinsichtlich ihrer Vor- und Nachteile zu vergleichen.

EINSTIEG

Bei Familie Müller ist das Internet ausgefallen! Tochter Ina wollte gerade mit ihren Freundinnen chatten, ihr Bruder Max wollte ein Video sehen und der Vater sich bei der Bank einloggen. Aber nichts geht mehr.

- Was könnten die Ursachen für den Netzausfall sein?
- Was kann die Familie gegen das Problem unternehmen?

INFORMATION

Netzwerke

In einem Netzwerk sind mehrere Computer (PC, Laptop, Smartphone) miteinander verbunden beziehungsweise „vernetzt". So können sie miteinander kommunizieren und Daten austauschen, zum Beispiel Texte, Bilder, Videos und vieles mehr. Auch die gemeinsame Nutzung verschiedener Geräte wie Drucker ist in einem Netzwerk möglich.

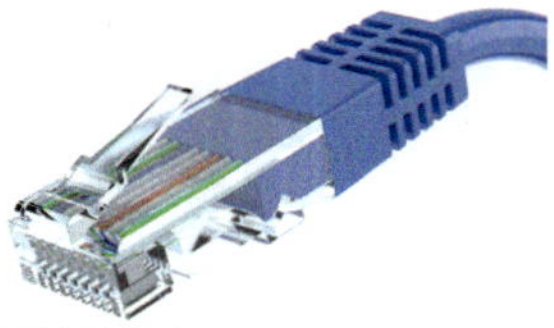

LAN-Kabel

Heimnetzwerk

Inzwischen hat jeder zu Hause ein eigenes **Heimnetzwerk**, das ihn mit dem Internet verbindet. Heimnetzwerke sind meistens **sternförmig** aufgebaut. Im Mittelpunkt steht der **Router**. Er ist der zentrale **Knoten** und verbindet alle Geräte, die zum Heimnetz gehören, mit dem Internet. Das können Smartphones, Tablets, Laptops oder auch Fernseher und Spielekonsolen.

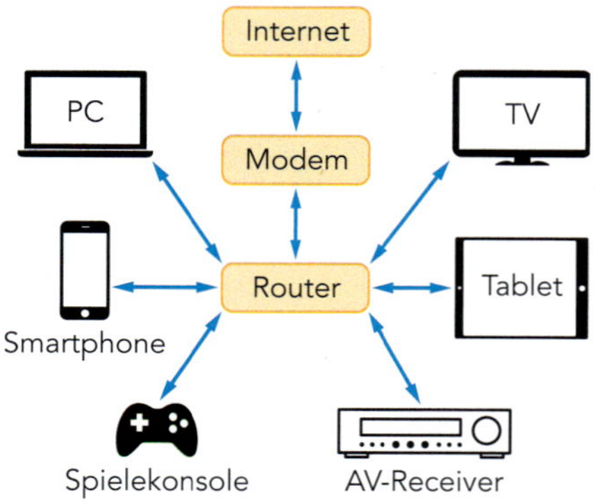

WLAN
Wireless **L**ocal **A**rea **N**etwork

LAN und WLAN

Die Geräte können auf zwei verschiedene Arten mit dem Router verbunden werden. PCs besitzen einen Kabelanschluss für Netzwerkkabel, sogenannte LAN-Kabel. Die Abkürzung **LAN** steht für **L**ocal **A**rea **N**etwork. Das bedeutet lokales Netzwerk, wie es zum Beispiel eine Schule haben kann. Tragbare Geräte wie Smartphones und Tablets werden über **WLAN** verbunden. WLAN ist die Abkürzung für **wireless** LAN, das bedeutet **draht- oder kabellos**.

inter (engl.): zwischen, untereinander
net (engl.): Netz

Internet – das „Netz der Netze"

Das größte Netzwerk ist das Internet. Es verbindet weltweit unzählige Computer und einzelne lokale Netzwerke. Im Internet können die Nutzer miteinander kommunizieren, Informationen suchen und bereitstellen, Musik hören, spielen- und shoppen. Das Internet ist ein **vermaschtes** Netz. Jedes internetfähige Gerät ist mit unzähligen anderen verbunden. Es gibt keinen zentralen „Knoten", sondern wie in einem Spinnennetz viele „Maschen" und Verbindungen. Die vielen Verbindungen sorgen dafür, dass es nicht ausfallen kann.

Internetdienste

Viele Menschen verwenden für das Internet auch den Begriff **World Wide Web** (WWW). Das ist aber nicht richtig, denn das WWW ist nur ein Teil des Internets. Es umfasst die **Webseiten** mit ihrem riesigen Angebot an Informationen, Bildern, Videos, Musik, Spielen, Onlineshops und vielem mehr. Das Internet bietet den Nutzern aber noch weitere Dienste für den Informations- und Datenaustausch. Dazu gehören zum Beispiel E-Mail (Austausch von elektronischer Post), Chat (Nachrichtenaustausch zwischen beliebig vielen Personen), Internettelefonie (VoIP bzw. Voice over IP) und FTP (Austausch von Dateien).

File Transfer Protocol (engl.): Dateiübertragungsprotokoll

MERKE

In einem Netzwerk sind mehrere Geräte (zum Beispiel PC, Laptop, Tablet oder Smartphone) miteinander vernetzt. Im **Heimnetzwerk** sind die Geräte **sternförmig** an den **Router** angebunden, dieser verbindet sie mit dem Internet. Das Internet schließt alle angeschlossenen kleinen und großen Netzwerke zum größten Netzwerk der Welt zusammen. Es ist **vermascht** und wegen der unzählig vielen Knoten und Verbindungen ausfallsicher.

AUFGABEN

1 Das eigene Heimnetzwerk skizzieren
- a) Notiere zuerst, welche Geräte zu deinem Heimnetz gehören.
- b) Beginne mit dem Router und ordne dann die anderen Geräte an.
- c) Benutze Symbole für die Verbindung zum Router: eine Linie für die Kabelverbindung und das WLAN-Symbol für die kabellose Verbindung.

2 Heimnetzwerke im Vergleich
- a) Vergleicht eure Heimnetzwerke in der Klasse. Findet wichtige Gemeinsamkeiten und Unterschiede heraus.
- b) Beschreibe, welche Probleme beim sternförmigen Aufbau mit einem zentralen Vermittlungsgerät (Router) auftreten können.
- c) Finde heraus, welches Gerät nötig ist, wenn an einen Router mit nur einem Kabelanschluss mehrere Geräte mit Kabel angeschlossen werden müssen. Du kannst dazu im Internet recherchieren.

Router Heimnetzwerk

3 Aufbau des Internets
- a) Erstelle eine einfache Skizze zum Aufbau des Internets. Beachte dabei, dass das Internet viele Maschen und Verbindungen besitzt, aber keinen zentralen Knoten.
- b) Beschreibe, was passiert, wenn eine Verbindung oder ein Knoten ausfällt.

4 Sternförmig und vermascht im Vergleich
Stelle in einer Tabelle die Unterschiede zwischen dem sternförmigen und dem vermaschten Netz dar.

38141-25
Tabelle zu Aufgabe 4

5 Internetdienste
- a) Erkläre den Unterschied zwischen dem Internet und dem World Wide Web (WWW).
- b) Nenne Internetdienste, die du regelmäßig nutzt.

EINSTIEG

Aylin möchte sich mit Freunden zum Kino verabreden. Sie schickt eine Nachricht in die Gruppe und fragt, wer Lust mitzugehen hat. Schon nach wenigen Sekunden treffen die Antworten ein.

- Wie wird eine Message zwischen zwei Nutzern übertragen?
- Warum erfolgt die Übertragung so blitzschnell?

INFORMATION

Client-Server-Prinzip

Viele Menschen nutzen das Smartphone zum Telefonieren, zum Austauschen von Nachrichten und Bildern oder zum Surfen im Internet. Die Kommunikation zwischen Computern, Smartphones usw. funktioniert nach dem sogenannten **Client-Server-Prinzip**. Die Geräte, die ins Internet gehen, weil sie etwas brauchen, sind die **Clients**. Das Wort **Client** bedeutet Kunde. Der Kunde stellt eine **Anfrage** (= request) an einen Server. Das Wort **Server** bedeutet Diener oder besser **Dienstleister**. Der Server gibt auf die Anfrage der Clients eine **Antwort** (= response) und liefert ihnen genau die Dienste, die sie benötigen.

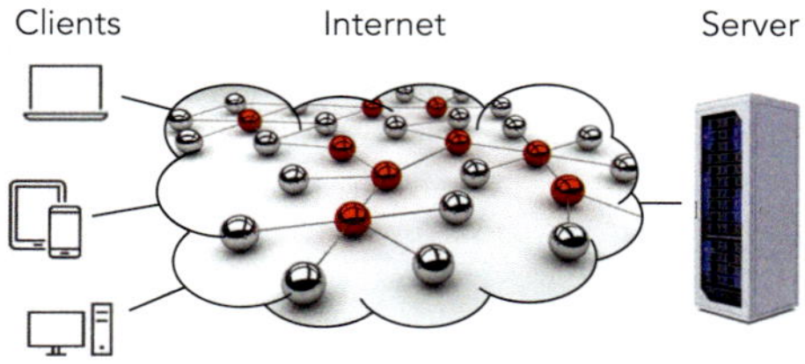

Protokoll

Protokoll: feste Regel für die Kommunikation von Geräten im Internet

Damit Geräte über das Internet Daten austauschen können, müssen sie sich nach festen Regeln verständigen. Die Daten (zum Beispiel Textnachrichten, Bilder, Videos) werden dabei in Pakete aufgeteilt und an den Empfänger verschickt. Die Regeln bzw. Protokolle schreiben vor, wie die **Datenpakete** aufgebaut sein müssen. Sie beginnen mit einer **Kopfzeile** (= Header), in der wichtige Informationen enthalten sind, beispielsweise der Sender und Empfänger oder auch Angaben zu Paketnummer und Paketlänge. Danach folgen die **Nutzdaten**, also genau die Daten, die der Empfänger erhalten soll. Die **Fußzeile** gibt das Ende des Datenpakets an. Ein Datenpaket kann nur eine begrenzte Menge von Daten enthalten. Deshalb besteht ein Datenaustausch meist aus mehreren einzelnen Paketen.

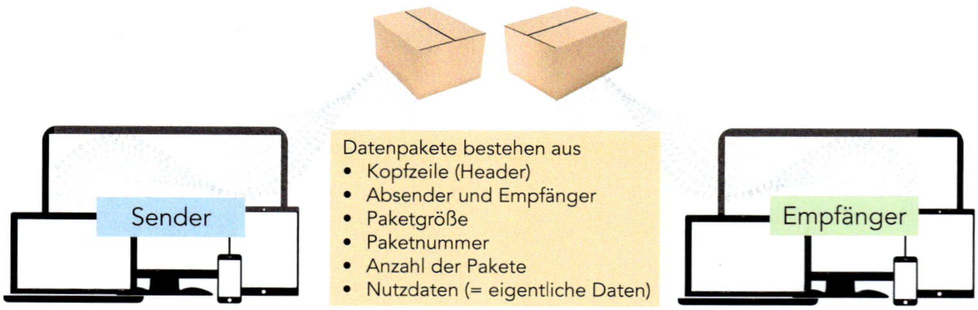

Adressierung

Die Abkürzung IP steht für Internet Protocol.

Wenn ein Paketdienst ein Paket liefern soll, muss er die Adresse des Empfängers kennen. Genauso muss ein Datenpaket, damit es beim richtigen Gerät ankommt, die Adresse dieses Gerät kennen. Jedes Gerät erhält eine weltweit eindeutige **IP-Adresse**. Diese ist vergleichbar mit einer Postanschrift und ist in jedem Datenpaket enthalten.

Routing

Internetrouter leiten die Datenpakete durchs Netz zu ihrem genauen Ziel. An den Internetknoten laufen die Daten aller Geräte aus den verschiedenen Netzwerken zusammen. Diese Knoten sind über die ganze Welt verteilt und über viele Kabelverbindungen miteinander vernetzt. Für den blitzschnellen Transport der Daten sorgen vor allem unzählige Glasfaserkabel, die unter der Erde und auf dem Meeresgrund verlegt sind. Über kurze Strecken kann die Datenübertragung auch über Funk erfolgen. Wenn jemand beispielsweise unterwegs Daten von seinem Smartphone versendet, gelangen diese erst einmal zum nächsten Funkmast.

Route = Strecke, Richtung

Glasfaserkabel

MERKE

Die Kommunikation zwischen digitalen Endgeräten erfolgt meist nach dem **Client-Server-Prinzip**. Zum Datenaustausch ist ein streng festgelegtes **Protokoll** nötig, das die Regeln für die Übertragung festlegt. Damit die Datenübertragung zwischen den Geräten funktioniert, benötigen diese eine eindeutige **IP-Adresse**. Über Router werden die Datenpakete zwischen den Internetknoten an ihr Ziel weitergeleitet.

AUFGABEN

1 Client-Server-Prinzip
- a) Erkläre die Bedeutung der Begriffe Client und Server.
- b) Beschreibe die Kommunikation zwischen Client und Server beim Versenden einer Nachricht mit einem Messenger-Dienst.

2 Datenpaket zum Versand im Internet packen
- a) Notiere auf einem Blatt eine kurze Textnachricht.
- b) Gestalte das Datenpaket mit deiner Nachricht und allen wichtigen zusätzlichen Angaben.

3 Versand des Datenpaketes
- a) Überlege, welche Komponenten nötig sind, um das Datenpaket zwischen zwei Smartphones auszutauschen.
- b) Spielt den Versand des Datenpakets vom Sender bis zum Empfänger in einem Rollenspiel durch.
- c) Berücksichtigt den Unterschied beim Austauschen einer kurzen Textnachricht und eines Videos.

38141-26
Interaktive Datei zu Aufgabe 3 a)

4 Adressierung im Internet
- a) Nenne den Grund, warum eine weltweit eindeutige IP-Adresse für jedes Gerät nötig ist.
- b) Entwickle ein eigenes System für Internetadressen. Berücksichtige dabei, dass es unzählig viele Geräte im Internet gibt und dass die Adressen weltweit funktionieren müssen.
- c) Diskutiert und vergleicht eure Lösungen in der Gruppe.

5 Traceroute

Mit der hinterlegten Webadresse kannst du den Weg der Kommunikation zwischen deinem Computer und einer Internetadresse nachverfolgen. Gib eine Adresse deiner Wahl (zum Beispiel die Homepage deiner Schule) ein und beschreibe, was dir bei den Angaben auffällt.

38141-27
Webseite zu Aufgabe 5

EINSTIEG

Hanna möchte ein Referat über London halten, wo sie in den Ferien war. Dazu will sie eine Präsentation erstellen mit Bildern, die sie mit ihrem Smartphone gemacht hat.
- Wie kann sie die Fotos vom Smartphone auf ihren Laptop übertragen?
- Wie bekommt sie ihre digitale Präsentation auf den Schulcomputer?

INFORMATION

Datenspeicherung

Wer ein digitales Gerät benutzt, erzeugt Daten, egal ob er einen Text schreibt, Sprachnachrichten aufzeichnet oder Bilder und Videos macht. Damit man die Daten wieder aufrufen kann, wenn man sie braucht, müssen sie gespeichert werden. Smartphones und Tablets speichern die Texte, Nachrichten, Bilder oder Videos normalerweise automatisch. Wer aber genau wissen will, wo die Daten abgelegt werden, der sollte die wichtigsten **Möglichkeiten der Datenspeicherung** kennen.

Lokale Datenspeicherung

Intern bedeutet im Gerät, extern bedeutet äußere oder zusätzliche Speicher.

Die meisten digitalen Geräte haben einen internen Datenspeicher für die **lokale Speicherung**. Der Vorteil ist, dass die Daten schnell und auch ohne Internet wieder aufgerufen werden können. Bei vielen Daten kann der Speicherplatz aber knapp werden. Und wenn das Gerät verloren oder kaputt geht, sind die Daten weg.

Viele Handyspeicher sind durch Speicherkarten erweiterbar.

Festplatte zur Datenspeicherung in PCs oder Laptops

Speicherchip zur Datenspeicherung auf mobilen Endgeräten

USB-Stick

Externe Datenspeicher

Die internen Datenspeicher können durch zusätzliche Speichermöglichkeiten erweitert werden. Für Smartphones gibt es Speicherkarten (zum Beispiel microSD), für PCs und Laptops stehen USB-Sticks oder auch externe Festplatten zur Verfügung.

Datenspeicherung in lokalen Netzwerken

Da wo viele Menschen zusammenarbeiten und gemeinsam auf Daten zugreifen, wie in einer Firma oder auch in der Schule, werden die Daten meistens im eigenen Netzwerk gespeichert. Dazu gibt es eigene Server, auf denen die Daten abgelegt werden. Hier kann genau eingestellt werden, wer auf welche Daten zugreifen kann. Es gibt die Möglichkeit, dass jeder die persönlichen Daten zum Beispiel in „Eigene Dateien" oder „Home" speichern und so vor anderen schützen kann. Für den Austausch und die gemeinsame Bearbeitung von Dokumenten gibt es Tauschordner, auf die eine festgelegte Gruppe, etwa eine Schulklasse, Zugriff hat.

Daten in der Cloud

Nahezu alle Hersteller von Smartphones bieten den Käufern ihrer Geräte die Möglichkeit, Daten in der sogenannten **Cloud** zu speichern. Oft sind die Smartphones schon so eingestellt, dass die Daten automatisch auf den Servern des Anbieters landen. Viele User finden das gut, weil sie sich nicht um die Sicherung der Daten kümmern müssen. Wer sein Smartphone austauschen will, kann die Daten und Einstellungen automatisch auf das neue Gerät übertragen. Aber in einer solchen Cloud hat nur der Anbieter die Kontrolle über die Daten. Der User weiß nie genau, wo sich diese befinden und was mit ihnen geschieht. Zu den größten und bekanntesten Cloud-Anbietern gehören die Internetgiganten Apple, Google, Amazon, Microsoft und Samsung. Die User erhalten diesen Service aber nur scheinbar kostenlos – sie bezahlen mit ihren Daten.

cloud (engl.): Wolke
Gemeint ist damit das Internet.

MERKE

Daten müssen gespeichert werden, damit sie nicht verloren gehen und jederzeit abrufbar sind. Dafür gibt es mehrere Möglichkeiten: Die **lokale Datenspeicherung** erfolgt intern auf dem digitalen Endgerät. Für mehr Speicherplatz gibt es zusätzliche **externe Speicher**. In **lokalen Netzwerken** können bestimmte Nutzergruppen, wie Unternehmensangehörige oder Schulklassen, ihre Daten für sich oder zum Austausch mit anderen speichern. Daten in der **Cloud** liegen auf Servern im Internet.

AUFGABEN

1 Möglichkeiten der Datenspeicherung
Nenne die verschiedenen Möglichkeiten der Datenspeicherung.

2 Lokale Datenspeicherung und Cloud im Vergleich
Vergleiche in einer Tabelle die lokale Datenspeicherung mit der Cloud und stelle die Vor- und Nachteile gegenüber. Du kannst dazu die hinterlegte Tabelle nutzen.

38141-28
Tabelle zu Aufgabe 2

3 Schutz vor Datenverlust
Beschreibe Maßnahmen, die vor Datenverlust in folgenden Fällen schützen.
① Dein Smartphone geht verloren oder wird gestohlen.
② Du wechselst die Smartphonemarke und damit auch deinen Cloud-Anbieter.

4 Austausch von Daten
Du willst mit einem Klassenmitglied ein Video und Fotos für eine gemeinsame Präsentation austauschen. Stelle die Möglichkeiten für folgende Situationen dar:
① Es ist Wochenende und ihr könnt euch nicht treffen.
② Ihr befindet euch beide im Computerraum der Schule.

5 Externe Datenspeicher
Informiere dich über externe Datenspeicher (USB-Stick, SD-Speicherkarte) und erläutere zwei Beispiele, wie man sie am besten nutzen kann.

6 Vielfalt der Datenspeicher
Wähle ein Dokument (Tabelle zu Aufgabe 2) und speichere es so ab, dass deine Klasse das Dokument aufrufen und anschauen kann.

Von den Diensten, die den Clients im Internet von den verschiedenen Servern angeboten werden, ist der wichtigste das World Wide Web (WWW) mit seinem riesigen Angebot an Webseiten. Diese werden auch Hypertextdokumente genannt, weil sie durch unzählige (Hyper-)Links miteinander verknüpft sind. Damit die Seiten vom Browser aufgerufen werden können, müssen sie in HTML (= Hypertext Markup Language) geschrieben sein.
Die Sprache HTML dient der Gliederung und Formatierung von elektronischen Texten mit Hyperlinks, Bildern und anderen Inhalten. Sie benutzt dazu sogenannte Auszeichnungssymbole (engl.: markups), die mit in den Text geschrieben werden.

Ursprünglicher Text	Ansicht im Browser

`Herzlich Willkommen`
`Du bist auf der Homepage von Anna.`
Ich bin 13 Jahre alt und
Schülerin des ABC-Gymnasiums.
Auf dem Bild siehst du meine Katze Minna.
Mehr von mir erfährst du hier.
	http://www.dfbslvslfcsdvls-darfv.de
	Herzlich Willkommen Du bist auf der Homepage von Anna. Ich bin 13 Jahre alt und Schülerin des ABC-Gymnasiums. Auf dem Bild siehst du meine Katze Minna. Mehr von mir erfährst du hier.

Beobachtung:

- Zeilenumbrüche und andere Formatierungen im Text werden ignoriert.
- Der Browser fügt Zeilenumbrüche je nach Fensterbreite ein.
- Die Schriftart und -größe ist anders.
- Der Text selbst wird ohne Veränderung übernommen.

Zeichenformatierung

Für die Zeichenformatierung werden u. a. folgende Auszeichnungssymbole verwendet:

`<b> (</b>)`	Fettschrift einschalten (ausschalten)
`<i> (</i>)`	Kursivschrift einschalten (ausschalten)
`<font color=red>`	Schriftfarbe rot einschalten
`</font>`	Farbe ausschalten
` `	neue Zeile beginnen

bold (engl.): *fett*
italic (engl.): *kursiv*
font (engl.): *Schriftart*
break (engl.): *Unterbrechung*
headline (engl.): *Überschrift*

```
<font color = red> Herzlich Willkommen
</font><br>
Du bist auf der Homepage von <b>Anna</b>.
Ich bin 13 Jahre alt und Schülerin des <i>
ABC-Gymnasiums</i>. Auf dem Bild siehst du
meine Katz Minna. Mehr von mir erfährst du
hier.
```

http://www.dfbslvslfcsdvls-darfv.de

Herzlich Willkommen
Du bist auf der Homepage von **Anna**. Ich bin 13 Jahre alt und Schülerin des *ABC-Gymnasiums*. Auf dem Bild siehst du meine Katze Minna. Mehr von mir erfährst du hier.

Überschriften

Mit `<h1>` bis `<h6>` werden Überschriften festgelegt (h1 ist die größte, h6 die kleinste). Welche Schriftgrößen und Absatzabstände dann tatsächlich angezeigt werden, bestimmen die Voreinstellungen des Browsers.

```
<h3><font color = red> Herzlich Willkommen
</font></h3><br>
Du bist auf der Homepage von <b>Anna</b>.
Ich bin 13 Jahre alt und Schülerin des <i>
ABC-Gymnasiums</i>. Auf dem Bild siehst du
meine Katz Minna. Mehr von mir erfährst du
hier.
```

http://www.dfbslvslfcsdvls-darfv.de

Herzlich Willkommen

Du bist auf der Homepage von **Anna**. Ich bin 13 Jahre alt und Schülerin des *ABC-Gymnasiums*. Auf dem Bild siehst du meine Katze Minna. Mehr von mir erfährst du hier.

Absatzformatierung

Durch <br> wird zwar eine neue Zeile begonnen jedoch kein neuer Absatz.
Dafür verwendet man folgende Symbole:

`<p> (</p>)`	Beginn (Ende) eines Absatzes
`<div align=center>`	Ausrichtung zentriert ein
`<div align=left>`	Ausrichtung linksbündig ein
`</div>`	Ausrichtung auf den Standardwert zurücksetzen.

paragraph (engl.): *Absatz*
division (engl.): *Bereich*
to align (engl.): *ausrichten*

```
... <i>ABC-Gymnasiums</i>.
<p><div align=center> Auf dem Bild siehst du
meine Katze Minna.</div></p>
<p><div align=right>
Mehr von mir erfährst du hier.
</div></p>
```

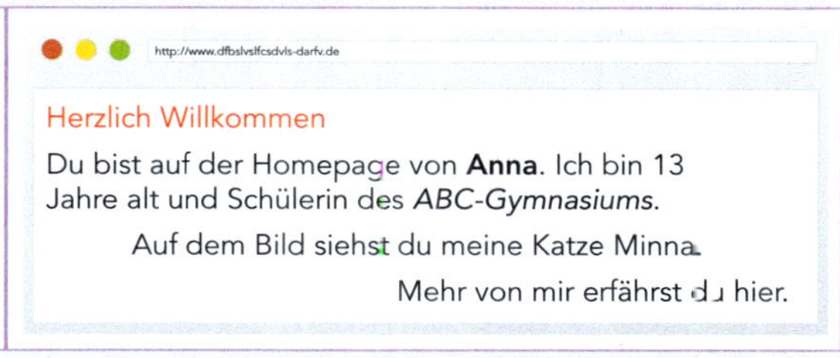

Bilder

Bilder sind nicht Teil einer Seite, es wird lediglich ein Verweis darauf in den Text geschrieben. Erst bei der Darstellung im Browser wird das Bild in der angegebenen Größe dort, wo der Verweis steht, wie ein Zeichen eingefügt.

```
... <i>ABC-Gymnasiums</i>.
<p><div align=center>
<img src=“Katze.jpg“ width=“160“
height=“120“>
</div></p>
<p><div align=center>
Auf dem Bild siehst du meine Katze Minna.
</div></p>
<p><div align=right>
Mehr von mir erfährst du hier.
</div></p>
```

Verweise

Auch bei Verweisen muss eine Referenz in den Text geschrieben werden.

Statt Verweis sagt man oft auch Referenz.

```
... <i>ABC-Gymnasiums</i>.
<p><div align=center>
<img src=“Katze.jpg“ width=“160“
height=“120“>
</div></p>
<p><div align=center>
Auf dem Bild siehst du meine Katze Minna.
</div></p>
<div align=right>
Mehr von mir erfährst du
<a href=“MehrVonMir.html“>hier</a>.</div>
```

38141-29
Lernkurs
zu HTML

Du kannst mit dem hinterlegten Lernkurs noch tiefer in die Sprache HTML einsteigen.

1 In einem Netzwerk können verschiedene Computer, Geräte und Systeme für unterschiedliche Zwecke miteinander verbunden werden.

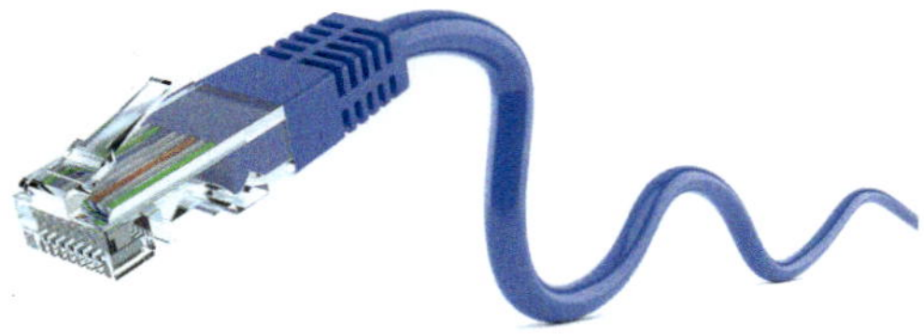

a) Nenne drei wichtige Zwecke, denen ein Computernetzwerk dienen kann.
b) Beschreibe die verschiedenen Arten der Verbindungsmöglichkeiten.
c) Erkläre die zwei Bedeutungen des Begriffs LAN.
d) Zähle Möglichkeiten auf, die das Internet seinen Nutzern bietet.

a) Erkläre, was unter dem Begriff LAN genau zu verstehen ist.
b) Beschreibe die wesentlichen Unterschiede zwischen LAN und WLAN.
c) Überlege, warum Sicherheitsexperten die Kabelverbindung für besser halten als das WLAN.
d) Erkläre die Funktion der „Knoten" im Internet.

2 Die Kommunikation und der Nachrichten- sowie Datenaustausch zwischen verschiedenen Teilnehmern erfolgt in einem Netzwerk in der Regel nach dem Client-Server-Prinzip.

a) Erkläre die Begriffe „Client" und „Server".
b) Beschreibe das Client-Server-Prinzip bei der Nutzung eines Messenger-Dienstes (Beispiel: WhatsApp).
c) Nenne die Angaben, die Datenpakete unbedingt enthalten müssen, damit sie das richtige Ziel erreichen.
d) Nenne die Übertragungswege von Datenpaketen im Internet.

a) Erkläre, wie die Kommunikation zwischen dem Client und dem Server genau funktioniert.
b) Beschreibe den Ablauf der Kommunikation bei der Nutzung eines Messenger-Dienstes (Beispiel: WhatsApp).
c) Erläutere die Voraussetzungen, damit der Austausch von Datenpaketen über das Internet gelingt.

3 Durch die Nutzung digitaler Endgeräte fallen täglich unzählige Daten an, die gespeichert werden müssen, damit sie nicht verloren gehen.

a) Nenne die wichtigsten Möglichkeiten der Datenspeicherung.
b) Beschreibe Beispiele für zwei verschiedene Möglichkeiten der Datenspeicherung.
c) Nenne Gründe, warum die Datenspeicherung in der Cloud bei den meisten Nutzern so beliebt ist.

a) Erkläre, von welchen Faktoren die verschiedenen Arten der Datenspeicherung abhängig sind.
b) Wähle eine Möglichkeit der Datenspeicherung aus und erläutere, für welchen Zweck sie sich am besten eignet.
c) Stelle gegenüber, worin Nutzen und Gefahren der Cloudspeicherung liegen.

4 Arten von Netzwerken

Der Begriff „Netzwerk“ wird nicht nur für die Verbindung von Computern benutzt, auch in vielen anderen Bereichen gibt es Netzwerke.

a) Nenne Beispiele für Netze oder Netzwerke aus anderen Bereichen. Denke dabei an Begriffe wie das Stromnetz.
b) Wähle ein Beispiel aus und beschreibe, wie dieses Netz aufgebaut ist und wozu es dient.
c) Beschreibe die Funktion der Knoten (= Nodes) in einem Netzwerk.
d) Auch Menschen können in „sozialen Netzwerken“ miteinander verbunden sein. Wähle ein Beispiel aus und beschreibe, wie es funktioniert.
e) Stelle in einer Tabelle Nutzen und Gefahren eines ausgewählten sozialen Netzwerks gegenüber.

33141-30
Tabelle zu Aufgabe 4

5 Aufbau von Netzwerken

Neben der Sternform und dem vermaschten Netz gibt es noch andere Aufbauformen (= Topologie) von Netzwerken.

a) Informiere dich über weitere Formen und notiere drei davon.
b) Stelle einen Vergleich zwischen einem stern- und einem ringförmigen Netz im Bezug auf folgende Fragestellungen an:
   ① Was bedeutet der Ausfall eines Gerätes im Netz?
   ② Wie verläuft der Transportweg eines Datenpakets zu einem bestimmten Zielgerät?

6 IPv4- Adresse (= IP Version 4)

Damit die Kommunikation zwischen Rechnern funktioniert, brauchen diese eine eindeutige Adresse. Lange Zeit diente dazu die IPv4-Adresse. Informiere dich darüber und finde Antworten auf folgende Fragen:

① Wie ist eine IPv4-Adresse (= IP-Version 4) aufgebaut?
② Wie viele IP-Adressen sind in der IPv4-Version maximal möglich?

7 IPv6- Adresse (= IP Version 6)

Inzwischen gibt es die IPv6-Adresse (= IP Version 6), die in Zukunft die Version 4 ersetzen wird. Informiere dich darüber und finde Antworten auf folgende Fragen:

① Aus welchem Grund ist die neue Version 6 notwendig?
② Wie viele Adressen sind mit der IPv6 möglich? (Finde dazu möglichst einen anschaulichen Vergleich.)

8 Protokolle

Zum Nachrichtenaustausch zwischen den Teilnehmern in einem Netzwerk sind klare Regeln notwendig, die in „Protokollen“ genau festgelegt sind.

a) Erkläre den Begriff Protokoll: Was ist es und wozu dient es?
b) Nenne Beispiele für die wichtigsten Regeln, die in Protokollen festgelegt werden müssen, damit der Datenaustausch funktioniert.

9 Das Protokoll http

Das Hypertext Transfer Protocol (abgekürzt http) ist zuständig dafür, Webseiten aus dem WWW in einen Webbrowser zu laden.

a) Informiere dich, was der Begriff Hypertext bedeutet, und erkläre den Unterschied zu einem normalen Text.
b) Erläutere anhand eines Wikipedia-Artikels, warum Webseiten auch als Hypertext-Dokumente bezeichnet werden können.

10 Austausch von Daten

Du hast zu Hause für ein Referat eine Präsentation vorbereitet. Du willst sie in deiner Klasse über einen Schulcomputer zeigen.

a) Beschreibe Möglichkeiten, wie man die Präsentation vom eigenen digitalen Endgerät zu Hause auf den Schulcomputer übertragen kann.
b) Begründe, für welche Möglichkeit du dich entscheidest.

11 Speicherung von Daten

Du hast zum Speichern wichtiger Daten auf deinem Smartphone eine dieser drei Möglichkeiten zur Auswahl:

- Lokal auf dem internen Speicherchip
- Auf einer zusätzlich eingebauten (micro-) SD-Speicherkarte
- In der Cloud deines Smartphone-Herstellers (iCloud, Samsung Cloud etc.)

Begründe genau, welche Möglichkeit du vorziehen würdest.

12 Externe Speichermedien

Zwischen den verschiedenen externen Speichermedien gibt es große Unterschiede im Hinblick auf folgende Punkte:

- Speicherkapazität (Welche Speichergröße hat das Medium?)
- Handlichkeit (Wie groß ist das Medium? Wie lässt es sich transportieren?)
- Gerätekompatibilität (Mit welchem Endgerät kann es verbunden werden?)

Vergleiche in einer Tabelle die drei für dich wichtigsten externen Speichermedien im Hinblick auf die genannten Punkte.

38141-31
Tabelle zu Aufgabe 12

13 Daten speichern – Daten sichern

Auch wer seine Daten immer speichert, kann sie trotzdem verlieren!

a) Finde Beispiele dafür, dass diese Aussage richtig ist.
b) Nenne Möglichkeiten, was du gegen den Verlust deiner Daten unternehmen kannst.

14 Die 3-2-1-Regel

Als wirksamen Schutz gegen Datenverlust empfehlen Fachleute vor allem für wertvolle Daten die 3-2-1-Regel der Datensicherung.

a) Finde heraus, was mit dieser Regel genau gemeint ist.
b) Zähle Daten auf, die du auf jeden Fall nach dieser Regel sichern solltest.
c) Beschreibe an einem Beispiel, wie du die Regel umsetzen würdest.

DAS GROSSE INFO-QUIZ!

Hier sprechen Begriffe, die du in diesem Kapitel gelernt hast, über sich selbst. Die Zahlen in Klammern geben den Buchstaben im erratenen Begriff an, den du für das Lösungswort brauchst.

1. Ich bin ein Computer, der Dienste im Internet anfordert. . . . . (3)
2. Ich bin die Abkürzung für „lokales Netzwerk“. . . . . (3)
3. Ich bin das Vermittlungsgerät, das die Geräte im Heimnetz mit dem Internet verbindet. . (4)
4. Ich bin ein Computer, der Dienste im Internet anbietet. . . . . (2)
5. Ich bin ein Netz, in dem andere Geräte um einen Router angeordnet sind. . . . . (4)
6. Ich bin der Punkt im Internet, über den alle Datenpakete geleitet werden. . . . . (2)
7. Auf Englisch heiße ich Cloud, im Deutschen findet man mich auch am Himmel. . . . . (5)
8. Ich bin der Datenspeicher in PCs und Laptops. . . . . (4)

1 Der Begriff „Netzwerk“ steht allgemein für die netzartige Verbindung von mehreren Personen, Geräten oder Systemen.
a) Erkläre den Begriff „Computernetzwerk“ und beschreibe seinen Zweck.
b) Erläutere die Rolle des Routers in einem Heimnetzwerk.
c) Nenne drei verschiedene Anordnungen (Topologien) von Netzwerken.

38141-32
Interaktive Datei zum großen Info-Quiz

2 Das Internet ist das größte bestehende Netzwerk.
a) Erkläre, was der Begriff „Internet“ bedeutet.
b) Beschreibe in Kurzform den Aufbau und die Funktion des Internets.
c) Erkläre, aus welchem Grund das Internet als stabil und ausfallsicher gilt.
d) Beschreibe kurz drei ausgewählte Dienste des Internets.

3 Die Kommunikation im Internet funktioniert nach dem Client-Server-Prinzip.
a) Beschreibe Bedeutung und Funktion von Client und Server.
b) Erkläre anhand eines Beispiels, wie die Kommunikation zwischen Client und Server verläuft.
c) Nenne die Bedingungen, die eine Internetadresse erfüllen muss, damit die Kommunikation funktioniert.

4 Zum Speichern von Daten gibt es viele verschiedene Möglichkeiten.
a) Zähle die unterschiedlichen Möglichkeiten der Datenspeicherung auf.
b) Beschreibe den Unterschied der Datenspeicherung auf deinem privaten Endgerät und auf einem Schulcomputer.
c) Erläutere eine Möglichkeit, wie du wertvolle private Daten optimal vor Datenverlust schützen kannst.

Ich kann …	In Aufgabe	Hilfe
die grundlegende Struktur eines Heimnetzwerks skizzieren.	1	3.1
die vermaschte Struktur des Internets skizzieren und den Datentransport über dezentrale Knoten und Verbindungen nachvollziehen.	2	3.1
das Prinzip des Client-Server-Modells erläutern.	3	3.2
den grundlegenden Ablauf der Internetkommunikation anhand eines Internetdienstes beschreiben.	3	3.2
unterschiedliche Möglichkeiten der Datenspeicherung (lokal, Schulnetz, Cloud) beschreiben.	4	3.3
ausgewählte Speichermöglichkeiten hinsichtlich verschiedener Kriterien (zum Beispiel Sicherheit, Verfügbarkeit) vergleichen.	4	3.3

Computernetzwerk ➥ 3.1
In einem Computernetzwerk sind verschiedene Computer, Geräte oder Systeme miteinander verbunden, um miteinander kommunizieren, Daten austauschen oder Geräte (zum Beispiel Drucker, Scanner) gemeinsam nutzen zu können.

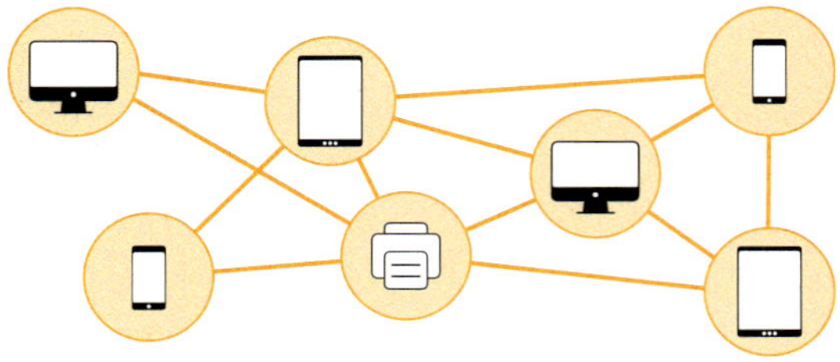

LAN und WLAN ➥ 3.1
LAN ist die Bezeichnung für ein lokales Netzwerk sowie die Verbindungart von Endgeräten durch Kabel. Die kabel- bzw. drahtlose Verbindung wird als **WLAN** bezeichnet.

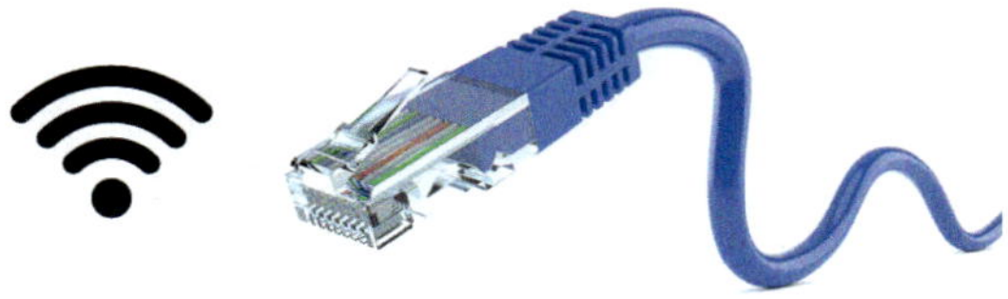

Netzwerktopologien ➥ 3.1
Der Aufbau von Netzwerken ist abhängig von deren Funktion. **Heimnetze** sind meist sternförmig mit einem Router als zentralen Knoten. Das **Internet** ist vermascht und damit dezentral mit unzählig vielen Netzwerkknoten und Verbindungswegen, die für Stabilität und Ausfallsicherheit sorgen. Daneben gibt es noch weitere wie Linien-, Ring- oder Baumnetze.

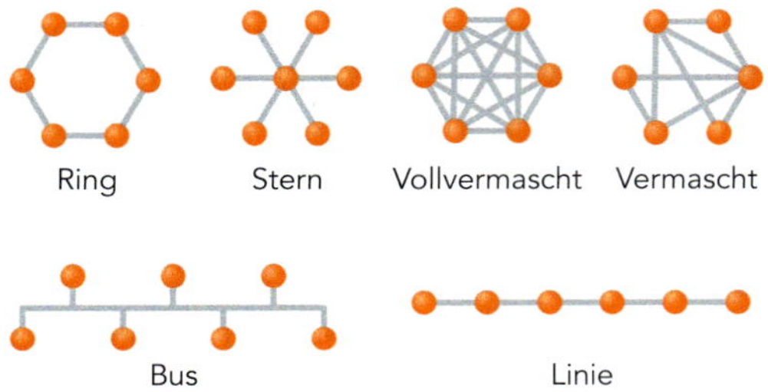

Internetkommunikation ➥ 3.2
Die Kommunikation im Internet funktioniert nach dem **Client-Server-Prinzip**. Dabei fordern die **Clients** verschiedene Dienste an, die **Server** stellen diese Dienste zur Verfügung.

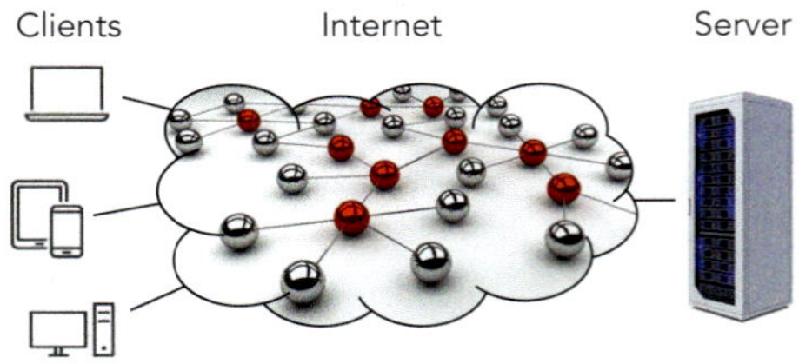

Datenspeicherung ➥ 3.3
Daten können **lokal** auf dem digitalen Endgerät, in der **Cloud** oder auf einem **Server im lokalen Netzwerk** gespeichert werden. Die optimale Speichermöglichkeit ist abhängig von der Art des Endgeräts, vom Datentyp und vom Zweck, dem die Daten dienen.

FACHBEGRIFFE

Hier findest du die wichtigsten Begriffe aus diesem Kapitel:

LAN	dezentrales Netzwerk	World Wide Web
WLAN	Client	Cloud
Router	Server	Festplatte
sternförmiges Netz	Internetprotokoll	Speicherchip
vermaschtes Netz	IP-Adresse	USB-Stick

Informationsgesellschaft und Datensicherheit 4

Am Ende dieses Kapitels hast du gelernt, …

- warum Verschlüsselung notwendig ist und welche einfachen Verfahren es gibt.
- vor welchen Angriffen man Verschlüsselungen schützen muss.
- welche verschiedenen Bilder oder Inhalte du für den eigenen Gebrauch verwenden darfst.
- Möglichkeiten zum Sichern des eigenen Mobilgerätes zu beschreiben.
- welche Daten durch die Datenschutzgrundverordnung geschützt werden.

EINSTIEG

Lucca hat ein Briefchen von Lena an Olga abgefangen und liest es laut vor: „Ich finde Dimitri ja so unglaublich süß…" Die ganze Klasse lacht, bis auf Lena, Olga und Dimitri. Lena denkt sich: „Ich müsste irgendeine Geheimschrift haben, damit das nicht nochmal passiert".

- Hilf Lena bei ihrer Idee.

INFORMATION

Geheimschrift – aber wie?

Einige wichtige oder geheime Informationen sollten nicht für jeden lesbar sein. So ist das bei Spickzetteln, die die Lehrkraft nicht lesen darf oder bei dem Briefchen, welches an die Mitschülerin geht. Genauso ging es schon Gaius Julius Cäsar im antiken Rom, als er sich im Krieg gegen andere Länder befand. Wichtige Informationen sollten nicht an die falschen Personen geraten. Falls doch mal eine Nachricht abgefangen wurde, sollte der Text dann unverständlich sein, also verschlüsselt. Dabei wird ein **Klartext** in den so genannten **Chiffretext** umgewandelt. Die Regel, nach der der Text umgewandelt wird, nennt man **Schlüssel**.

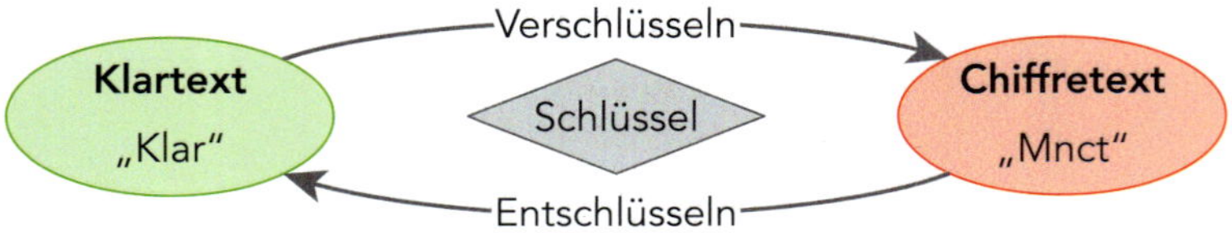

Die Römer machten es vor

Cäsar hatte die Idee, jeden Buchstaben des Alphabets durch einen anderen Buchstaben zu ersetzen. Das machte er allerdings nicht planlos, sondern verschob das Alphabet um genau drei Buchstaben. So wurde das A zu D, B ein E, C zu F usw.

A	B	C	D	E	F	G	…	V	W	X	Y	Z
D	E	F	G	H	I	J	…	Y	Z	A	B	C

Die Römer verschoben manchmal auch um vier, fünf oder sechs Buchstaben. Um das besser zu überblicken benutzten sie dafür ein Gerät, die so genannte Cäsar-Scheibe. Diese besteht aus zwei Scheiben, die übereinandergelegt sind, und in jeder ist ringsum das Alphabet eingemeißelt. Durch Verdrehen der Scheiben entstehen so jeweils eine neue Zuordnungen der Buchstaben. Wichtig ist zu wissen, um wie viele Buchstaben verdreht wurde.

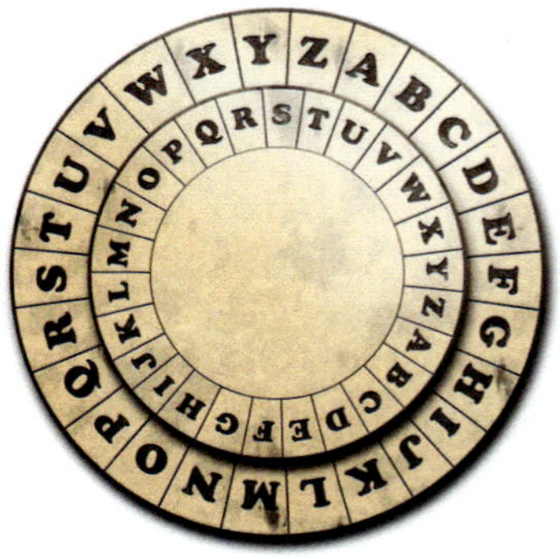

monoalphabetisch (griech.):
mono = einzig
alphabetos = Alphabet

Monoalphabetische Verschlüsselung

Diese Art der Verschlüsselung heißt **monoalphabetische Verschlüsselung**.
Das bedeutet, dass jeder Buchstabe genau einem anderen Buchstaben zugeordnet wird. Dabei ist es wichtig, dass die Verschiebung geheim bleibt und nur der Sender und der Empfänger der Nachricht diese kennen.
Heute werden geheime Nachrichten und Informationen nicht mehr mit der Cäsar-Verschlüsselung unleserlich gemacht. Es gibt viel sicherere Verschlüsselungstechniken, die aber auch weitaus komplizierter sind.

MERKE

Verschlüsselung ist wichtig, um geheime Botschaften für Unbefugte unleserlich zu machen.
Bei der **Cäsar-Verschlüsselung** wird das Alphabet meistens um drei Stellen verschoben.
Wenn jeder Buchstabe durch genau einen anderen Buchstaben ersetzt wird, nennt man das eine **monoalphabetische Verschlüsselung**.

AUFGABEN

1 Verschlüsseln mit der Cäsar-Verschlüsselung
Verschlüssle folgenden Text mit einer Verschiebung um drei Stellen.
„Was machst du heute?"

2 Text entschlüsseln
Entschlüssle folgenden Text. Er ist mit einer Verschiebung um drei Stellen verschlüsselt.
„WUHIIHQ ZLU XQV QDFK GHU VFKXOH?"

38141-33
Interaktive Datei zu Aufgabe 1 und 2

3 Cäsar-Scheibe basteln
Rechts findest du eine Bastelanleitung für eine Cäsar-Scheibe. Bastel sie und nutze sie dann zum Ver- und Entschlüsseln. Beim Verschlüsseln liest du von außen nach innen. Beim Entschlüsseln von innen nach außen. Die Verschiebungsrichtung bleibt dabei immer gleich.

38141-34
Hier findest du eine Vorlage für eine Cäsar-Scheibe.

4 Verschlüsselte Briefchen schreiben
Du kannst bei dieser Aufgabe die selbstgebastelte Cäsar-Scheibe nutzen.
a) Suche dir einen Partner oder Partnerin und schreibt euch ein verschlüsseltes Briefchen. Verschlüsselt eure Botschaft mit einer Verschiebung um fünf Stellen.
b) Schreibe ein Briefchen und verschlüssle es mit einer beliebigen Verschiebung. Notiere die Verschiebung auf das Briefchen und lege das Briefchen auf die Sammelstelle, die die Lehrkraft bestimmt hat.
c) Nimm dir ein anderes Briefchen und schreibe es mit der angegebenen Verschiebung wieder in Klartext.

5 Unverzichtbare Verschlüsselung
Beschreibe, wieso es wichtig ist zu Verschlüsseln. Überlege dir konkrete Beispiele im Internet, bei denen das eine wichtige Rolle spielt.

6 Sicherheit der Cäsar-Verschlüsselung
a) Beurteile die Sicherheit der Cäsar-Verschlüsselung? Begründe deine Antwort.
b) Überlege dir, wie du verschlüsselte Texte, ohne die Verschiebung zu kennen, knacken kannst.

7 Du bist dran!
a) Entwerft gemeinsam in Zweierarbeit ein eigenes monoalphabetisches Verschlüsselungsverfahren.
b) Beurteilt die Sicherheit eures Verfahrens. Ist es sicherer als die Cäsar-Verschlüsselung?

4.2 Brute-Force-Verfahren und Häufigkeitsanalyse

EINSTIEG

Lucca hat wieder ein Briefchen von Lena an Olga abgefangen.
Den Text versteht er überhaupt nicht, es sind nur Buchstaben wild aneinandergereiht.

- Welche Möglichkeiten hat Lucca den Text zu entschlüsseln?

INFORMATION

Brute-Force (engl.): rohe Gewalt. Mit „Roher Gewalt" werden alle Kombinationen probiert, sozusagen mit dem „Kopf durch die Wand".

Brute-Force-Verfahren

Beim Knacken von Passwörtern oder Entschlüsseln sehr kurzer Texte kann man das sogenannten **Brute-Force-Verfahren** anwenden. Bei diesem Verfahren testet man alle Möglichkeiten nacheinander durch. Das heißt, zum Beispiel bei einem Zahlenschloss mit 4 Rädchen werden nacheinander alle Kombinationen durchprobiert:
0000 – 0001 – 0002 – … – 9997 – 9998 – 9999.
Durch das Verfahren wird man ganz sicher ans Ziel kommen und das Passwort knacken. Allerdings kann das bei längeren Passwörtern schon sehr lange dauern. Dafür werden oft Computerprogramme genutzt, denn ein Computer kann das viel schneller als ein Mensch.

Prinzip der monoalphabetischen Verschlüsselung:

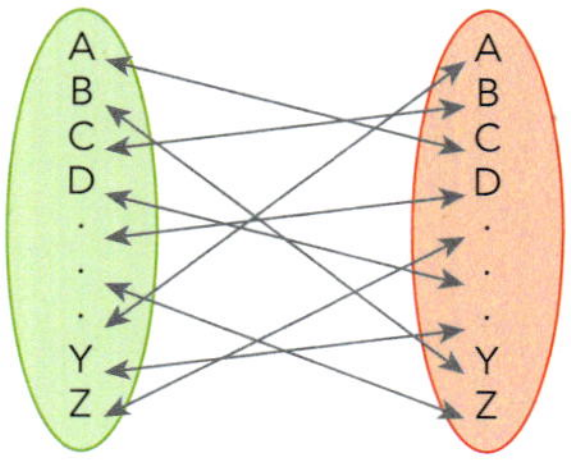

Mit Statistik entschlüsseln

Monoalphabetisch verschlüsselte Texte kann man mithilfe der sogenannten **Häufigkeitsanalyse** entschlüsseln. Hier wird geschaut welcher Buchstabe wie oft im Text vorkommt. Denn in der deutschen Sprache kommen die Buchstaben nicht alle gleich häufig vor. Der Buchstabe E kommt am häufigsten vor, der Buchstabe Q am seltensten. Ebenso kommen bestimmte Buchstabenkombinationen häufig vor, etwa folgt auf ein C häufig ein H. In jeder Sprache ist das allerdings unterschiedlich.

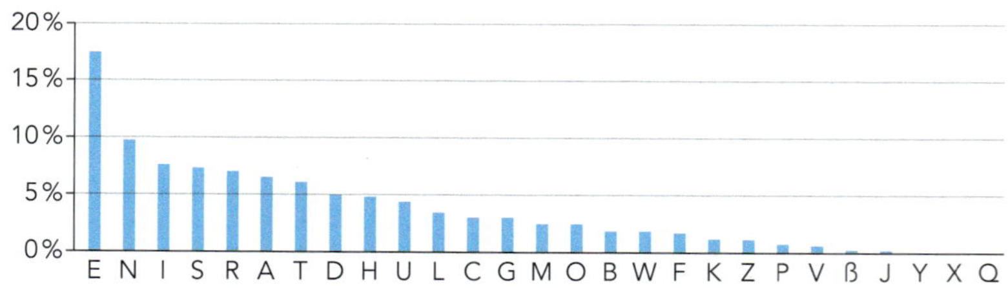

Buchstabenhäufigkeit in deutschen Texten
Die Buchstaben ä, ö, ü werden wie ae, oe, ue gezählt. ß als eigenes Zeichen

Wie lang ein Wort ist, ist ebenso wichtig. Es gibt sehr wenige Wörter mit genau zwei Buchstaben, schon ein paar mehr mit genau drei, allerdings nimmt die Anzahl möglicher Wörter bei großen Wortlängen wieder ab.

Wie geht man vor?

Bei monoalphabetisch verschlüsselten Texten hilft es, die vorkommenden Buchstaben zu zählen und mit der Häufigkeit der Buchstaben in deutschen Texten zu vergleichen. Ebenso kann man nach häufig vorkommenden Buchstabenkombinationen suchen. Bei zwei Buchstaben könnte es „ch" oder „ei" sein, bei Kombinationen aus drei Buchstaben, die häufig vorkommen, könnte es „sch" oder „ein" sein.

Funktioniert das immer?

In längeren Texten ist die Buchstabenhäufigkeit so wie in der Grafik und somit sehr zuverlässig. Bei kürzeren Texten kann es passieren, dass nicht das N der zweithäufigste Buchstabe ist sondern das L oder das S. Daher muss man hier etwas herumprobieren. Dennoch ist die Häufigkeitsanalyse beim Entschlüsseln von Texten häufig die schnellere Methode als das Brute-Force-Verfahren.

Das **Brute-Force-Verfahren** wird häufig beim Knacken von Passwörtern oder kurzen Texten genutzt. Hier werden alle Möglichkeiten, die es gibt, durchprobiert. Die **Häufigkeitsanalyse** ist ein Vorgehen, um monoalphabetisch verschlüsselte Texte mit System zu entschlüsseln. Hier wird auf die Buchstabenhäufigkeit, häufig vorkommende Buchstabenkombinationen und auf Wortlängen geachtet.

AUFGABEN

1 Cäsar entschlüsseln

a) Gib die Anzahl verschiedener Schlüssel beim Cäsar-Verfahren an.

b) Der Satz „wucuydiqc iydt myh ijqha!" ist mit der Cäsar-Scheibe verschlüsselt worden. Allerdings ist die Verschiebung unbekannt. Erläutere eine Möglichkeit den Satz mithilfe deiner ganzen Klasse zu entschlüsseln und führt die Methode gemeinsam durch. Nenne anschließend den Schlüssel.

2 Selbst einen Schlüssel entwerfen

a) Entwirf selbst eine monoalphabetische Verschlüsselung (kein Cäsar).

b) Beschreibe Eigenschaften, die ein Text und der dazugehörige Schlüssel erfüllen sollten, damit es möglichst schwer wird, diesen mithilfe der Häufigkeitsanalyse zu entschlüsseln.

c) Recherchiere nach weiteren sichereren Verschlüsselungsverfahren.

Tipp Denke daran, dass bestimmte Buchstabenkombinationen häufiger vorkommen, CH EI …

3 Decodieren mittels Häufigkeitsanalyse

Ein Briefchen wurde in der Klasse abgefangen. Entschlüssle den Inhalt mithilfe der Häufigkeitsanalyse.

MZ WF, GIVUUV NRXS ZN WLMMVIHGZT ZYVMW MLXS NRN WRNRGIR. YRM HXSLM HVSI ZFUTVIVTG. VXSG VRM TZMA ORVYVI.

4 Monoalphabetisch decodieren

Im hinterlegten Link findest du eine Webseite zum decodieren monoalphabetisch codierter Texte.

a) Schreibt euch in Paararbeit gegenseitig verschlüsselte Nachrichten. Du kannst deinen Schlüssel aus Aufgabe 2 nutzen.

b) Entschlüsselt im Anschluss die Nachrichten eures Gegenübers.

38141-35
Webseite zu Aufgabe 4

5 Computerpasswörter

Du hast für ein Passwort die komplette Tastatur zur Verfügung.

a) Recherchiere, wie viele Zeichen es auf der Tastatur insgesamt gibt. Zu den Zeichen gehören Buchstaben, Ziffern und Sonderzeichen.

b) Berechne, wie viele Passwörter möglich sind mit
(1) 5 Zeichen. (2) 10 Zeichen.

c) Ein PC kann etwa 20 000 000 Möglichkeiten pro Sekunde prüfen. Schätze wie lange er benötigt, um alle Kombinationen aus Teil b) zu testen.

EINSTIEG

Morgens auf dem Weg in die Schule hört Elias Musik auf seinem Smartphone. Als er später in der Pause sein Smartphone checken will, bemerkt er, dass es weg ist.

- Was kann ein Unbefugter mit seinem Handy anstellen?
- Nenne Möglichkeiten, ein Smartphone gut vor anderen Personen zu schützen.

INFORMATION

Schutz von mobilen Geräten

Es ist selbstverständlich, dass man sein Fahrrad abschließt, wenn man es abstellt, damit kein Fremder es benutzen oder gar stehlen kann. Ebenso ist es beim Smartphone wichtig, dass es niemand ohne Erlaubnis benutzen kann.
Es gibt verschiedene Möglichkeiten, ein Smartphone mit Hilfe eines Sperrbildschirms vor Unbefugten zu schützen.

- Beim **Fingerabdruckscanner** bzw. **FaceID** wird der Finger bzw. das Gesicht abgescannt. Der große Vorteil ist, dass man sich kein Passwort merken muss. Durch die Einmaligkeit des Gesichts oder Fingerabdrucks ist unbefugter Zugriff ausgeschlossen.

- Bei der **Mustererkennung** müssen 9 Punkte in der richtigen Reihenfolge miteinander verbunden werden. Durch die vielfältigen Möglichkeiten ist es fast unmöglich das Muster zu knacken. Allerdings können die Wischspuren auf dem Display Hinweise auf das Muster geben.

- Eine weitere Möglichkeit der Sicherung des Smartphones ist der **Zahlenpin**. Hier werden meist nur 4 Ziffern benötigt, um das Smartphone zu entsperren, was nicht ausreichend Schutz bietet (vgl. Brute-Force-Verfahren).

Virenscanner und Firewall

Darüber hinaus sollte dein Smartphone vor unerlaubten Zugriffen aus der Ferne geschützt sein, das heißt vor Hackern. Hierfür benötigst du Programme, die einen **Virenscanner** und eine **Firewall** beinhalten. Durch diese Programme wird es Hackern erschwert auf dein Smartphone zuzugreifen und persönliche Daten von dir zu stehlen.

Virenscanner:	**Firewall**:
Untersucht Apps auf dem Smartphone und entfernt bzw. deaktiviert die Schädlichen.	Verhindert, dass fremde Apps und Daten unerlaubt auf dein Smartphone gelangen.

Trotz dieser Maßnahmen ist es wichtig ein paar Regeln einzuhalten:

- Unbekannte oder seltsam wirkende Webseiten meiden.
- E-Mails von unbekannten Personen/Domains oder mit dubiosen Anhängen oder Betreffen nicht öffnen, sondern am besten gleich löschen.
- Seltsame Apps mit unnötigen Berechtigungsanfragen nicht installieren (nicht jede App benötigt Zugriffsrechte auf Kontakte, Standort, Kamera und Fotos).
- Vorsicht bei fremden W-LANs. Diese sind häufig nicht ausreichend gesichert.

Beachte: Es ist wichtig, dass alle Apps und das Betriebssystem auf dem neuesten Stand sind. Meistens werden durch Updates Sicherheitslücken behoben!

Schutz von Datenträgern

Auf USB-Sticks oder SD-Karten werden unter anderem auch Bilder und Videos gespeichert. Um den unerlaubten Zugriff durch andere Personen zu verhindern, gibt es verschiedene Möglichkeiten und Programme, um diese zu verschlüsse n. Dabei ist die Wahl eines guten Passworts besonders wichtig.

Tipp: Eine Möglichkeit sich ein langes, kompliziertes Passwort zu merken ist ein Merksatz: **„Dieses Passwort ist sicher, denn es hat 14 Zeichen und Sonderzeichen!" = DPis,deh14ZuS!**

MERKE

Um das eigene Smartphone zu schützen, gibt es ein paar Regeln:

- **Bildschirmsperre** mit **Pin**, **Muster**, **Fingerabdruck** oder **FaceID**
- Ständiges **Aktualisieren von Apps und Betriebssystem**
- Installieren eines **Virenscanners** gegen Schadprogramme und eine **Firewall** gegen unerlaubten Zugriff aus der Ferne
- Nicht jedes Programm benötigt alle Berechtigungen!

AUFGABEN

1 Schutz von Smartphones und anderen mobilen Geräten

a) Beschreibe die Vor- und Nachteile der verschiedenen Bildschirmsperren am Smartphone.

b) Stell dir vor du bist Hacker, wie würdest du die Bildschirmsperren knacken? Beschreibe dein Vorgehen.

c) Die Sicherung mit einem Pin wird als die unsicherste Methode beschrieben. Begründe.

d) Beschreibe, wie das Smartphone gegen das ständige Ausprobieren des Passwortes gesichert ist.

e) Beantworte folgende Fragen.

① Warum solltest du dein Betriebssystem und deine Apps immer auf dem aktuellen Stand halten?

② Wie kann Schadsoftware und Viren auf dein Smartphone, Tablet oder PC gelangen?

2 Verlorener USB-Stick

Letizia hat Ihren USB-Stick im Computerraum vergessen. Am kommenden Schultag ist der Stick nicht mehr dort und auch die Lehrerin kann ihr nicht weiterhelfen. Auf dem Stick waren nicht nur die Dateien für den IT-Unterricht, sondern auch noch die Bilder und Videos vom vergangenen Urlaub am Strand.

a) Was kann mit den Bildern und den Videos von Letizia passieren. Schreibe die Geschichte weiter.

b) Welche Möglichkeiten gibt es den USB-Stick vor unerlaubtem Zugriff zu schützen? Recherchiere im Internet.

3 Sicherheit von Passwörtern

Im Internet gibt es viele Seiten, auf denen es möglich ist, die Sicherheit deines Passwortes zu prüfen.

a) Denke dir ein eigenes Passwort aus und teste es in einem Passwortcheck im Internet. Notiere dir wir lang es dauern würde dein Passwort zu knacken.

b) Was macht ein gutes Passwort aus? Nenne wichtige Kriterien.

Achtung: Gib niemals deine richtigen Passwörter auf einer anderen Webseite ein als der, zu der sie gehören!

EINSTIEG

Marco ist mit seinen Freunden skaten. Als sie eine kurze Pause machen, schießt Marco erstmal ein Selfie von sich und allen anderen und stellt es auf Instagram hoch #skaten, #friendship. Julian bemerkt, dass er auf dem Bild einfach blöd aussieht. Deswegen möchte er, dass das Bild sofort gelöscht wird. Marco weigert sich, denn er hat das Bild ja selbst gemacht und meint es sei gut so, wie es ist.

- Wer von beiden hat Recht?

INFORMATION

Das Recht am geistigen Eigentum

Jede Person darf bestimmen, was mit selbst gemachten Bildern passiert. Das gilt auch für selbstgemalte Bilder. Ebenso sind Lieder von Musikern besonders geschützt. Dieser Schutz wird durch das **Urheberrecht** geregelt, somit können Bilder, Texte und Lieder nicht einfach so weiterverbreitet werden.

Erlaubnis nötig

Persönlichkeitsrecht

Jede Person darf entscheiden, was mit Bildern passiert, auf denen sie zu sehen ist. Man spricht vom „Recht am eigenen Bild". Wird also ein Gruppenselfie vom Mountainbiken einfach so auf Instagram gepostet, ohne vorher die Erlaubnis von allen abgelichteten Personen zu holen, wird dieses Recht verletzt. Dennoch gibt es Ausnahmen, wann eine Person nicht gefragt werden muss:

keine Erlaubnis nötig

- **Bilder der Zeitgeschichte**
  Zur Zeitgeschichte gehört das gesamte soziale Leben. So dürfen Politiker bei Reden, Sportler bei ihrer Sportart und Schauspieler fotografiert und veröffentlicht werden.

- **Bilder, bei denen Personen nur Beiwerk sind**
  Wenn ein Bild von der Burg Hohenzollern gemacht wird und dabei ein paar Personen mit auf dem Bild sind, darf das Bild dennoch veröffentlicht werden. Wenn das Fehlen der Personen das Bild nicht beeinflusst, sind diese Personen nur Beiwerk.

- **Bilder von Versammlungen**
  Wenn eine Versammlung, etwa eine Demonstration, fotografiert wird, müssen die abgebildeten Personen nicht nach Erlaubnis gefragt werden. Jeder Teilnehmer der Versammlung muss damit rechnen fotografiert zu werden.

Wenn Unsicherheit besteht, sollte man einfach die abgebildete Person fragen. Beachtet werden muss dabei, dass bei Minderjährigen die Eltern entscheiden.

Welche Bilder dürfen einfach so verwendet werden?

Creative Commons (CC) (engl.): Schöpferisches Gemeingut.

Viele Urheber oder Künstler finden es gut, wenn ihre Bilder oder Skizzen verbreitet werden. Dafür gibt es sogenannte CC-Lizenzen, die eine Verwendung eindeutig regeln. Somit ist es auch möglich, ungefragt Bilder beispielsweise für Social Media zu nutzen, wenn diese mit den entsprechenden CC-Lizenzen versehen sind.

	BY – Namensnennung (Attribution) Der Name des ursprünglichen Urhebers muss genannt werden (und zwar in der Weise, die der Urheber vorgibt).
	ND – keine Bearbeitung (No Derivatives) Das Werk muss vollständig und ohne Veränderungen bleiben.
	SA – Weitergabe unter gleichen Bedingungen (Share Alike) Bei einer Bearbeitung muss das neu entstandene Werk unter denselben Bedingungen veröffentlicht werden wie das ursprüngliche Werk.
	NC – nicht-kommerziell (Non-Commercial) Die Weiterverwendung darf nur nicht-kommerziellen Zwecken dienen.

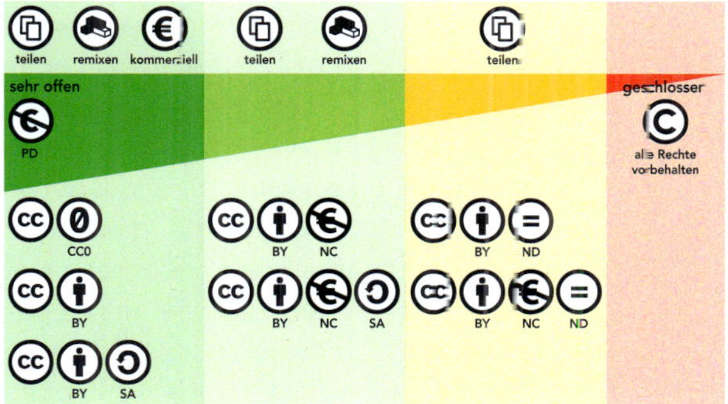

MERKE

Urheberrecht ist das Recht am geistigen Eigentum. Geistiges Eigentum sind selbst gemachte/gemalte Bilder, Lieder oder Fotos.
Persönlichkeitsrecht ist das Recht am eigenen Bild. Es dürfen keine Aufnahmen ohne Einwilligung veröffentlicht werden, außer spezielle Ausnahmen greifen.
CC-Lizenzen regeln die Weiterverwendung von Bildern etc. durch andere.

AUFGABEN

38141-36
Interaktive Datei zu Aufgabe 1

1 Darfst du teilen oder nicht?

a) Prüfe bei den folgenden Fällen, ob das Persönlichkeits- oder Urheberrecht verletzt wird. Begründe deine Entscheidung.
   (1) Du postest ein selbstgemachtes Selfie.
   (2) Markus findet ein Referat im Internet und hält dieses selbst.
   (3) Du kopierst ein Selfie von dir in ein Bild mit Napoleon.
   (4) Du postest Gruppenbild vom Klassenausflug in deinen Status.

b) Erfinde selbst mindestens 3 Beispiele und lass sie von einer Mitschülerin oder einem Mitschüler prüfen.

2 Kombination von CC-Lizenzen

a) Recherchiere im Internet die Lizenzen und beantworte folgende Aufgabe.
   (1) Woran erkennt man die CC-Lizenzen?
   (2) Stelle die Lizenzen und die Kombinationen in einer Tabelle dar.

b) Gib an wie viele Kombinationen möglich sind.

3 Schutz durch das Urheberrecht

a) Welche Berufsgruppen sollen durch das Urheberrecht geschützt werden? Begründe deine Antwort.

b) Welche Vor- und welche Nachteile hat das Urheberrecht. Diskutiert paarweise und notiert euch Stichpunkte.

4 Abmahnung bei Urheberrechtsverletzungen

Miko verkauft im Internet seine alte Gitarre. Er sucht im Netz nach einem schönen Bild des gleichen Modells.

a) Miko wird von einem Anwalt angeschrieben. Er wird aufgefordert das Bild aus dem Netz zu nehmen. Darüber hinaus bekommt er eine Rechnung. Wie hoch können die Kosten für solche einen Fall sein? Recherchiere online.

b) Erläutere, was die möglichen Strafen für Miko sein können.

c) Erkläre, wie sich Miko davor schützen kann.

EINSTIEG

Till postet gerne Landschaftsbilder auf Instagram. Er ist heute mit seiner Freundin Lotte unterwegs bei einem Badesee in der Nähe. Er schießt ein paar Bilder von dem tollen See, und den Enten, die darauf schwimmen und lädt diese dann hoch. Natürlich wird neben dem Ort auch noch Lotte markiert und ein paar passende Hashtags dazu gepostet. #badenmachtspaß, #mitlotteamstart, #lieblingsmensch

- Wo siehst du bei diesem Post ein Problem?
- Welche Risiken gibt es?

INFORMATION

Datenschutz

Jede Person muss ihre Einwilligung geben, wenn Daten über sie gespeichert werden. Es dürfen nur Daten gespeichert werden, die für die jeweilige Anwendung unbedingt notwendig sind. Das nennt man das Prinzip der **Datenminimierung**. Zusätzlich hat jede Person das Recht Einblick in die über sie gespeicherten Daten zu erhalten. Darüber hinaus darf man Unternehmen, aber auch Privatpersonen dazu veranlassen die eigenen Daten zu löschen. Das nennt man das **Recht auf Vergessenwerden**.

Welche Daten eine Webseite von dir speichert, kannst du immer auf der Seite unter „Datenschutz" nachlesen.

DSGVO = Datenschutzgrundverordnung

Wie Unternehmen mit deinen personenbezogenen Daten umzugehen haben, ist europaweit gesetzlich in der DSGVO geregelt. Personenbezogene Daten sind Angaben, die auf eine bestimmte Person zurückführen können. Neben Namen, Adresse, Geburtsdatum und Standort sind das auch Geschlecht, Größe, Haarfarbe oder Telefonnummer. Alle diese personenbezogenen Daten können online gesammelt werden.

Warum werden meine Daten gesammelt?

Viele Firmen sind interessiert an personenbezogenen Daten, um personalisierte Werbung zu schalten. Gerade Social Media Apps, wie Instagram oder TikTok, sammeln Daten und verkaufen diese an Werbetreibende. Mit dem Download der App und dem Einrichten eines Accounts willigt man ein, dass das Surfverhalten gespeichert und weiterverwendet werden darf. Somit entsteht ein persönliches Profil über das Surfverhalten. Mit diesen Daten können die Betreiber der Apps analysieren, welche Produkte für einen besonders interessant sind. Unternehmen bezahlen dann viel Geld, um Leuten gezielt Werbung für diese Produkte zu schalten, um dadurch neue Kunden zu gewinnen.

Berechtigungen bei Apps

Oft werden Apps einfach installiert, ohne speziell auf den Datenschutz zu achten. So kann es passieren, dass man einwilligt seinen Standort zu teilen und Zugriff auf seine Bilder und Kontakte gewährt, weil man eine Taschenlampenapp heruntergeladen hat. Oft ist dabei nicht ersichtlich, wieso diese App diese Daten benötigt und was mit den gesammelten Daten passiert.
Es lohnt sich darauf zu achten, welche Daten von Apps gesammelt werden bzw. welche Zugriffe eine App benötigt, damit die App funktioniert. Natürlich braucht eine Fotoapp Zugriff auf deine Bilder, allerdings eine Taschenlampenapp nicht. Fordert eine App unnötige Berechtigungen, ist es besser diese nicht zu installieren.

MERKE

Beim Surfen und der Nutzung von Apps fallen immer **personenbezogene Daten** an. Der Umgang mit diesen Daten ist in Deutschland gesetzlich durch die **DSGVO** geregelt. Personenbezogenen Daten sind unter anderem Name, Alter, Geburtsdatum, Größe, Wohnort, Standort.
Auf Webseiten und Apps wird dir bei „**Datenschutz**" aufgezeigt, welche Daten gesammelt werden und teilweise auch was mit den Daten geschieht.

AUFGABEN

1 Veröffentlichung von Daten
Entscheide und begründe, ob folgende Daten ohne Einwilligung öffentlich genannt werden dürfen.
(1) Aushang mit Noten und Namen ans Schwarze Brett in der Schule
(2) Mitteilung auf Instagram mit wem man wann in den Urlaub fährt

2 Speicherung personenbezogener Daten
a) Nenne Gründe, warum es wichtig ist, dass man nicht einfach personenbezogene Daten speichern darf.
b) Diskutiere mit der Person neben dir: Welche Vor- und Nachteile hat gezielte Werbung basierend auf personenbezogenen Daten für …
(1) das werbetreibende Unternehmen?
(2) den umworbenen Konsumenten?
Mache dir sowohl über die kurzfristigen als auch die langfristigen Punkte Gedanken.

38141-37
Tabelle zu Aufgabe 2

3 Digitaler Fußabdruck
Unter einem digitalen Fußabdruck versteht man die persönlichen Daten, die bei der Nutzung von digitalen Geräten im Internet gespeichert werden. Schau in deinem Handy, welche Daten von deinen Apps gespeichert werden und erstelle eine Liste mit Beispielen, bei welcher Anwendung du welche Daten teilst.

4 Alternativen zu den gängigen Apps
Recherchiere online, ob es zu manchen Apps, die du benutzt Alternativen gibt, die weniger Daten von dir sammeln, aber die gleichen Funktionen haben. Erstelle eine Liste solcher Apps.

5 Sensible Daten
Informiere dich, was unter „sensiblen Daten" zu verstehen ist. Erstelle eine Auflistung mit Beispielen von sensiblen Daten.

DIE PLAYFAIR-VERSCHLÜSSELUNG

Die Playfair-Verschlüsselung wurde im Jahr 1854 von Charles Wheatstone erfunden. Dabei werden, anders als bei anderen Verfahren, Buchstabenpaare und nicht einzelne Buchstaben des Klartextes verschlüsselt.
Man spricht somit von einem bigraphischen Verfahren. Ihren Namen erhielt die Verschlüsselung von Lyon Playfair, der dieses Verfahren dem britischen Militär empfahl. Daraufhin fand das Verfahren sogar im 2. Weltkrieg Anwendung.

Sir Charles Wheatstone (1802-1875)

VERSCHLÜSSELUNG MIT DER PLAYFAIR-VERSCHLÜSSELUNG

Zunächst muss man sich ein Passwort der Länge 5 ausdenken. Aus diesem Passwort oder Schlüssel wird ein sogenanntes Playfair-Quadrat erstellt.
Für uns soll der Schlüssel „Klasse" sein. Doppelte Buchstaben müssen gestrichen und im Anschluss das Quadrat in alphabetischer Reihenfolge aufgefüllt werden. Bereits verwendete Buchstaben werden dabei ausgelassen.
Aus Klasse wird somit KLASE.

K	L	A	S	E
B	C	D	F	G
H	I/J	M	N	O
P	Q	R	T	U
V	W	X	Y	Z

Da dieses Quadrat nur 25 Felder hat, müssen I und J auf ein gemeinsames Feld geschrieben werden. Man geht davon aus, dass beim Entschlüsseln das Wort dennoch erkannt wird.

PLAYFAIR-VERSCHLÜSSELUNG IM BEISPIEL

Es soll nun die Nachricht „Hallo zusammen" verschlüsselt werden. Dafür muss der Text zunächst vorbereitet werden. Das bedeutet, dass man Buchstabenpaare aus dem Text bildet. Sollte ein Buchstabenpaar zwei gleiche Buchstaben besitzen, so wird ein X eingeschoben. Um zu gewährleisten, dass immer Buchstabenpaare entstehen, muss unter Umständen der letzte Buchstabe mit einem X ergänzt werden.
Der zu verschlüsselnde Text lautet somit:

HA LX LO ZU SA MX ME NX

Das Verschlüsseln kann in drei Fälle unterteilt werden:
1. Fall: Beide Buchstaben in einer Zeile
→ Verschiebe beide Buchstaben um eins nach rechts.
2. Fall: Beide Buchstaben in einer Spalte
→ Verschiebe beide Buchstaben um eins nach unten.
3. Fall: Beide Buchstaben in verschiedenen Zeilen / Spalten
→ Erstelle ein Quadrat und vertausche die beiden oberen und unteren Werte miteinander.

Führen wir das Beispiel fort:

1. Buchstabenpaar HA: Buchstaben in verschiedenen Zeilen / Spalten (3. Fall)

K	L	A	S	E
B	C	D	F	G
H	I/J	M	N	O
P	Q	R	T	U
V	W	X	Y	Z

Somit wird HA zu MK
Weitere Buchstabenpaare zum 3. Fall:
LX → AW, LO → EI, ME → OA, NX → MY

2. Buchstabenpaar ZU: Buchstabenpaar in der gleichen Spalte (2. Fall)

K	L	A	S	E
B	C	D	F	G
H	I/J	M	N	O
P	Q	R	T	U
V	W	X	Y	Z

Somit wird ZU zu EZ
Weitere Buchstabenpaare zum 2. Fall: MX → RA

3. Buchstabenpaar SA: Buchstabenpaar in der gleichen Zeile (1. Fall)

K	L	A	S	E
B	C	D	F	G
H	I/J	M	N	O
P	Q	R	T	U
V	W	X	Y	Z

Somit wird SA zu ES

Ursprüngliche Nachricht: **HA LX LO ZU SA MX ME NX**
Verschlüsselte Nachricht: **MK AW EI EZ ES RA OA MY**

JETZT BIST DU DRAN

1 Verschlüsselung
Verschlüssle den Text „Wir treffen uns heute Abend in Stuttgart" mit dem Schlüssel „HANDY".

2 Entschlüsselung
Entschlüssle den Text „HOCTSTFMKLGPQRHOMQIZKRRABDIW' mit dem Schlüssel „SUPER".

3 Sicherheit
a) Bestimme die Anzahl der möglichen Schlüssel bei diesem Verfahren.
b) Worin liegen Vor- bzw. Nachteile dieses Verfahrens im Vergleich zur monoalphabetischen Verschlüsselung? Diskutiere.

1 Viele Firmen sammeln Daten mithilfe von Cookies und Apps. Sie wollen damit ein Profil der Person anlegen, um zum Beispiel deren Kaufverhalten besser zu kennen. Welche personalisierte Werbung würdest du bei dem folgenden Surfverhalten erstellen? Begründe deine Antwort.

① Besucht Seiten von Reisebüros und Bilder von Italien
② Kauf im Internetshop: VfB-Schal
③ Folgt ADIDAS, Puma und Nike auf Instagram

① Sucht nach neuen Wohnungen bei Ebay Kleinanzeigen und Immo-Scout
② Kauft einen Schallplattenspieler
③ Sucht nach Festivals im kommenden Jahr

2 Stefan möchte die folgenden Bilder auf seinem Kanal posten. Begründe, ob es unter den gegebenen Umständen legal oder illegal ist.

①

②

③

① Ich habe das Foto von meinen Freunden im Schulbus selbst gemacht.
② Das Bild von den Bundesjugendspielen habe ich auf Nachfrage von meinem Lehrer bekommen.
③ Das Bild habe ich vom Internet heruntergeladen.

① Das Bild wurde von meinem Freund heimlich aufgenommen. Ich möchte es später noch ein wenig verändern.
② Das Bild des Zeitungsberichtes verlinke ich auf der Homepage.
③ In das Bild schneide ich mich später rein. Schließlich hat es folgende Freigaben: CC BY NC ND

38141-38 Interaktive Datei zu Aufgabe 3

3 Decodiere die mit dem Cäsar-Verfahren verschlüsselten Texte.

QVR ORFGRA QVATR VZ YRORA FVAQ AVPUG QVR, QVR ZNA SHRE TRYQ ORXBZZG. NYOREG RVAFGRVA.
(Verschiebung 13)

SKDQWDVLH LVW ZLFKWLJHU DOV ZLVVHQ. DOEHUW HLQVWHLQ.
(Verschiebung unbekannt)

4 Beurteile folgende Aussagen zu Buchstabenhäufigkeit und der Methode der Häufigkeitsanalyse.

① Jede Sprache hat unterschiedliche Buchstabenhäufigkeiten.
② Das E ist in jedem Text der häufigste Buchstabe.
③ Es gibt Buchstabenkombinationen, die sehr häufig auftauchen.

① Die relative Buchstabenhäufigkeit hat nichts mit der Länge des Textes zu tun, sie ist immer gleich.
② Mithilfe der Häufigkeitsanalyse kann man jeden Text knacken.
③ Es gibt Buchstabenkombinationen, die sehr selten auftauchen.

1 Rechte an Daten

Entscheide, ob folgendes erlaubt ist. Begründe deine Entscheidung.

① In der Zeitung wird ein Bild von einer Sportveranstaltung veröffentlicht. Dabei sind verschiedene Sportler*innen abgebildet.

② Für eine Präsentation nimmt Malin verschiedene Bilder aus dem Internet. Die Präsentation wird später im Internet veröffentlicht.

③ Jano veröffentlicht Bilder von sich und seinen Freunden in seiner Instagram-Story.

④ Vera kümmert sich um die Homepage der SMV. Sie veröffentlicht ein Bild der Schule, welches sie von der Rektorin bekommen hat. Die Rektorin hat das Bild selbst gemacht.

⑤ Nina findet die Bücher von Harry Potter so großartig. Damit ihre Freunde auch alle die Bücher lesen können, kopiert sie die Bücher einfach und schenkt sie ihren Freunden.

⑥ Emma hat sich eine Musik-CD gekauft. Sie verleiht die CD einer Freundin.

2 Was nun?

Beschreibe, was du den 4 Freunden in den folgenden Situationen raten würdest und was ihnen passieren kann.

Violetta
„Ich habe eine E-Mail mit Anhang von einem unbekannten Absender erhalten."

Jimin
„Auf dem Smartphone eines Freundes sind meine Zugangsdaten für Snapchat gespeichert, weil ich mit seinem Handy online gehen musste."

Elias
„Ich habe von einem Anwalt eine Abmahnung per Mail erhalten und soll 300 € bezahlen."

Louis
„Ich habe mein Handy verloren."

3 Cäsar-Verschlüsselung

Till überlegt sich, als Passwort seines Instagram-Accounts seinen Namen mit dem Cäsar-Verfahren zu verschlüsseln. Dadurch ergibt sich das Passwort „Wloo".

a) Erläutere, wie ein Fremder durch das Passwort „Wloo" schließen kann, dass die Person nicht Dani heißt.

b) Bestimme den Schlüssel des Cäsar-Codes.

c) Entscheide und begründe, ob ein solches Passwort sicher ist.

d) Was können andere auf dem Instagram-Account machen, wenn sie das Passwort geknackt haben? Beschreibe mehrere Möglichkeiten.

4 Sichere Passwörter

Carmen kann sich nie ihr Passwort merken. Sie weiß aus der Schule, dass ein Passwort Groß- und Kleinbuchstaben, Ziffern und Sonderzeichen haben sollte und es sollte nicht zu kurz sein. Bewerte Carmens Aussagen.

① „Mein sicheres Passwort lautet Carmen1234!"

② „Ich verwende mein neues Passwort nun überall. Dann brauch ich mir nur ein Passwort merken."

③ „Das Passwort habe ich mir mit meinem Benutzernamen in mein Hausaufgabenheft geschrieben."

6 Urheberrecht

Erläutere, was du mit Bildern machen darfst, die folgende Creative-Commons-Lizenz haben.

a) 

b) 

c) 

7 Verschlüsselung, ja oder nein?

Nenne Situationen, in denen eine Verschlüsselung von Texten und Daten sinnvoll ist und in welchen es sich nicht lohnt. Begründe deine Entscheidung.

8 Knacken von Schlüsseln

a) Du hast die Zahlenkombination für dein Fahrradschloss vergessen. Erläutere ein Verfahren ausführlich, mit dem du das Schloss knacken kannst.

b) Du hast einen längeren verschlüsselten Text vor dir liegen. Erläutere ein Verfahren, mit dem du den Text entschlüsseln kannst. Erkläre dein Vorgehen.

9 Sicherheit der Cäsar-Verschlüsselung

Stell dir vor, du bist der Sicherheitsberater von Julius Cäsar im antiken Rom.

a) Analysiere und bewerte die Sicherheit des Verschlüsselungsverfahrens von Cäsar. Schreibe dazu einen kleinen Sicherheitsbericht.

b) Entwickle Verbesserungsvorschläge und gib Cäsar ein paar nützliche Tipps.

10 Sicherheit von Passwörtern

Du möchtest dir ein neues Passwort zulegen.

a) Zeige wie sich bei einem Passwort jedes weitere Zeichen auf die „Knackbarkeit" auswirkt.

b) Vergleiche Passwörter derselben Länge mit und ohne Sonderzeichen.

11 Brute-Force-Verfahren und Häufigkeitsanalyse im Vergleich

Vergleiche das Brute-Force-Verfahren und die Häufigkeitsanalyse. Nenne Situationen, in welchen sich jeweils eines der Verfahren anbietet und vergleiche diese. Begründe deine Antworten.

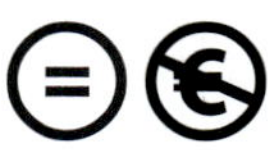

12 Luisa hat unter einem Bild im Internet die nebenstehenden Zeichen als Lizenzangabe gefunden. Entscheide jeweils, ob folgendes erlaubt ist.

a) Da ihr die Farben nicht gefallen, möchte sie sie ändern und es dann auf ihrer Homepage mitverwenden.

b) Ihr Onkel hat ein kleines Computergeschäft und möchte das Bild in seinem Online-Shop verwenden.

c) Sie möchte das Bild bei einer Geburtstagspräsentation für ihre kleine Schwester einfügen.

DAS GROSSE INFO-QUIZ!

Hier sprechen Begriffe, die du in diesem Kapitel gelernt hast, über sich selbst. Die Zahlen in Klammern geben den Buchstaben im erratenen Begriff an, den du für das Lösungswort brauchst.

1. Ich mache Botschaften für Unbefugte unleserlich. . . . . (4)
2. Mein Zeichen musst du suchen, wenn du wissen willst, wie du ein Bild weiterverwenden darfst. . . . . (1)
3. Dank mir ist das geistige Eigentum geschützt. . . . . (3)
4. Ich bin ein Verfahren zum Entschlüsseln von monoalphabetisch verschlüsselten Texten.. . . . . (15)
5. Ich bin ein sehr altes Verschlüsselungsverfahren. . . . . (14)
6. Ich gebe die statistische Verteilung von Buchstaben an. . . . . (5)
7. Mich haben die Römer zum Verschieben des Alphabets benutzt. . . . . (3)
8. Beim Knacken von Passwörtern greifen Hacker oft auf mich zurück . . . . (5)
9. Ich bin der geregelte Schutz der Persönlichkeit. . . . . (7)

1 Codieren bzw. decodiere folgende Sätze mithilfe der Cäsar-Scheibe
① GOB NKC VSOCD SCD XSMRD NYYP.
② Ein Passwort sollte Sonderzeichen haben.

38-41-39
Interaktive Datei zum großen Info-Quiz

2 Gib an, mit welchem Verfahren du an folgende Situation rangehst.
① Knacken eines Zahlenschlosses
② Entschlüsseln eines längeren monoalphabetisch verschlüsselten Textes

3 Nenne verschiedene Möglichkeiten, um dein Smartphone vor unerlaubtem Zugriff zu schützen, auch vor Angriffen über das Internet.

4 Entscheide, ob die folgenden Beispiele legal oder illegal sind.
① Weiterleiten eines Bildes, dass im Unterricht geschossen wurde.
② Veröffentlichen des Bildes mit den Fußballerinnen.

5 Der Sportverein von Anissa sucht noch nach Mitgliedern. Anissa schickt die Namen und Handynummern ihrer Klassenkameradinnen und -kameraden an Theresa, die die Mitgliedersuche organisiert.
a) Hat Anissa gegen die DSGVO verstoßen? Begründe deine Antwort.
b) Nenne drei weitere Daten, die durch die DSGVO geschützt sind.

Ich kann …	In Aufgabe	Hilfe
einfache Verschlüsselungsverfahren benennen und anwenden.	1	4.1
bewerten, gegen welche Angriffe eine Verschlüsselung anfällig ist.	2	4.2
die Möglichkeiten, um meine Endgeräte zu schützen, benennen.	3	4.3
entscheiden, ob ein Bild gegen das Urheberrecht oder Persönlichkeitsrecht verstößt.	4	4.4
die Daten, die durch die DSGVO geschützt werden benennen.	5	4.5

Einfache Verschlüsselungsverfahren ➥ 4.1

Texte können mittels monoalphabetischer Verschlüsselung ver- bzw. entschlüsselt werden. Eine berühmte Verschlüsselungstechnik ist das Cäsar-Verfahren.

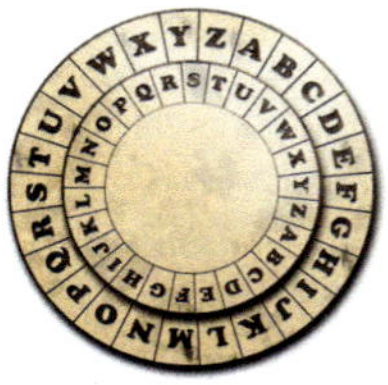

Knacken von Texten und Passwörtern ➥ 4.2

Das Brute-Force-Verfahren probiert alle Möglichkeiten durch und wird häufig genutzt, um Passwörter zu knacken. Mit Hilfe der Häufigkeitsanalyse können verschlüsselte Texte systematisch entschlüsselt werden.

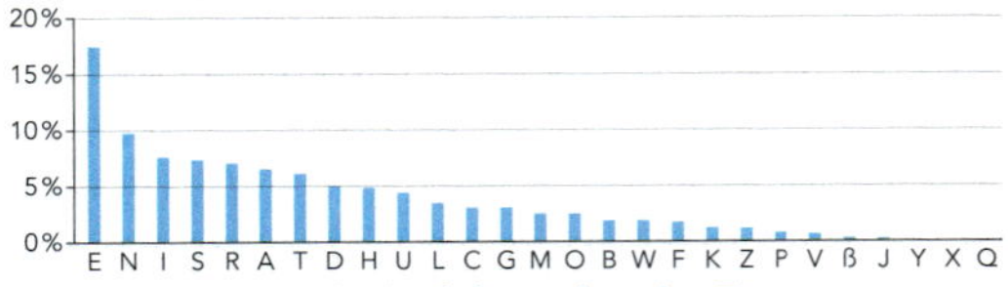

Buchstabenhäufigkeit in deutschen Texten

Schutz des eigenen Gerätes ➥ 4.3

Endgeräte müssen vor unbefugter Verwendung sowie Verlust und Zerstörung geschützt werden. Virenscanner, Firewall und Passwörter sind dafür zwingend notwendig.

Urheberrecht ➥ 4.4

Recht am geistigen Eigentum: Bilder, Musik oder Videos, die nicht selbst erstellt werden, dürfen nicht ohne Weiteres veröffentlicht werden. Ein Musiker hat das Recht, zu bestimmen, was mit seinen Liedern geschieht.
Persönlichkeitsrecht / Recht am eigenen Bild: Ohne Zustimmung darf kein Bild von einer anderen Person erstellt werden. Ausnahmen sind: Bilder von Versammlungen, man ist Beiwerk und Bilder der Zeitgeschichte.

nicht erlaubt:

nicht erlaubt:

erlaubt:

Datenschutz ➥ 4.5

Die Datenschutzgrundverordnung regelt den Umgang mit personenbezogenen Daten. Darunter fallen zum Beispiel Name, Adresse oder Geburtsdatum einer Person.

FACHBEGRIFFE

Hier findest du die wichtigsten Begriffe aus diesem Kapitel:

Ver- und Entschlüsselung	Verschlüsselungsverfahren	Cäsar-Verschlüsselung
monoalphabetische Verschl.	Buchstabenhäufigkeit	Häufigkeitsanalyse
Brute-Force-Verfahren	Virenscanner	Firewall
Schutz von Geräten	Urheberrecht	Recht am eigenen Bild
Datenschutzgrundverordnung	CC-Lizenzen	Passwörter

Lösungen zu den Seiten „Am Ziel"

Lösungen zu „1.10 Am Ziel" – Seite 31

Das Große Info-Quiz:

1. „Ich bin Grundlage für viele heutige Textcodierungen (Abkürzung)." .... AS**C**II
2. „Ich bin ein Code, der aus Strichen und Zwischenräumen besteht." .... C**O**DE 39
3. „Mich brauchen alle Geräte, um in einem Netzwerk miteinander kommunizieren zu können." .... IP-A**D**RESSE
4. „Ich bin die kleinste digitale Informationseinheit." .... B**I**T
5. „Ich wurde früher als Funksignal, vor allem in der Schifffahrt, verwendet." .... MORS**E**CODE
6. „Mit mir kann man Rastergrafiken speichern." .... PO**R**TABLE BITMAP
7. „Ich wurde als Hilfe für blinde Menschen erfunden." .... BRAILL**E**-SCHRIFT
8. „Ich bin das Zahlensystem mit der Basis 2." .... BI**N**ÄRSYSTEM

Lösungswort: CODIEREN

1 Codierungen im Alltag sind: Morsealphabet, Kfz-Kennzeichen, Postleitzahl, Blindenschrift, Raumnummer, ASCII, QR-Code

2

Dokument mit 100 KB	➜	0,1 MB
Festplatte mit 1 Terrabyte	➜	1 000 000 MB
USB-Stick mit 1 GB	➜	1 000 MB
Bilddatei 10 MB	➜	10 000 KB
MP3-Datei 100 MB	➜	0,1GB

3 Das Schloss hat drei Zahlenräder mit jeweils 10 Ziffern:
10 x 10 x 10 = 1 000 Möglichkeiten

4 ① $5 = 101_2$ ② $94 = 1011110_2$
③ $156 = 10011100_2$ ④ $1\,700 = 11010100100_2$

5 ① $110_2 = 6$ ② $1110_2 = 14$
③ $1000100_2 = 68$ ④ $1000000100_2 = 516$

6

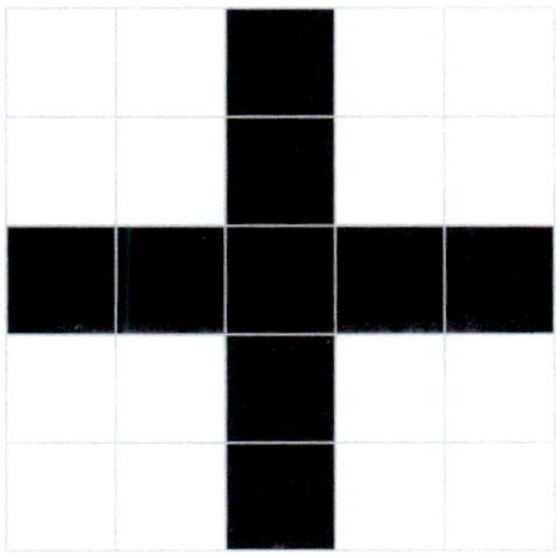

Lösungen zu „2.11 Am Ziel“ – Seite 55

Das Große Info-Quiz:

1. „Mich brauchst du, wenn du mit einem Computer sprechen willst.“ . . PROGRAMMIER**S**PRACHE
2. „Ich habe eine Bühne, auf der du mit meiner grafischen Programmieroberfläche Figuren Befehle geben kannst.“ . . . . .S**C**RATCH
3. „Ich gebe vor, wie der Computer etwas machen soll.“ . . . . ALGORIT**H**MUS
4. „In mir können bei einem Programm Zahlen und Buchstaben gespeichert werden.“ . . VARIAB**L**E
5. „Bei mir kann man aus mehreren Wegen wählen.“ . . . . .VERZW**E**IGUNG
6. „Ich bin ein einzelner Arbeitsschritt in einem Programm.“. .ANWE**I**SUNG
7. „Mit mir kann man einen Programmablauf übersichtlich darstellen.“ . . . . **F**LUSSDIAGRAMM
8. „Ohne mich ist nicht klar, was gemacht werden muss und in welcher Reihenfolge.“ . . . . EIND**E**UTIGKEIT

Lösungswort: SCHLEIFE

1 a) Wenn Bella genau den Anweisungen folgt, würde sie die Klemmbausteine beginnend bei der Grundplatte mit Schwarz, dann Rot, dann Gold anordnen. Dadurch entsteht allerdings folgendes Ergebnis, das einer auf den Kopf gestellten Deutschlandfahne entspricht:

b) Finna hat die Anordnung mit der Farbe Schwarz begonnen. Bei einer Ausführung gemäß der Anweisung von Finna hätte Bella mit der Farbe Schwarz begonnen. Richtig müsste die Anweisung wie folgt lauten: Finna sagt ihr, Bella solle die Klemmbausteine (beginnend auf der Grundplatte) in Gold, dann Rot und zuletzt Schwarz bauen.

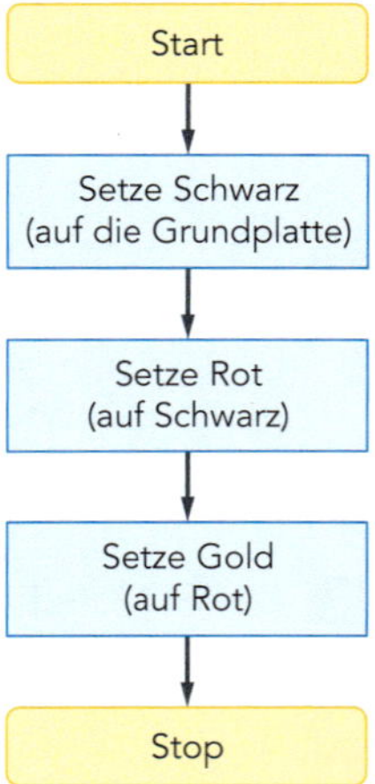

c) Individuelle Lösungen.

2 a) Individuelle Lösungen.

b)

c)

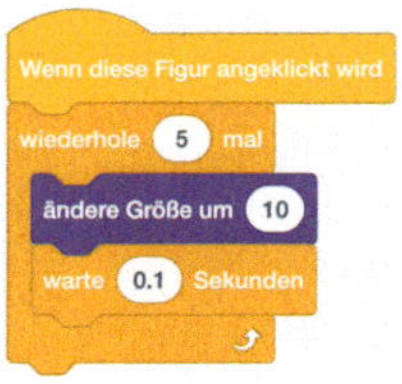

d) Individuelle Lösungen.

3 a) Individuelle Lösungen

b)

c)

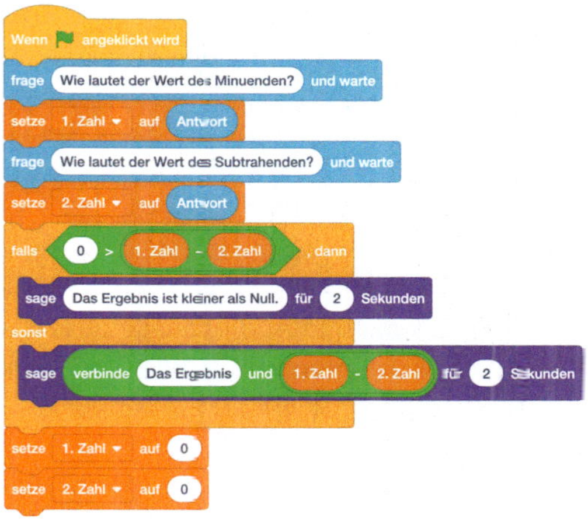

Lösungen zu „3.6 Am Ziel“ – Seite 69

Das Große Info-Quiz:

1. „Ich bin ein Computer, der Dienste im Internet anfordert.“ . . . . CLIENT
2. „Ich bin die Abkürzung für lokales Netzwerk.“ . . . . LAN
3. „Ich bin das Vermittlungsgerät, das die Geräte im Heimnetz mit dem Internet verbindet.“ . . . . ROUTER
4. „Ich bin ein Computer, der Dienste im Internet anbietet.“ . . . . SERVER
5. „Ich bin ein Netz, in dem andere Geräte um einen Router angeordnet sind.“ . . . . STERNFÖRMIGES NETZ
6. „Ich bin der Punkt im Internet, über den alle Datenpakete geleitet werden.“ . . . . INTERNETKNOTEN
7. „Auf Englisch heiße ich Cloud, im Deutschen findet man mich auch am Himmel.“ . . . . . WOLKE
8. „Ich bin der Datenspeicher in PCs und Laptops.“ . . . . FESTPLATTE

Lösungswort: INTERNET

1 a) Computernetzwerke verbinden verschiedene Computer, Geräte oder Systeme miteinander, um miteinander zu kommunizieren, Daten auszutauschen oder Ressourcen (beispielsweise Drucker, Scanner) gemeinsam zu nutzen.

b) Der Router verbindet als Vermittlungsrechner alle über Kabel oder über WLAN angeschlossenen Geräte des Heimnetzes mit dem Internet.

c) Es gibt sternförmige, ringförmige und vermaschte Netzwerke. Auch Linien-, Baum- und Busnetze sind möglich.

2 a) Der Begriff Internet ist zusammengesetzt aus inter (= zwischen) und net (= Netz, Netzwerk). Darunter versteht man den weltweiten Verbund zwischen vielen Rechnern, die verschiedene Aufgaben erfüllen können.

b) Das Internet ist ein Zusammenschluss vieler Computernetzwerke, die über unzählige Internetknoten und Kabel verbunden sind. So sind der gegenseitige Datenaustausch und die Nutzung verschiedener Dienste wie etwa WWW und E-Mail möglich.

c) Das Internet ist dezentral aufgebaut, d. h. es gibt keine zentralen Knoten. Durch die vermaschte Struktur gibt es viele Verbindungsknoten und Wege, über die die Datenpakete geleitet werden können. Wenn ein Knoten oder Weg ausfällt, gibt es viele Umleitungen.

d) Das WWW (World Wide Web) stellt ein riesiges Angebot an Webseiten zum Aufruf von Informationen, Musik, Videos, Spielen oder Einkaufsmöglichkeiten zur Verfügung.
Über den E-Mail-Dienst kann elektronische Post zum Austausch von Nachrichten verschickt werden.
Chats ermöglichen den Nachrichtenaustausch zwischen beliebig vielen Personen.
Mithilfe von FTP (= File Transfer Protocol) können Dateien verschiedenster Art (zum Beispiel Bild, Text und Audio) ausgetauscht werden.
Über die Internettelefonie (VoIP bzw. Voice over IP) ist das Telefonieren über das Internet möglich.

3 a) Client bedeutet „Kunde". Damit sind Rechner gemeint, die bestimmte Dienste in einem Netzwerk anfordern. Die Server stellen als „Dienstleister" diese Dienste zur Verfügung. So kann zum Beispiel ein Webserver Webseiten anbieten, ein Mailserver E-Mails verwalten oder ein Fileserver den Datenaustausch ermöglichen.

b) Der Client stellt eine Anfrage (= request) an den Server, indem er zum Beispiel eine Nachricht, eine Webseite oder eine Datei anfordert. Der Server liefert daraufhin eine Antwort (= response) bzw. stellt den angeforderten Dienst zur Verfügung.

c) Damit verschiedene Rechner miteinander Datenpakete austauschen können, müssen sie eindeutige Adressen besitzen. Dazu dienen die IP-Adressen.

4 a) Es gibt es die lokale Datenspeicherung auf dem Speicher des digitalen Endgeräts, Speicherung auf externen Datenträgern, wie USB-Sticks, die Speicherung auf den Servern in einem lokalen Netzwerk (Firma, Schule usw.) und die Datenspeicherung in der Cloud bzw. im Internet.

b) Abhängig von der Art des privaten Endgeräts können die Daten im Datenspeicher des Geräts abgelegt werden (beispielsweise beim Smartphone auf dem Speicherchip oder beim PC auf der Festplatte). Im lokalen Netzwerk der Schule gibt es normalerweise Server, auf denen die Daten zentral gespeichert werden. Auf diese Daten kann man dann von unterschiedlichen Endgeräten innerhalb des lokalen Netzwerks zugreifen.

c) Wertvolle Daten sollten möglichst drei Mal auf verschiedenen Geräten oder Datenspeichern gespeichert werden. Zusätzlich sollte man die Datenspeicher vor dem Zugriff durch andere schützen, indem man die Daten verschlüsselt und die Datenträger an einem sicheren Ort aufbewahrt.

Lösungen zu „4.8 Am Ziel“ – Seite 87

Das Große Info-Quiz:

1. „Ich mache Botschaften für Unbefugte unleserlich.“ .... VER**S**CHLÜSSELUNG
2. „Mit diesen Lizenzen ist die Weitervergabe von Bildern etc. geregelt.“ .... **C**C-LIZENZ
3. „Dank mir ist das geistige Eigentum geschützt.“ .... UR**H**EBERRECHT
4. „Ich bin ein Verfahren zum Entschlüsseln von Texten.“ .... HÄUFIGKEITSANA**L**YSE
5. „Ich bin ein sehr altes Verschlüsselungsverfahren.“ .... CÄSAR-VERSCHL**Ü**SSELUNG
6. „Ich gebe die statistische Verteilung von Buchstaben an.“ .... BUCH**S**TABENHÄUFIGKEIT
7. „Mich haben die Römer zum Verschieben des Alphabets benutzt.“ .... CÄ**S**AR-SCHEIBE
8. „Beim Knacken von Passwörtern greifen Hacker oft auf mich zurück.“ .... BRUT**E**-FORCE-VERFAHREN
9. „Ich bin der geregelte Schutz der Persönlichkeit.“.............. . PERSÖN**L**ICHKEITSRECHT

Lösungswort: SCHLÜSSEL

1 ① Wer das liest ist nicht doof.
② RVA CNFFJBEG FBYYGR FBAQREMRVPURA UNORA.

2 ① Mithilfe des Brute-Force-Verfahrens
② Mithilfe der Häufigkeitsanalyse

3 Direkter Zugriff: zum Beispiel durch Zahlenpin, Muster, FaceID, Fingerabdruck
Zugriff über das Internet: zum Beispiel durch Acht geben beim Download von Apps, Einrichten einer Firewall, Anmeldung nur in vertrauenswürdigen öffentlichen Netzen

4 ① Das ist nicht erlaubt.
② Das ist erlaubt.

5 a) Ja, Anissa hat gegen die DSGVO verstoßen, weil die Weitergabe von personenbezogenen Daten, wie Namen mit den Handynummern und der Information, auf welche Schule und Klasse man geht, ohne Einwilligung nicht erlaubt ist.
b) Lösungsmöglichkeiten: Geburtsdatum, Adresse, Kundenummer, Kontodaten, Staatszugehörigkeit, Konfession, Augen- und Haarfarbe, Krankheiten

Ablauf
Abfolge von Anweisungen, Sequenz

Algorithmus
eindeutige Beschreibung eines Ablaufs, zur Verarbeitung einer Eingabe in eine Ausgabe

Anfrage
damit fordert ein Client einen Dienst an.

Antwort
die Reaktion des Servers auf die Anfrage eines Clients bzgl. eines Dienstes

Anweisung
ein Handlungsschritt, in dem angegeben wird, was gemacht werden soll (z. B. eine Veränderung eines Zustands eines Objekts)

ASCII-Code
Standard-Code zur Textcodierung

ANSI-Code
Erweiterung des ASCII-Codes um ein Bit

Ausführbarkeit
fordert, dass eine Anweisung in einer Sequenz nicht unmöglich sein darf.

Barcode
maschinenlesbarer Code z. B. auf Waren und Verpackungen

bedingte Wiederholung
bis eine Bedingung eintritt oder nicht mehr zutrifft.

Bedingung
Voraussetzung, für etwas, siehe z. B. Verzweigungsbedingung

Bildauflösung
Höhe und Breite einer Grafik in Pixeln

Bildpunkt
kleinstes Element, welches auf dem Bildschirm dargestellt werden kann, Pixel

Bildschirmsperre
verhindert das Benutzen eines Endgerätes durch Unbefugte.

Binärsystem
Zahlensystem mit Basis 2

Binärziffer
Ziffer mit zwei Zuständen, Bit

Bit
kleinste digitale Informationseinheit

Bitfolge
Folge mehrere Bits

Braille-Schrift
Blindenschrift

Brute-Force-Verfahren
Knacken einer Verschlüsselung durch Ausprobieren aller Möglichkeiten

Buchstabenhäufigkeit
gibt an, wie häufig ein Buchstabe in einer Sprache statistisch vorkommt.

Byte
Bitfolge aus 8 Bits

Cäsar-Verschlüsselung
berühmte monoalphabetische Verschlüsselung, die auf Julius Cäsar zurückgeht

CC-Lizenzen
Creative Commons-Lizenz: beschreibt unter welchen Vorrausetzungen das Werk von anderen Personen verwendet werden darf.

Chiffretext
verschlüsselte Information mit besonderem Augenmerk auf Geheimhaltung

Client
Computer, der als „Kunde" einen Dienst von einem Server anfordert

Client-Server-Prinzip
Verteilung von Aufgaben in einem Netzwerk mit verschiedenen Rollen der Rechner

Cloud
Bereitstellung von Speicherplatz (und anderen Dienstleistungen) im Internet

Code
System von Regeln, das eine Zeichenkette in eine andere umwandelt

Code 39
Barcode zur Darstellung von Buchstaben, Ziffern und Sonderzeichen

Codetabelle
Tabelle zur (De-)Codierung von Zeichen

Codierung
Umwandlung einer Nachricht in eine andere Form

Codierungsvorschrift
Regeln zur (De-)Codierung

Computerprogramm
genaue Handlungsanweisung an einen Computer in einer Programmiersprache

Dateiformat
Vorschrift, nach welcher eine Datei codiert wird

Daten
dargestellte Zeichen

Datenschutz
Schutz der Privatsphäre durch unerlaubte Speicherung von Daten

Datenschutzgrundverordnung
bestimmt den Umgang mit personenbezogenen Daten (kurz: DSGVO).

Datenspeicherung
Sicherung von Daten auf Speichermedien, damit sie nicht verloren gehen

Decodierung
Rückumwandlung in die ursprüngliche Zeichenfolge

dezentrales Netz
Netzwerk ohne zentralen Knoten mit vielen Knoten und Verbindungswegen

Dezimalsystem
Zahlensystem mit Basis 10

Eindeutigkeit
fordert, dass eine Anweisung unmissverständlich formuliert sein muss.

einseitig bedingte Anweisung
Verzweigung nach dem Schema „Falls…, dann…"

Empfänger
Person, an die eine codierte Nachricht gerichtet ist

Endlichkeit
fordert, dass eine Sequenz ein klares Ende haben muss.

Endlosschleife
Schleifeninhalt wird unendlich oft wiederholt

Entschlüsselung
Umwandlung eines Chiffretextes in den zugehörigen Klartext unter Verwendung eines Schlüssels

externe Speicherung
Datenspeicherung auf einem Datenspeicher außerhalb eines Geräts, z. B. USB-Stick

FaceID
Gesichtserkennungstechnologie

Festplatte
Speicherplatte, die fest in PCs verbaut ist, aber auch extern genutzt werden kann

Fingerabdruckscanner
Lesegerät zum Scannen des Fingers

Firewall
verhindert das Eindringen eines Hackers aus dem Internet.

Flussdiagramm
Möglichkeit zur grafischen Darstellung von Algorithmen

Grafikformat
Art der Codierung einer Grafik

Häufigkeitsanalyse
erleichtert mit Hilfe der Buchstabenhäufigkeit die Entschlüsselung von monoalphabetisch verschlüsselten Texten.

Heimnetzwerk
Netzwerk in privaten Haushalten, in dem die einzelnen Geräte über den Router ans Internet angebunden sind

Information
Deutung von Daten

Internet
weltweite Verbindung der Rechnernetze und internetfähigen Einzelgeräte

Internetprotokoll
Netzwerkprotokoll, das die Paketvermittlung zwischen unterschiedlichen Netzen regelt

IP-Adresse
Adresse von Rechnern im Netzwerk

Kombinatorik
bestimmt z. B. die Anzahl an Möglichkeiten eines Codes.

LAN
lokales Netzwerk, das vom kleinen Heimnetz bis zum Netzwerk großer Firmen oder Organisationen reichen kann

LAN-Kabel
Kabel, um einen PC mit dem Router zu verbinden.

lokale Speicherung
Datenspeicherung auf dem jeweiligen digitalen Endgerät

monoalphabetische Verschlüsselung
Verschlüsselung, bei der jeder Buchstabe des Alphabets durch einen anderen ersetzt wird

Morsecode
Codierung von Informationen per Licht- oder Tonsignal

Mustererkennung
eine Möglichkeit, um ein Gerät durch ein Muster zu schützen

Netzwerk
Verbund von mindestens zwei digitalen Endgeräten (PC, Smartphone, Laptop, usw.)

Passwort
Zeichenfolge aus Buchstaben, Zahlen und Sonderzeichen, mit der Inhalte vor fremdem Zugriff geschützt werden

personenbezogene Daten
Angaben, die auf eine bestimmte Person zurückführen können, z. B. Name, Adresse, Geburtsdatum

Persönlichkeitsrecht
unter anderem Recht am eigenen Bild: Jeder darf entscheiden, was mit einem Bild von sich passiert.

Pixel
Kunstwort für Bildpunkt

Pixelgrafik
Grafik, die aus einzelnen Pixeln zusammengesetzt wird

Portable Bitmap
ein einfaches Grafikformat für Pixelgrafiken

Projekt
ein zeitlich begrenztes Vorhaben mit einem festgelegten Start und Ende

Programmiersprache
formalisierte Sprache zwischen Computer und Mensch

Protokoll
spezieller Satz von Regeln, den Endpunkte einer Kommunikationsverbindung zur Kommunikation verwenden

QR-Code
ein zweidimensionaler Code zur Speicherung von Informationen

Recht am eigenen Bild
Persönlichkeitsrecht

request
Anfrage eines Clients

response
Antwort des Servers

Router
Netzwerkgeräte, die Datenpakete zwischen Netzwerken weiterleiten können

Schleifen
mehrfaches Auftreten der gleichen Anweisungen

Scratch
grafische Programmieroberfläche

Sender
Person, von der eine codierte Nachricht ausgeht

Sequenz
Abfolge von Anweisungen

Server
Programm, das meist auf einem speziellen Rechner läuft und Dienstleistungen zur Verfügung stellt

Speicherchip
kleine Speichermedien, die intern im Gerät verbaut sind oder zusätzlich ergänzt werden können (z. B. microSD)

Stellenwertsystem
Zahlensystem, bei welchem der Wert einer Ziffer von seiner Position abhängig ist

sternförmiges Netz
Die Endgeräte sind mit einem zentralen Rechner (z B. Router) verbunden.

Urheberrecht
Recht am geistigen Eigentum

USB-Stick
Speicherstick, der über den USB-Port mit einem Computer verbunden werden kann

Variable
benannter Wertspeicher, dessen Inhalt geändert, gelesen oder neu gesetzt werden kann

vermaschtes Netz
Netzwerk mit vielen Verknüpfungen der Knoten, Anordnung ohne zentralen Knoten

Verschlüsselung
Umwandeln eines Klartextes in den Chiffretext unter Verwendung eines üblicherweise geheimen Schlüssels

Verzweigung
spezielle Art der Anweisung, die eine bedingte Anweisungsausführung zulässt

Verzweigungsbedingung
Voraussetzung, die eintreten muss, damit Code ausgeführt wird

Virenscanner
Programm, um Schadsoftware zu erkennen und zu entfernen

Webseite
ein einzelnes Webdokument aus dem Angebot im World Wide Web

Wiederholung
mehrfaches Auftreten der gleichen Anweisungen

Wiederholung mit fester Anzahl
Zählschleife, die eine Sequenz in einer vorgegebenen Anzahl wiederholt

WLAN
draht- bzw. kabellose Verbindung in einem Netzwerk

World Wide Web
Teil des Internets (Webseiten u. a. zum Aufrufen von Informationen, Musik, Videos oder zum Spielen)

Zahlenpin
Möglichkeit, mit Zahlen ein Endgerät zu schützen

Zählschleife
wiederholt eine Sequenz mit einer bestimmten Anzahl

Zehnersystem
Dezimalsystem

Zweiersystem
Binärsystem, Dualsystem

zweiseitig bedingte Anweisung
Verzweigung nach dem Schema „Falls…, dann…, sonst…"

Bildnachweis

123RF / andriocolt – S. 34; - / doddis – S. 36;

AdobeStock / 3D Sparrow – S. 74; - / Alisa – S. 17; - / apinan – S. 63; - / Arina – S. 53; - / bofotolux – S. 67; - / BO-stockphoto – S. 12; - / BO-stockphoto – S. 32; - / Brocreative – S. 88; - / contrastwerk-tstatt – S. 74; - / DenisProduction.com – S. 88; - / DOC RABE Media – S. 80; - / lev dolgachov – S. 78; - / gaihong – S. 3, 60; - / Gorodenkoff – Cover; - / happyvector071 – S. 44; - / jesussanz – S. 76; - / jirattawut domrong, EyeEm – S. 79; - / Milan Lipowski – S. 68; - / makstorm – S. 61; - / merklicht.de – S. 75; - / MrP – S. 76; - / Sergey Novikov – S. 84; - / Paul Paladin – S. 24; - / paullouis – S. 85; - / Jürgen Priewe – S. 58, 60, 70; - / puckillustrations – S. 86; - / RealVector – S. 88; - / REDPIXEL – S. 80; - / ribkhan – S. 67; - / rotschwarzdesign – S. 67; - / Denys Rudyi – S. 59; - / Irina Schmidt – S. 36; - / shocky – S. 85; - / SMUX – S. 77; - / tashatuvango – S. 88 / terovesalainen – S. 60; - / thingamajiggs – S. 70; - / TTstudio – S. 62; - / vallejo123 – S. 87; - / vladwel – S. 88; - / VRD – S. 32; - / WoGi – S. 12;

Depositphotos / artavet – S. 79;

Fotolia / emer – S. 32;

Getty Images Plus / iStockphoto, abluecup – S. 20; - / iStockphoto, Alan_Lagadu – S. 14; - / iStock-photo, alexmillos – S. 67; - / iStockphoto, allanswart – S. 12; - / iStockphoto, AnastasiiaM – S. 13; - / iStockphoto, Avector – S. 5, 57, 58, 66, 70; - / iStockphoto, Pavel Bezkorovainyi – S. 48; - / iStock-photo, callum redgrave-close – S. 13; - / iStockphoto, Chinnapong – S. 5, 71; - / iStockphoto, ChubarovY – S. 60; - / iStockphoto, Cunaplus_M.Faba – S. 62; - / iStockphoto, deepblue4you – S. 24; - / iStockphoto, Drummatra – S. 70; - / iStockphoto, emiliozv – S. 13; - / iStockphoto, gbh700 – S. 5, 57; - / iStockphoto, GeorgiosArt – S. 82; - / iStockphoto, gl0ck – S. 16; - / iStockphoto, gorbachlena – S. 18; - / iStockphoto, JoyImages – S. 5, 57, 68; - / iStockphoto, jvardhan – S. 68; - / iStockphoto, KorradolYamsattham – S. 17; - / iStockphoto, kprojekt – S. 72, 88; - / iStockphoto, Olga Kurbatova – S. 46; - / iStockphoto, Julia Lemba – S. 22; - / iStockphoto, Md Moniruzzaman – S. 5, 57, 70; - / iStockphoto, micha360 – S. 13; - / iStockphoto, monkeybusinessimages – S. 78; - / iStockphoto, Naeblys – S. 22; - / iStockphoto, Julia Neroznak – S. 34; - / iStockphoto, Nerthuz – S. 22; - / iStockphoto, noneymover – S. 16; - / iStockphoto, NorGal – S. 8; - / iStockphoto, Vladyslav Otsiatsia – S. 41; - / iStockphoto, Anton Payvin – S. 22; - / iStockphoto, pixelliebe – S. 14; - / iStock-photo, ratmaner – S. 25; - / iStockphoto, scanrail – S. 24; - / iStockphoto, Denys Semenchenko – S. 60, 70 ; - / iStockphoto, shemoto – S. 15; - / iStockphoto, SiberianArt – S. 63; - / iStockphoto, Dmytro Synelnychenko – S. 5, 57, 62, 70; - / iStockphoto, Talaj – S. 58, 66, 68, 70; - / iStockphoto, Thomas-Soellner – S. 5, 57; - / iStockphoto, tora1983 – S. 84; - / iStockphoto, ~Userba9fe9ab_931 – S. 13; - / iStockphoto, viafilms – S. 84; - / iStockphoto, vvvita – S. 65; - / iStockphoto, Anja W. – S. 18; - / iStockphoto, wedmoscow – S. 8;

iStockphoto / AntiMartina – S. 66; - / Best Content Production Group – S. 42; - / Henrik5000 – S. 18; - / heraldodelsur – S. 86; - / MauMyHaT – S. 21; - / mikimad – S. 17; - / Qoqazian – S. 32; - / skynes-her – S. 72;

picture alliance / Michael Kappeler – S. 78; - / SchwabenPress, Guenter Hofer – S. 78; - / Philipp von Ditfurth – S. 78; Pixabay / Gerd Altmann – S. 4, 11, 58; - / aytuguluturk – S. 4, 33; - / OpenClipart-Vectors – S. 62; - / Sandra Schön – S. 59;